LES EXPLORATIONS

SOUS-MARINES

22306. — PARIS. IMPRIMERIE LAHURE
9, RUE DE FLEURUS, 9

BIBLIOTHÈQUE

DES ÉCOLES ET DES FAMILLES

LES EXPLORATIONS
SOUS-MARINES

PAR

EDMOND PERRIER

PROFESSEUR AU MUSÉUM D'HISTOIRE NATURELLE DE PARIS
MEMBRE DE LA COMMISSION SCIENTIFIQUE D'EXPLORATION DES GRANDS FONDS
DE LA MÉDITERRANÉE ET DE L'ATLANTIQUE

OUVRAGE ILLUSTRÉ DE 243 GRAVURES

DEUXIÈME ÉDITION

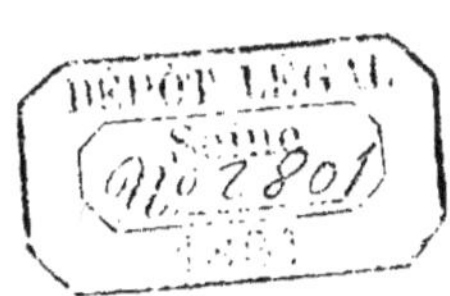

PARIS

LIBRAIRIE HACHETTE ET CIE

79, BOULEVARD SAINT-GERMAIN, 79

1891

PRÉFACE

L'histoire du fond des mers a déjà toute une littérature. J'ai cherché à condenser dans ce volume ce qu'il y a de plus saillant dans les travaux dont elle a été l'objet. Si j'ai donné une place prépondérante à l'exposé des résultats des campagnes françaises, dont l'organisation demeure un des plus beaux titres de gloire de mon éminent collègue au Muséum, M. Alphonse Milne Edwards, je me suis efforcé cependant de donner une idée aussi complète que possible des brillantes découvertes dues aux expéditions scandinaves, anglaises, américaines et italiennes. Cela me fut particulièrement facile. Plusieurs des naturalistes chargés d'étudier les collections du *Challenger*, MM. Hæckel, Moseley, Percy Sladen, Herbert Carpenter, Hoyle, notamment, sont venus chercher dans mon laboratoire des termes de comparaison pour leurs déterminations; de plus, M. Alexandre Agassiz a bien voulu me charger d'étudier les nombreuses Étoiles de mer recueillies durant ses belles campagnes dans la mer des Antilles : en parlant des travaux des naturalistes du *Challenger* et du *Blake*, j'étais donc en pays de connaissance.

Les mémoires auxquels ont donné lieu les récoltes du *Challenger* ne sont pas encore tous publiés; mais j'ai pu faire usage des rapports sur ces récoltes insérés dans le *Récit* de la grande expédition anglaise. En outre, la maison Hachette ayant publié une traduction française du beau livre de Wyville Thomson, *les Abîmes de la mer*, il m'a été possible d'intercaler dans mon texte une grande partie des figures dessinées sous les yeux du savant anglais pour cet ouvrage, consacré aux campagnes du *Lightning* et du *Porcupine*. Mais j'ai fait surtout représenter d'après nature les plus belles espèces recueillies par le *Travailleur* et le *Talisman*; elles ont été mises gracieusement à ma disposition, avec l'autorisation de M. Alph. Milne Edwards, par mes compagnons de voyage, MM. Léon Vaillant, Marion, le marquis de Folin, Paul Fischer et Filhol. Qu'ils me permettent de leur exprimer ici ma reconnaissance pour les précieux documents qu'ils ont bien voulu me fournir, et en tête desquels il faut placer une superbe série de photographies dues à M. le professeur L. Vaillant. Enfin, mon frère, M. Rémy Perrier, préparateur de zoologie à l'École Normale supérieure, m'a prêté l'assistance la plus affectueuse pour la rédaction des premiers livres de ce volume.

Si, en racontant les explorations déjà faites, en essayant de faire ressortir l'importance des résultats obtenus, j'avais pu contribuer, si peu que ce fût, à faciliter l'organisation de campagnes plus importantes encore que celles qui viennent d'être accomplies, ce serait pour moi la plus précieuse récompense.

Edmond PERRIER.

TABLE DES MATIÈRES

LIVRE I

HISTORIQUE

LIVRE II

LE « TRAVAILLEUR » ET LE « TALISMAN »

LIVRE III

L'OUTILLAGE

LIVRE IV

LE MONDE DES RIVAGES ET DE LA HAUTE MER

LIVRE V

LES ANIMAUX DES GRANDES PROFONDEURS

LES

EXPLORATIONS SOUS-MARINES

LIVRE I

HISTORIQUE

CHAPITRE I

IDÉES PREMIÈRES RELATIVES AU FOND DES MERS
LES PREMIÈRES EXPLORATIONS.

Variété des conditions de la vie. — Prétendue stérilité du fond des mers; recherches de Forbes. — Premières découvertes d'animaux vivant dans les grands fonds. — M. Alphonse Milne Edwards : le câble télégraphique de Bône à Cagliari.

Parmi les nombreuses lois que la science moderne a mises au jour et démontrées, l'une des plus intéressantes est celle qui établit l'universalité de la vie à la surface de la terre.

Partout où les conditions essentiellement nécessaires à l'existence des êtres vivants sont réalisées, c'est-à-dire partout où l'oxygène indispensable à la respiration se trouve en assez grande abondance, partout où la température se maintient entre les limites au delà desquelles la substance vivante est détruite, alors même que les autres conditions fournies par le milieu extérieur sont, en appa-

1

rence, le moins favorable, on rencontre des êtres vivants pouvant appartenir aux groupes les plus divers de l'Empire organique.

La lumière semble une des conditions indispensables de la vie; lorsque le soleil disparaît derrière l'horizon, avec ses derniers reflets s'éteint peu à peu l'activité des êtres, et la nature s'endort pour se réveiller seulement au retour de la lumière et de la chaleur. Il est cependant des animaux qui vivent constamment privés de cette lumière. Les uns sommeillent pendant le jour et se mettent seulement en chasse quand vient la nuit : ce sont des maraudeurs, comme beaucoup de Mammifères et un certain nombre d'Oiseaux carnassiers, ou des faibles, comme les Chauves-souris, les Rongeurs, beaucoup de Papillons. Les autres habitent de profondes cavernes, où les rayons du soleil n'ont jamais pénétré. Leur triste vie se passe dans une profonde et froide obscurité; c'est là qu'ils naissent, vivent et meurent, sans avoir jamais connu ni la lumière ni la chaleur. On trouve parmi eux des Crustacés voisins des Cloportes, comme les *Titanethes* et les *Typhloniscus*; des Insectes, d'étranges Sauterelles, les *Dolichopodes*, des Coléoptères proches parents des Carabes, les *Trechus*, ou des Sylphes, les *Adelops*; des Poissons, des Batraciens, tels que le Protée des cavernes de la Carniole et de la Dalmatie. Il est même des Oiseaux qui, malgré leur besoin impérieux de chaleur, se sont adaptés à cette existence souterraine et vivent loin du soleil, dans les grottes du Canada.

Mais ces déshérités du jour, ces déclassés du règne animal, vaincus dans la grande lutte pour la vie, ont dû s'adapter aux conditions nouvelles que leur imposait la retraite où ils s'étaient réfugiés pour éviter la destruction. La plupart sont immédiatement reconnaissables à quelques particularités présentées par leurs organes des sens. Chez les animaux simplement nocturnes, les yeux prennent un développement énorme, comme font ceux des Hiboux et des Chats; parfois, comme chez beaucoup de Rongeurs, les pavillons des oreilles grandissent en même temps que les yeux et deviennent capables de percevoir les moindres mouvements de l'air. Ces organes du toucher d'un nouveau genre s'exagèrent encore chez les Chauves-souris. Les pavillons démesurés de leurs oreilles, les membranes qui entourent leur nez, la surface même de leurs ailes, deviennent assez sensibles pour permettre à l'animal de se guider en volant dans l'obscurité; alors les yeux s'amoindrissent, et ne sont plus que de petits points brillants. Ils s'amoindrissent encore quand ils deviennent tout à fait inutiles, comme chez les Taupes, ou mieux encore les Protées, totalement aveugles, et peuvent disparaître entièrement, comme chez les Cloportes et les *Trechus* des cavernes. On avait, en raison de leur cécité, institué pour ces derniers un genre particulier, celui des *Anophthalmes*, avant d'avoir reconnu qu'on trouve dans les parties des grottes diversement éclairées tous les intermédiaires entre les vrais Anophthalmes, qui habitent les parties les plus obscures des cavernes, et les vrais *Trechus*, qui vivent à la lumière. Des classes entières d'animaux dont tous les représentants sont condamnés à une existence souterraine peuvent ainsi être privées d'organes de vision : tels sont les Vers de terre, qui fouissent le sol de toutes les parties du globe; tels encore les Mollusques à coquille bivalve, qui vivent enfoncés dans des trous qu'ils pratiquent dans le sable, la vase, le bois, les rochers, et d'où ils ne sortent guère. L'ouïe et le toucher suppléent alors totalement à la vue.

La chaleur est non moins nécessaire à la vie que la lumière. Certains êtres peuvent cependant braver les plus grandes rigueurs du froid et supportent les températures les plus basses des régions polaires. Tels sont les *De Geeria*, insectes voisins des Podures, que l'on voit parcourir les champs de neige sous le ciel rigoureux de la Sibérie.

D'autres êtres enfin peuvent même vivre sans air, et doivent, pour se procurer l'oxygène nécessaire à leur respiration, décomposer les substances organiques, parfois vivantes elles-mêmes, au milieu desquelles ils sont plongés. Cette fois ce sont des plantes, des Algues ou des Champignons microscopiques, des *microbes*, des *ferments*, dont les uns déterminent ces phénomènes, demeurés longtemps énigmatiques, de la *fermentation*, auxquels nous devons le pain, le vin, le vinaigre, le fromage, tandis que les autres provoquent en nous la multitude des maladies épidémiques ou contagieuses contre lesquelles les médecins, guidés par les belles découvertes de M. Pasteur, apprennent aujourd'hui à lutter. Quelques-uns de ces organismes sont tellement adaptés à cette *vie sans air*, qui est la condition de toute fermentation, que l'oxygène libre les tue. Ce sont là les *ferments anaérobies*, dont le type est le *Bacillus amylobacter*, qui s'attaque aux corps gras, aux sucres, à la dextrine, à l'amidon et même à la substance solide des plantes, à la cellulose, pour respirer ou se nourrir.

En résumé, tout semble démontrer autour de nous que la vie

jouit d'une force expansive pour ainsi dire infinie, qu'elle accroît sans cesse son domaine; qu'elle tend à se manifester partout où se trouvent réunis le carbone, l'oxygène, l'hydrogène et l'azote, éléments indispensables à la constitution de toute substance vivante.

Or une donnée manquait encore pour la vérification de cette loi. On ne savait rien ou presque rien de ce qui se passe au fond des mers. L'eau recouvre sur notre globe 375 millions de kilomètres carrés, près des trois quarts de sa surface, et les profondeurs de plus de 1000 mètres sont rapidement atteintes lorsqu'on s'éloigne des côtes. Ces abîmes étaient complètement inconnus aux naturalistes comme aux géographes, et pourtant ils constituent les quatre-vingt-douze centièmes de l'énorme étendue des océans. Les profondeurs comprises entre 5000 et 6000 mètres sont celles qu'accusent le plus fréquemment les sondes, et elles peuvent atteindre 9000 mètres. Tel était le monde nouveau qui avait été si longtemps fermé à la science.

Quelles sont les conditions physiques qui se rencontrent dans ces abîmes? la vie y est-elle possible? quelle faune, quelle flore peuvent se développer dans les grandes profondeurs? Telles sont les questions qui s'imposaient aux recherches des savants, et qui ont été résolues dans ces vingt dernières années. Jusqu'alors on avait purement et simplement nié la possibilité de la vie dans les grands fonds. Comment supposer que ces régions inaccessibles, où jamais ne pénètre une vibration lumineuse, où la température demeure éternellement glaciale, où la pression se chiffre par centaines de fois la pression atmosphérique, puissent donner asile à un organisme quelconque? Aussi se les figurait-on comme d'insondables déserts, éternellement voués à la solitude et à la nuit, troublés seulement par la chute incessante des débris de la surface, ou par les formidables secousses de tremblements de terre destinés à demeurer inconnus, d'éruptions volcaniques ténébreuses et sans voix. Ces hypothèses, conséquences naturelles des idées courantes sur les conditions nécessaires aux manifestations de la vie, étaient fortes d'ailleurs de l'appui autorisé du naturaliste anglais Edward Forbes.

Forbes exécuta les premières campagnes d'explorations sous-marines, et eut le mérite de formuler les plus anciennes notions générales relatives à la distribution bathymétrique des animaux et des plantes. Après avoir fait une étude approfondie des côtes de la Grande-Bretagne, il entreprit en 1841 une campagne méthodique dans la mer Égée. Cette campagne dura dix-huit mois, et, bien que la profondeur maximum qu'il ait atteinte soit seulement de 130 brasses, c'est-à-dire de moins de 250 mètres, il crut pouvoir, dans le rapport qu'il présenta en 1843 à l'Association Britannique, et dans son *Histoire naturelle des mers d'Europe*, parue en 1859, établir les bases de la répartition des organismes marins aux diverses profondeurs de l'Océan.

D'après lui, on pouvait distribuer ces organismes dans quatre zones, dont la dernière commençait à 50 brasses (moins de 100 mètres[1]) et s'étendait jusqu'aux plus grands fonds. Mais, à part les coraux des grandes mers, il croyait pouvoir affirmer qu'on n'y trouvait que des habitants fourvoyés des régions supérieures. Encore ces animaux ne se rencontraient-ils que dans les premières bandes de la zone; après lesquelles on atteignait bien vite un *zéro de la vie animale*. A partir de là il n'avait pas réussi à découvrir la moindre manifestation de la vie.

Quant aux végétaux, ils disparaissaient avant les animaux. Les Algues, en effet, ayant essentiellement besoin de lumière, ne dépassaient pas une profondeur de 80 mètres. Encore n'étaient-elles plus représentées à cette profondeur que par de rares espèces de *Nullipores*, Algues rouges incrustées de calcaire, qui ne tardaient pas à disparaître entièrement.

Pour Forbes, partisan de la fixité des formes vivantes, à chacune de ces zones correspondait un groupe d'espèces caractéristiques, créées avec tous les organes qu'exigeait l'adaptation aux conditions d'existence qui les entouraient. Tous les individus d'une même espèce descendaient d'un couple unique, d'où étaient sortis des êtres en tout semblables à leurs parents. Ces êtres avaient rayonné autour de leur lieu d'origine, de leur *centre de création*, sans jamais varier, et leur extension s'était arrêtée dès que les conditions du milieu s'étaient trouvées trop modifiées pour leur permettre de vivre.

Cependant, même à cette époque, des découvertes importantes étaient déjà en contradiction avec les résultats énoncés par Forbes et la théorie qu'il avait édifiée sur eux.

---

1. La *brasse anglaise* ou *fathom*, dont il s'agit ici, est de 1^m,829; la brasse française n'est que de 1^m,624.

En 1819, dans un voyage de découvertes entrepris par les navires *Isabella* et *Alexandre*, dans la mer de Baffin, le capitaine John Ross et le général Sabine avaient retiré d'une profondeur de 1829 mètres des Serpules et une magnifique Euryale. Dans un autre voyage de découvertes dans les régions antarctiques, le capitaine James Clarke Roos avait récolté des échantillons nombreux des animaux les plus variés, à 486 mètres de profondeur. Goodsir, par 600 mètres de profondeur dans la mer de Baffin, avait fait une pêche tout aussi brillante. Mais on ajoutait peu de foi à ces découvertes isolées, annoncées par des marins. On avait sans doute affaire à des observations inexactes, ou à des accidents sans importance qu'on ne pouvait opposer aux recherches méthodiques de Forbes.

Cela n'empêcha pas les découvertes du même genre de se multiplier. En 1854 le lieutenant Brooke, de la marine des États-Unis, retirait d'une profondeur de 2000 mètres, au moyen d'un appareil spécial qu'il venait d'inventer, une petite quantité d'une boue épaisse qui recouvrait, comme il s'en assura lui-même, une grande partie du fond de l'Atlantique ; elle était presque uniquement composée de coquilles d'animalcules microscopiques, de Foraminifères. C'étaient surtout des *Globigérines*, dont la coquille, entièrement calcaire, est percée d'une multitude de pores par où sortent de grêles filaments mobiles, les *pseudopodes*, qui sont les organes de préhension de l'animal, réduit lui-même à un grumeau de gelée. C'étaient aussi des *Orbulines*, à coquille absolument sphérique, et des Radiolaires aux élégants squelettes siliceux.

Mais telle était la force du parti pris, que beaucoup de savants aimèrent mieux admettre que ces Foraminifères flottaient au milieu des eaux, et que seuls leurs squelettes vides allaient échouer au fond et y constituer une boue spéciale, mais sans mouvement et sans vie. Leur méfiance avait bien d'ailleurs quelque chose de légitime. Il est clair qu'une foule de débris d'animaux flottants doivent se rassembler au fond de la mer, et les récoltes qu'on y fait ne peuvent être péremptoires que si elles se composent d'animaux vivants, incapables de s'éloigner du sol sous-marin, ou recueillis par des procédés qui ne permettent pas le mélange des habitants des abîmes avec ceux de la surface.

Toutefois, dès ce moment, le doute était entré dans l'esprit des naturalistes les moins prévenus. Le célèbre micrographe allemand Ehrenberg, par exemple, n'hésitait pas à admettre que les Foraminifères trouvés par Brooke vivaient réellement au fond de l'Atlantique. Mais ce ne fut qu'en 1860, au retour d'une campagne du *Bulldog* au Groenland et à Terre-Neuve, que le docteur Wallich affirma le premier la richesse du fond des mers, dans un ouvrage d'une haute importance : *Le fond de l'Atlantique.*

Presque au même moment, un fait qui reste capital dans l'histoire des abîmes de la mer venait donner aux idées de Wallich une éclatante confirmation. Le câble télégraphique sous-marin de Bône à Cagliari, qui relie la Sardaigne à l'Algérie, s'était rompu dans la traversée d'une vaste vallée, profonde de 2000 à 2800 mètres. Pour réparer le désastre, il avait fallu relever le câble; mais il se rompit de nouveau, et les fragments que l'on put ramener à bord étaient couverts d'animaux fixés au câble et encore vivants au moment de leur sortie de l'eau. Ces fragments furent conservés avec soin et confiés à l'examen de M. Alphonse Milne Edwards, qui constata que les animaux qu'ils portaient avaient incontestablement vécu depuis leur naissance dans ces grandes profondeurs. Fixés au câble dès leur première jeunesse, plusieurs, en grandissant, s'étaient exactement moulés sur lui.

Le morceau de câble examiné en 1861 par M. Alphonse Milne Edwards n'était d'ailleurs pas une exception; un autre fragment de câble télégraphique passa, presque à la même époque, sous les yeux de M. de Lacaze-Duthiers; il portait aussi des animaux; mais ce savant éminent, si familiarisé, depuis ses études sur le Corail, avec la faune profonde de la Méditerranée, n'a pas, croyons-nous, publié le résultat de ses observations.

Le fond de la mer n'était donc pas un désert, comme on l'avait cru jusque-là, et, bien qu'on n'eût encore constaté que la présence d'animaux invertébrés et sédentaires, cette découverte portait le dernier coup aux idées de Forbes, jusqu'alors si fort en honneur parmi les savants.

Deux autres faits importants avaient encore été mis en lumière par M. Alphonse Milne Edwards; c'étaient, d'une part, les différences considérables qui séparaient les espèces abyssales des espèces littorales jusqu'alors connues des zoologistes, et, d'autre part, les rapports au contraire incontestables qui unissaient cette faune profonde à celle enfouie dans les terrains tertiaires supérieurs. Il était permis d'espérer que l'on retrouverait dans la mer, par une étude systématique, nombre d'espèces réputées éteintes, et qui se seraient conservées à travers les âges dans ces profondeurs inexplorées. Personne n'a mieux exprimé ces espérances que Louis Agassiz lorsque, au moment de s'embarquer sur le *Hassler* pour explorer les grands fonds de l'Atlantique le long des côtes de l'Amérique méridionale, il écrivait au surintendant du *Coast Survey* des États-Unis, B. Peirce, une sorte de lettre prophétique destinée à faire « ressortir jusqu'à quel point l'histoire naturelle s'est élevée vers ce degré de maturité où la science peut prédire la découverte des faits ».

Si le monde animal conçu dès l'origine, disait l'illustre savant de Cambridge, a été le motif des changements que notre globe a éprouvés, nous devons nous attendre à trouver au plus profond de l'Océan, demeuré immuable, des représentants de ces types d'animaux qui dominaient dans les anciennes périodes géologiques, et sa confiance était telle, qu'il énumérait les formes qu'il espérait rencontrer. C'étaient des Poissons à écailles émaillées, comme celles des Poissons de l'époque carbonifère ; des Requins voisins de ceux de la période secondaire ; des Mollusques analogues à ceux de la période jurassique et de la période crétacée, voisins par conséquent des Ammonites et des Bélemnites ; des Nérinées, d'étranges Rudistes de l'étage corallien ; des Crustacés voisins des Eryons jurassiques, ou même se rapprochant plus des Trilobites des temps primaires que les Séroles des mers antarctiques ; des Oursins semblables à ceux de la craie, des Étoiles de mer pentagonales et à squelette résistant ; une multitude d'Encrines appartenant à tous les types de cette nombreuse classe ; enfin des Polypes intermédiaires entre les Hydres et les Madrépores.

On ne peut dire que les prévisions hardies de Louis Agassiz aient été entièrement réalisées. Les grands fonds de la mer se sont montrés relativement pauvres en Encrines et en types nouveaux d'Oursins. Les Étoiles de mer ne sont pas tout à fait celles qui avaient été prévues. Les Crustacés voisins des Trilobites, les Mollusques des temps secondaires, les Poissons de ces mêmes périodes manquent encore à l'appel. Cependant la prophétie est quelquefois tombée juste . on a retrouvé des Crustacés voisins des Eryons, des Oursins apparentés à ceux de la craie, quelques types intéressants d'Encrines, des Polypes unissant les Millépores aux Hydres et aux vrais Coraux ; et, quant aux récoltes réalisées, elles ont dépassé tout ce que l'imagination pouvait rêver. Une multitude de formes nouvelles ont été ajoutées aux listes déjà si chargées des zoologistes ; ce sont, en général, des formes spéciales, apparentées tout aussi bien aux espèces actuelles qu'aux espèces anciennes, alliées à beaucoup de nos formes littorales, mais ayant leur cachet particulier, portant l'empreinte de leur étrange existence, constituant un ensemble tout spécial qu'on a justement caractérisé du nom de *faune des abîmes*.

De telles espérances devaient susciter de nombreuses campagnes. Nous allons voir comment elles furent organisées et quels en furent les plus remarquables résultats.

CHAPITRE II

RÉCIT DES PREMIÈRES EXPLORATIONS.

Recherches des naturalistes scandinaves. — Premières expéditions anglaises · le *Lightning* ; le *Porcupine*. — Expéditions américaines : le *Bibb*, le *Hassler* et le *Blake*.

Les diverses découvertes rappelées dans le précédent chapitre, confirmées bientôt par celles d'Allmann et de Fleeming Jenkins, eurent sur les idées du monde savant l'influence que leur haute importance devait leur donner. A partir de 1861, des naturalistes appartenant aux nationalités les plus diverses entreprirent l'exploration méthodique du fond de la mer dans des régions plus ou moins étendues, et furent récompensés de leurs travaux par l'étrange nouveauté des habitants des abîmes qu'ils parvinrent à mettre au jour.

La science scandinave fut la première à entrer dans la voie nouvelle qui s'ouvrait. Elle était, on peut le dire, prédestinée à ce rôle d'éclaireur. Depuis longtemps déjà, les naturalistes norvégiens avaient battu en brèche, par leurs nombreuses découvertes, la théorie de l'existence d'un zéro de la vie animale à une certaine profondeur. Dès 1853 Absjorn Absjörnssen, le poète national de la Norvège, qui est en même temps un naturaliste plein d'enthousiasme et d'ardeur, avait retiré d'une profondeur de 360 mètres, dans le Hardangerfjord, sur les côtes de Norvège, une magnifique Étoile de mer de deux pieds de diamètre, nouvelle alors pour la science, rencontrée rarement jusqu'à ces dernières années, et qui n'a jamais manqué d'exciter chaque fois l'admiration des naturalistes assez favorisés pour la contempler à sa sortie de la mer; ils ont épuisé pour elle la liste des épithètes les plus poétiques.

Elle est d'un rouge cramoisi, entourée comme un soleil d'une dizaine de longs rayons, semblables à des serpents de corail. Ce joyau des mers, comme l'appelle Wyville Thomson, émerveilla à un tel degré l'illustre barde norvégien, qu'il lui donna le nom de *Brising*, le bijou mystique dont la mythologie scandinave pare Freia, déesse de l'amour, maintenue captive au fond des eaux par Loki, le dieu du mal. A la beauté des formes et des couleurs, les *Brisinga* (fig. 1) joignent un aspect tellement inattendu qu'on est parvenu seulement dans ces dernières années à démêler leurs véritables affinités.

De longue date, Michaël Sars s'était voué à l'exploration des côtes de la Norvège; il s'était illustré par la découverte du singulier mode de développement des grandes Méduses qui abondent en certaines régions de la mer et qui semblent, au début de leur vie, n'être que d'humbles Polypes fixés au sol, aptes à se diviser en segments superposés dont chacun se détache à son tour pour devenir une jeune Méduse. Digne continuateur de son glorieux père, Ossian Sars, inspecteur des pêcheries suédoises, entreprit une série de dragages dans les parages des îles Lofoden et recueillit toute une faune presque entièrement nouvelle qui vivait à une profondeur de 500 à 600 mètres.

Ces premiers résultats donnèrent une vive impulsion aux recherches de zoologie sous-marine. Sous la direction de Michaël Sars furent organisées de nombreuses campagnes qui, pour être limitées à une petite étendue de l'Océan, n'en furent pas moins fécondes. C'est à cette série de mémorables voyages que se rattachent les travaux de Düben, de Koren et de Danielssen. Ils démontrèrent la richesse de la faune abyssale, et établirent que les animaux qui la composent appartiennent à des formes inconnues sur le littoral, quelques-unes reproduisant même des types anciens que l'on croyait disparus.

C'est alors que, encouragés par le succès de ces entreprises, MM. Wyville Thomson et William Carpenter conçurent le plan d'explorations méthodiques des grands fonds de l'Océan. Sur les

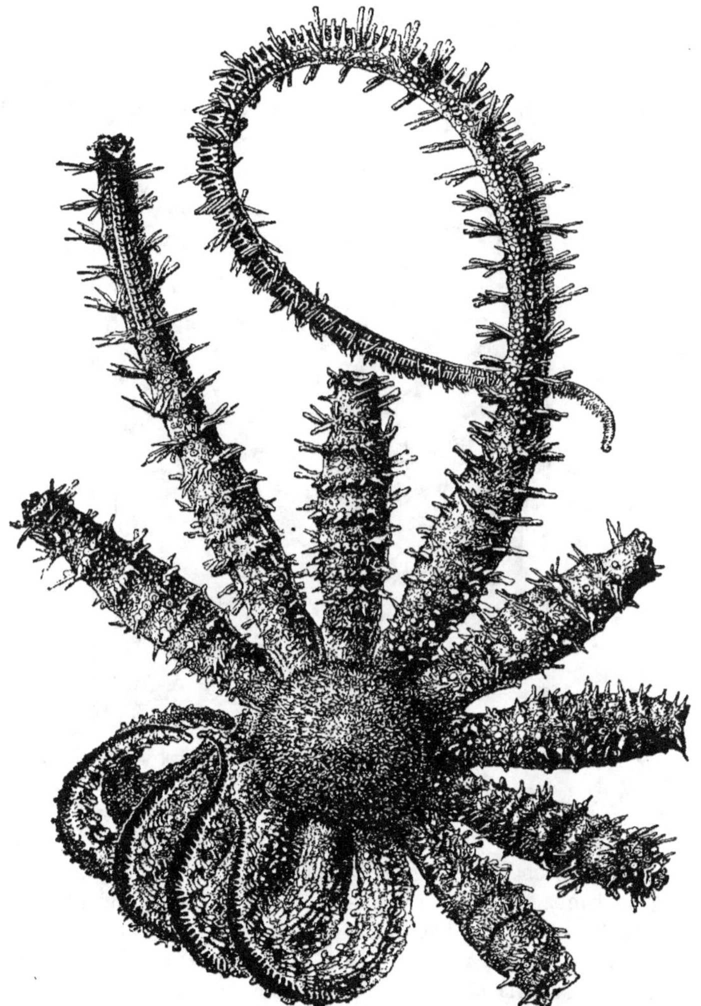

Fig. 1. — *Brisinga coronata*, Ossian Sars. — Grandeur naturelle.
1500 mètres de profondeur dans l'Atlantique tempéré.

instances du conseil de la Société royale de Londres, l'Amirauté anglaise mit au service des deux professeurs une canonnière à vapeur, le *Lightning* (l'Éclair). C'était un ancien vaisseau à roues, depuis longtemps considéré comme impropre à tout service de guerre; son service scientifique ne fut pas long.

Le *Lightning* quitta Pembroke le 4 août 1868, et la sonde fut jetée à la mer pour la première fois dans l'après-midi du 11.

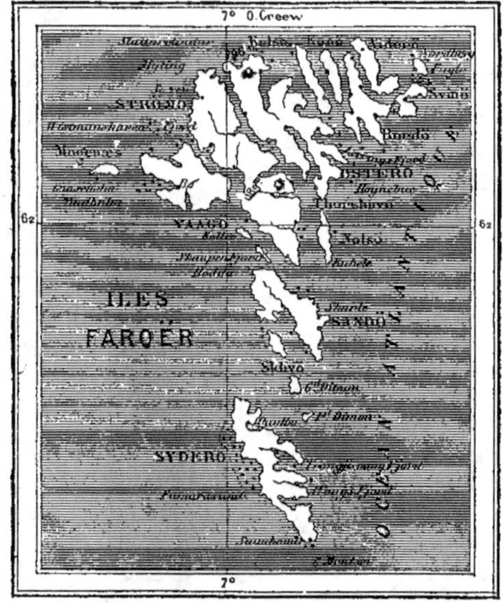

Fig. 2. — Carte des îles Féroé où furent exécutés les dragages du *Lightning* et du *Porcupine*.

Les travaux de cette première campagne se bornèrent à l'exploration des fonds situés entre l'Écosse et les îles Féroé (fig. 2).

Le temps se montra si peu favorable, que, pendant les six semaines que dura l'expédition, on ne put opérer que dix-sept dragages. Le 25 septembre, le malheureux navire dut rentrer au port, après avoir vu s'écrouler, sous le seul poids des ans, ses manœuvres de l'avant. Pourtant les résultats obtenus étaient considérables. On avait retrouvé le limon de l'Atlantique, plein de *Globigérines*, découvert par Brooke, et, au milieu de cette boue, fixées par mille fibres pareilles à des cheveux argentés, de magnifiques Éponges étaient enfouies, cachant leurs merveilleux sque-

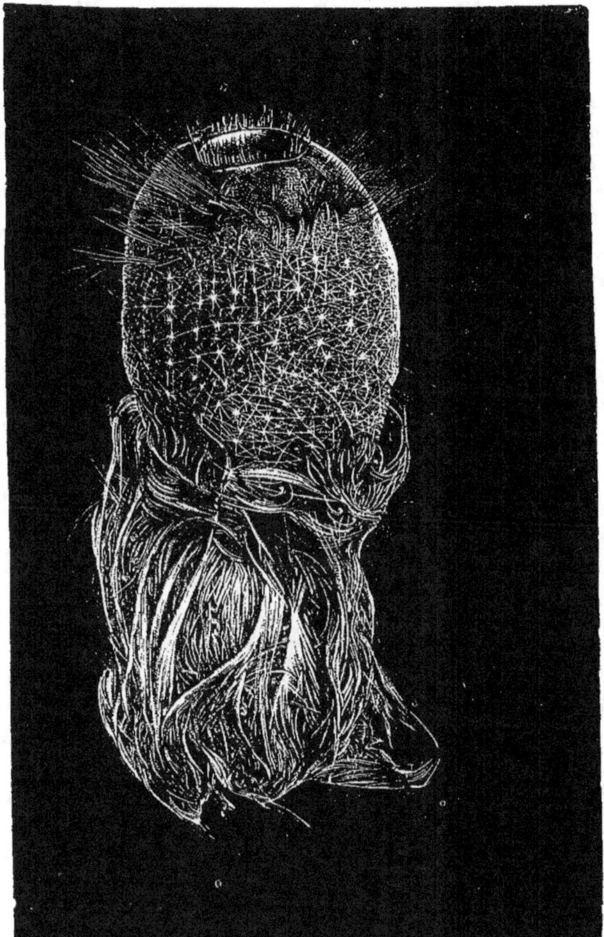

Fig. 3. — *Pheronema Carpenteri*, Wyville Thomson. — Demi-grandeur.
1500 mètres de profondeur.

lettes aux longs spicules, semblables à des fils de cristal de roche régulièrement entrelacés. C'étaient des *Pheronema* (fig. 3), dont le squelette, feutrage délicat de filaments flexibles de silice, ressemble à un élégant nid d'oiseau où le coton serait remplacé par un lacis de verre filé, constellé au sommet de ses mailles d'étoiles cristallines. C'étaient aussi de ravissantes *Euplectelles* (voir la table des figures) pareilles à un calice de dentelle, et des *Hyalonema* (voir la table des figures), dont les longs spicules siliceux forment une élégante torsade, presque toujours entourée à sa base d'une colonie de Polypes, fidèles commensaux de la belle Éponge.

Les Euplectelles n'avaient été jusqu'ici rencontrées qu'aux Philippines; quant aux *Hyalonema*, on les avait crues particulières aux mers du Japon, jusqu'au moment où M. Barboza du Bocage, directeur du musée d'histoire naturelle de Lisbonne, depuis ministre de la marine du Portugal, en fit connaître un certain nombre d'exemplaires recueillis aux pêcheries de Requins de Sétubal sur la côte portugaise.

A un autre point de vue, on avait montré que le fond de la mer était loin de posséder une température constante et uniforme de 4°, comme on se l'était imaginé, par suite d'une assimilation peu réfléchie de l'eau de mer avec l'eau douce. Dans des localités voisines, à environ 1500 mètres de profondeur, la température pouvait varier de + 6° à — 1°,5; il devait donc y avoir dans les régions profondes des courants d'eau chaude presque en contact avec des courants d'eau froide.

Il ne faut d'ailleurs pas s'étonner de cette température de — 1°,5 inférieure à la température de congélation de l'eau douce, et bien plus basse encore que la température de son maximum de densité. Le physicien français Despretz avait en effet montré, longtemps avant qu'il fût question d'explorations sous-marines, que les dissolutions salines, l'eau de mer notamment, demeurent liquides à des températures notablement plus basses que celle où l'eau pure se prend en glace, et que de plus elles se contractent régulièrement à mesure que la température s'abaisse, sans passer par le maximum de densité si remarquable que présente à 4° l'eau ordinaire. Dans la mer, les couches les plus froides sont donc les plus profondes, et leur température, tout au moins dans les zones boréale et australe et dans les régions avoisinantes, peut tomber au-dessous de zéro.

En somme l'expédition du *Lightning* avait parfaitement réussi. Ce succès décida le gouvernement anglais à autoriser une nouvelle

campagne, et, le 18 mai 1869, la commission anglaise, sous la
direction de M. Gwyn Jeffreys, s'embarqua à bord du *Porcupine*.
C'était cette fois un navire parfaitement apte au voyage scientifique
qu'il entreprenait, un garde-côte dont l'état-major, sous le commandement du capitaine Calver, était composé d'officiers habitués
par leurs fonctions mêmes à la précision scientifique et au manie-
ment des appareils de sondage.

Pendant l'été de 1869, le *Porcupine* fit trois campagnes consé-
cutives. La première, sous la savante direction de M. Gwyn Jeffreys,
eut pour but l'exploration des côtes occidentales de l'Irlande. La
commission qui la dirigeait s'était proposé un triple problème.
Il ne s'agissait plus seulement de savoir si le fond des mers était
habité, il fallait rechercher dans quelles conditions étaient condamnés à vivre les habitants de ces régions. Il fallait déterminer
la température qui régnait dans les abîmes, et la constitution
chimique du milieu même, c'est-à-dire la proportion des gaz et
des sels en dissolution dans l'eau. Aussi adjoignit-on aux naturalistes de l'expédition des physiciens et des chimistes, chargés de
déterminer ces conditions physiques.

La profondeur la plus grande atteinte dans cette première
campagne fut de 2247 mètres; partout la faune était riche,
et l'on recueillit durant les dragages une quantité considérable d'animaux, notamment de Mollusques et de Foraminifères, inconnus pour la plupart. C'est alors que Wyville Thomson
résolut de tenter une expérience décisive, et d'effectuer des
dragages dans les parages les plus profonds de cette région
de l'Atlantique. Ce fut là le but de la seconde expédition, dirigée
par le savant professeur du collège de Belfast. Le 22 juillet,
un dragage fut effectué hardiment par 4456 mètres de profondeur, en plein Atlantique, à la hauteur de la Bretagne.
La drague fut traînée sur un espace de 11 kilomètres, et après
une absence de sept heures fut ramenée sur le pont avec
75 kilogrammes de vase bourrée d'animaux appartenant à tous
les groupes d'Invertébrés. Le problème de l'existence d'animaux
au fond des mers était donc résolu, contrairement aux idées
de Forbes, et l'on pouvait dès lors nier en toute assurance l'existence de cette limite au delà de laquelle la vie ne saurait se
produire.

Le *Porcupine* rentra en Irlande, mais pour repartir presque aussitôt, afin d'entreprendre une troisième campagne dans les Féroé, sous la direction du docteur Carpenter. Cette dernière expédition fut employée à vérifier, à l'aide d'instruments plus précis, les données fournies par le *Lightning*. On reconnut à peu de chose près l'exactitude de ces données. Mais on les précisa davantage, en déterminant la position et la direction des courants profonds, les uns dont la température s'élevait à 9 ou 10°, les autres, beaucoup plus froids, n'ayant qu'une température de 0 à 2°, et coulant

Fig. 4. — *Asthenosoma hystrix*, Wyville Thomson. — Deux tiers de grandeur naturelle.
De 500 à 2000 mètres de profondeur.

côte à côte, sans se mêler, comme si une invisible muraille les séparait.

Au point de vue zoologique la campagne ne fut pas moins féconde; elle montra la profonde différence de la faune des régions froides et de celle des parties plus chaudes. Enfin elle découvrit à la science une multitude d'êtres nouveaux, dont les plus remarquables sont les *Asthenosoma* (fig. 4), magnifiques Oursins, analogues à des Oursins fossiles de la craie, depuis longtemps connus, et qui se distinguent par la mollesse de leurs

parois, de tous ceux que connaissent si bien les habitants de
nos côtes.

On trouva aussi assez souvent de gigantesques Araignées de
mer, des *Nymphons* (fig. 5) : un corps réduit presque à rien
et des pattes démesurément allongées ont valu au groupe zoologique dont ces animaux font partie le nom de *Pantopodes*, qui
signifie littéralement « tout-en-pattes ». Il existe des animaux analogues parmi les Varechs et les autres Algues de nos côtes; on les

Fig. 5. — *Nymphon robustum*, Bell. — A 700 mètres de profondeur.

désigne sous le nom de Pycnogonides. Tous ceux qu'on avait
recueillis jusque-là avaient à peine un centimètre de diamètre : les
Nymphons des abîmes dépassent un décimètre, les pattes étendues.

Le vaillant *Porcupine* n'avait pas fini sa carrière scientifique. Il
repartit en 1870 pour la Méditerranée; mais, pendant une longue
croisière qu'il fit dans cette mer intérieure, les résultats furent si
pauvres au point de vue zoologique, que l'on dut en conclure qu'il
existait là, mais là seulement, une limite de la vie animale,

limite qui n'est pas absolue, mais qui suffisait à expliquer l'erreur de Forbes, due simplement à une généralisation trop hâtive.

A quoi attribuer cette singulière exception? Singulière, en effet, si l'on remarque que les conditions physiques semblent tout à fait favorables au développement de la vie dans notre grande mer intérieure. A partir de 500 mètres la température de la Méditerranée demeure, en effet, presque constante jusqu'aux plus grands fonds; elle est comprise entre 12 et 13°. A cette température il semblerait que la vie dût être exubérante, puisque la pression comme la composition chimique du milieu sont sensiblement les mêmes que dans l'Océan, si riche malgré l'extrême abaissement de la température de ses eaux.

Le *Porcupine* posa la question sans vouloir la résoudre. Il rentra en Angleterre le 8 octobre, avec les membres de la commission qui rêvaient une entreprise encore plus vaste, aujourd'hui réalisée, grâce à leur constante énergie.

Les États-Unis n'avaient pas attendu l'Angleterre pour entrer en scène. En 1867 le *Corwin*, de 1868 à 1869 le *Bibb*, ayant à son bord Louis Agassiz, puis le comte de Pourtalès, exploraient les eaux profondes du Gulf-Stream; en 1872 partait, à son tour, le *Hassler*, sur lequel s'embarquaient Louis Agassiz, le comte de Pourtalès et M. de Steindachner. Au *Hassler* qui longea la côte orientale d'Amérique, doubla le cap Horn et remonta, le long de la côte occidentale, jusqu'en Californie, succéda bientôt le *Blake*, appartenant au service de l'hydrographie ou *Coast Survey*, de la marine des États-Unis. Ce bâtiment, merveilleusement aménagé sous la direction de M. Alexandre Agassiz, effectua de 1877 à 1879 une série de campagnes durant lesquelles il étudia, d'une façon méthodique et minutieuse, les grands fonds de la mer des Antilles et du golfe du Mexique. Grâce à ces campagnes on peut dire que, pour la première fois, la faune d'une région déterminée fut mise au jour d'une façon à peu près complète.

Au cours du voyage du *Hassler*, Louis Agassiz eut occasion d'observer dans la mer des Sargasses les curieux nids qu'un singulier Poisson, l'*Antennarius marmoratus* (fig. 31), sait fabriquer en attachant ensemble plusieurs touffes de la *Sargasse flottante* qui, dans les régions tropicales, couvre sur de vastes étendues la surface de la mer. Il recueillit une Encrine voisine du *Rhizocrinus lofotensis* (fig. 11), découvert par Sars dans les parages des îles Lofoden; un

Mollusque gastéropode appartenant à ce genre Pleurotomaire que l'on trouve déjà fossile dans les plus anciennes couches sédimentaires, et qui semble avoir traversé, sans modification importante, l'immense durée des âges géologiques, des premiers temps de la période primaire jusqu'à l'époque actuelle; plusieurs espèces de Pleurotomes; des Oursins voisins des *Micraster* de la craie; enfin une sorte de Cloporte marin, le *Tomocaris Peircei*, dont la physionomie générale lui fit croire un moment qu'il avait réellement retrouvé le représentant dans la faune actuelle des vieux Trilobites siluriens, contemporains des premières Pleurotomaires.

L'outillage du *Blake* présentait un progrès considérable sur celui de toutes les expéditions antérieures. On y voit figurer pour la première fois, au lieu des câbles de chanvre auxquels on suspendait habituellement les dragues, des câbles de fil d'acier d'une merveilleuse souplesse et d'une étonnante résistance. Le *Blake* fit trois campagnes dans la mer des Antilles. De décembre 1877 à mars 1878 il visita les parages de Cuba, de Haïti, du Yucatan et s'engagea dans le golfe du Mexique, qu'il explora de la pointe sud de la Floride à l'embouchure du Mississipi. La seconde expédition, partie de Key-West, comme la première, en décembre 1878, se rendit à la Havane, suivit le canal de Bahama, s'engagea dans le détroit du Vent entre Cuba et Haïti, gagna la Jamaïque, explora la côte sud d'Haïti et de Porto-Rico et toute l'étendue de l'Archipel des îles du Vent : Saba, Mont-Serrat, la Guadeloupe, la Martinique, Saint-Vincent, etc., descendit jusqu'à la Trinité, revint à Saint-Vincent et termina ses opérations par la Barbade. La troisième expédition eut lieu en 1880 le long des côtes des États-Unis.

Durant ces neuf mois de campagne, 289 coups de drague furent donnés à des profondeurs variant de 25 à 4500 mètres environ[1]. Les résultats scientifiques furent à la hauteur du travail dépensé. Le nombre des exemplaires d'animaux recueillis s'éleva à plusieurs milliers; c'est par centaines qu'il faut compter celui des espèces nouvelles. Les animaux provenant de la mer des Antilles étaient d'ailleurs bien différents de ceux dont les expéditions anglaises avaient révélé l'existence. Peu d'Éponges siliceuses, point de *Brisinga*, mais de nombreux Crinoïdes, de magnifiques Étoiles de mer, beaucoup d'Oursins, des Crustacés remarquables, parmi lesquels

---

1. Exactement de 14 à 2412 brasses.

un gigantesque Cloporte, de la taille d'un Homard, auquel M. Alph. Milne Edwards a donné le nom de *Bathynomus giganteus*. Tels étaient les caractères de la faune profonde de la mer des Antilles.

Après les premières expéditions anglaises on avait été frappé de retrouver dans les parages de l'Angleterre un assez grand nombre d'animaux identiques à ceux trouvés sur les côtes de Norvège par les explorateurs scandinaves. On en avait conclu, un peu prématurément, que dans les grandes profondeurs de la mer les espèces animales étaient à peu près les mêmes partout et devenaient presque littorales dans les régions boréales. Le fond des mers est peuplé, disait-on, d'animaux descendus des pôles. Les récoltes du *Blake* montraient qu'on s'était trop pressé de généraliser. M. Alexandre Agassiz avait trouvé tout autre chose dans les mers des Antilles que ce qu'avaient découvert Gwyn Jeffreys, Wyville Thomson et William Carpenter dans les mers britanniques; l'exploration de toutes les régions du globe s'imposait donc à l'activité des zoologistes. C'est ce qu'avaient compris de bonne heure les organisateurs des expéditions anglaises que nous allons voir maintenant à la tête d'une nouvelle entreprise, conçue sur un plan autrement grandiose que celui qui avait présidé à l'organisation des campagnes du *Lightning* et du *Porcupine*.

CHAPITRE III

VOYAGE DU *CHALLENGER*.

Les savants anglais et à leur tête le docteur Carpenter et M. Wyville Thomson, après leur campagne sur le *Porcupine*, n'étaient rentrés en Angleterre que pour continuer les études commencées et pour préparer un coup d'éclat. Ils rêvaient d'accomplir un voyage autour du monde, entreprise immense à laquelle ils consacrèrent désormais tous leurs efforts. L'Amirauté anglaise mit à leur disposition une corvette à hélice de 2300 tonnes, pourvue d'une machine à vapeur de 1234 chevaux, le *Challenger*, qui promena sa drague sur le fond de tous les océans, et dont le nom restera à jamais célèbre dans l'histoire des sciences.

Le navire était commandé par le capitaine George S. Nares.
et la commission qu'il portait, présidée par M. Wyville Thomson,
se composait de MM. Buchanan, chargé des recherches de chimie,
Murray, qui devait étudier les Vertébrés, Moseley, botaniste de l'expédition, devenu zoologiste durant la campagne, et dont les belles recherches sur les Hydrocoralliaires, Polypes hydraires incrustés de
calcaire, ont fourni à un autre naturaliste le moyen de relier entre
eux les Hydroméduses et les Coralliaires. Les animaux inférieurs
devaient être plus spécialement confiés au président de l'expédition
et à un élève du professeur von Siebold, de Munich, M. Willemoes
Suhm ; ce dernier mourut pendant l'expédition, entre Hawaï et Taïti.

Le *Challenger* était merveilleusement aménagé pour la longue
campagne scientifique qui devait l'illustrer. Des dix-huit canons qui
l'armaient d'ordinaire, on n'en avait gardé que deux, et le pont
tout entier avait ainsi pu être réservé aux appareils scientifiques.
Un laboratoire de physique et de chimie et un cabinet d'histoire
naturelle y avaient été disposés. Il faut économiser l'espace sur un
navire ; aussi les deux pièces principales de travail n'étaient-elles pas
grandes ; mais ce défaut était largement racheté par la commodité
de l'installation et par la précision remarquable avec laquelle tous
les détails avaient été prévus et combinés. La salle d'histoire naturelle, parfaitement éclairée, possédait quatre microscopes, fixés à
la table de travail par des vis de cuivre, précaution indispensable
pour maintenir les instruments dans les forts mouvements de
roulis et de tangage. De tous côtés des rayons portaient d'innombrables bocaux, assujettis par des tringles, où l'on devait entasser
les richesses rapportées par l'expédition. et conservées dans l'alcool. Ce liquide conservateur s'échappait par un robinet d'une
immense cuve placée en haut dans les bastingages. Tout l'attirail
des naturalistes, ciseaux, pinces, scalpels, était en nickel, pour ne
pas être attaqué par l'eau de mer ; des harpons, des boîtes de botanique suspendues au plafond, des robinets donnant de l'eau douce,
une petite bibliothèque, se trouvaient à la portée des savants.

Plus petit, mais non moins commode, était le laboratoire de
chimie. avec ses appareils à analyse, ses bouteilles à réactifs
fixées au mur, ses cornues qu'il fallait chauffer avec des lampes
à alcool soutenues par des suspensions à la Cardan, de manière à
leur conserver l'immobilité malgré les mouvements du navire. C'est
là qu'on rangeait, par ordre, les bouteilles à eau qui revenaient

pleines de liquide des plus grandes profondeurs de l'Océan. C'est là qu'on déterminait la densité, et qu'on faisait l'analyse des eaux, par des procédés spéciaux, rigoureux mais expéditifs.

Ailleurs, avec les cartes marines étaient rangés les appareils hydrographiques et les instruments destinés aux observations magnétiques et météorologiques, dont le second, M. Maclear, avait été chargé. Une chambre noire pour la photographie, installée en face du laboratoire de chimie, donna pendant toute la campagne, malgré les difficultés de travailler en mer, d'excellents résultats. Enfin, les dragues, les sondes, les appareils thermométriques et photométriques avaient été placés à l'avant du navire, en même temps qu'un aquarium où l'eau était sans cesse renouvelée. On voit combien était complète l'installation du *Challenger*, et avec quelle minutieuse prévoyance elle avait été dirigée.

Le navire quitta Portsmouth le 21 décembre 1872. Il ne devait revoir les côtes d'Angleterre que le 24 mai 1876, trois ans et demi après les avoir quittées. On se dirigea d'abord vers le sud, sans s'inquiéter du mauvais temps qui assaillit le navire aux premiers jours de son voyage. Suivant les plans arrêtés dès l'origine, la véritable exploration ne devait commencer qu'aux Canaries. Jusque-là c'était une entrée en matière, une introduction, que l'on utilisa pour achever de se rendre maître de l'outillage et se préparer ainsi complètement au travail sérieux. Le 3 janvier 1873 on s'arrêtait à Lisbonne pour se refaire des premières fatigues du voyage, et le 4 janvier seulement on se remit définitivement en route.

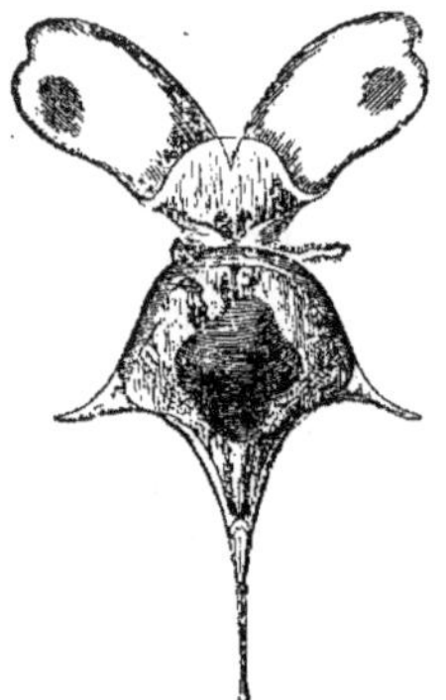

Fig. 6. — Ptéropode de surface du genre *Hyalea*. — Grandeur naturelle.

Dès les premiers dragages les richesses abondent sur le *Challenger*. Les filets disposés pour la pêche pélagique ramènent tous les hôtes élégants qui nagent dans les pleines mers : les Ptéropodes (fig. 6), ces Papillons des océans dont la marche rapide et saccadée au milieu des eaux rappelle, en effet, le vol capricieux des Lépidoptères, les Vélelles (fig. 7), les Porpites, les Physalies aux formes gracieuses (voir la table des figures) et aux riches couleurs, et enfin ces magnifiques Siphonophores (fig. 8), qui laissent pendre dans la

mer, au gré du hasard, leurs superbes guirlandes aux mille pende-
loques brillamment colorées. Les dragues ne sont pas moins géné-
reuses : parmi les Invertébrés, si abondants au fond des mers, elles
apportent des Éponges siliceuses, les Euplectelles, qui, chose singulière, ont, comme leurs sœurs les *Hyalonema*, des commensaux
qu'on trouve toujours en leur compagnie. De même que la torsade
de spicules des *Hyalonema* est presque toujours entourée à sa
base par une colonie de Coralliaires[1], de même la cavité centrale des Euplectelles est constamment habitée par un, et souvent même deux Crabes, qui partagent avec leur jolie hôtesse la

Fig. 7. — *Velella spirans*, Eschscholtz. — Siphonophore de surface. — Demi-grandeur.

nourriture que la communauté a pu capturer. Les exemples de
telles associations sont nombreux, et nous aurons plusieurs fois
encore l'occasion de citer à ce sujet des faits d'un intérêt puissant. Ce sont aussi de belles Étoiles de mer, des Bryozoaires d'une
beauté remarquable, des *Asthenosoma* nouvelles, avec leurs proches
parents les *Phormosoma*. Enfin les *Ombellulaires* (fig. 9), jolis Polypes dont les calices violets viennent s'épanouir en un charmant
bouquet à l'extrémité d'une longue tige à axe calcaire. Mais la plus
intéressante capture faite par les dragues du *Challenger*, dès les
premiers jours de son expédition, fut celle de nombreux Poissons

1. Leur nom scientifique est *Palythoa fatua*.

retirés, à n'en pas douter, du fond de la mer. Les expéditions précédentes n'avaient ramené que fort peu de ces animaux. Les dragues avaient l'ouverture trop petite pour laisser ces êtres vifs et peureux y pénétrer sans défiance; de plus elles se remplissaient rapidement de vase, et ne pouvaient plus ensuite donner asile à de nouveaux hôtes. Cependant on citait de rares exemples de pareilles captures.

Fig. 8 — *Praya diphyes*, de Blainville. — Siphonophore de surface. — Très réduit.

Mais on supposait qu'elles avaient été faites accidentellement par la drague au moment de son retour et assez près de la surface. C'était donc à des animaux pélagiques et non à des Poissons abyssaux qu'on avait affaire. Le *Challenger* résolut la question dans un sens tout à fait opposé à cette opinion. La drague, bien plus grande que celles qu'on avait utilisées jusque-là, rapporta une multitude de Poissons. Chez tous, la vessie natatoire s'était dilatée et, crevant la

muqueuse buccale, avait fait saillie par la
bouche; les yeux, démesurément dilatés, sortaient des orbites (fig. 10). Ces phénomènes
étaient certainement dus à l'élasticité de
l'air contenu dans la vessie natatoire. Cet
air, soumis à une pression considérable dans
les grandes profondeurs, rencontre, à mesure
qu'il s'élève, des pressions de moins en moins
fortes : aussi doit-il augmenter de volume et
entraîner une dilatation exagérée de la mince
vessie qui le contient. Cette explication,
la seule possible, démontre donc la présence,
au fond de la mer, d'animaux d'une organisation bien supérieure aux Zoophytes, aux
Crustacés et aux rares petits Mollusques qu'on
y avait jusque-là rencontrés, et qu'on croyait
être les seuls qui pussent acquérir un grand
développement numérique dans de pareilles
conditions.

Marchant ainsi de découverte en découverte, le *Challenger* descendit le long de la côte
de l'Afrique, draguant par des profondeurs de
2000 mètres; mais, arrivé à Madère, il tourna
brusquement à l'ouest, en traversant l'Atlantique, que, d'après les instructions de l'Amirauté anglaise, il devait sillonner quatre fois
dans toute sa longueur afin d'en faire connaître l'exacte topographie. Vers le milieu de
l'océan Atlantique, les profondeurs augmen-
tèrent rapidement, se tenant en moyenne entre
4000 et 5600 mètres. Mais cette profondeur
est loin d'être partout la même. Le fond de
l'Océan n'est pas, comme on l'avait cru longtemps, une vaste plaine sous-marine « dont
les montées et les descentes sont si douces
qu'on pourrait aller en voiture et sans serrer
les freins d'Irlande à Terre-Neuve ». Non, la
topographie des terres immergées est aussi
compliquée que la topographie du domaine des

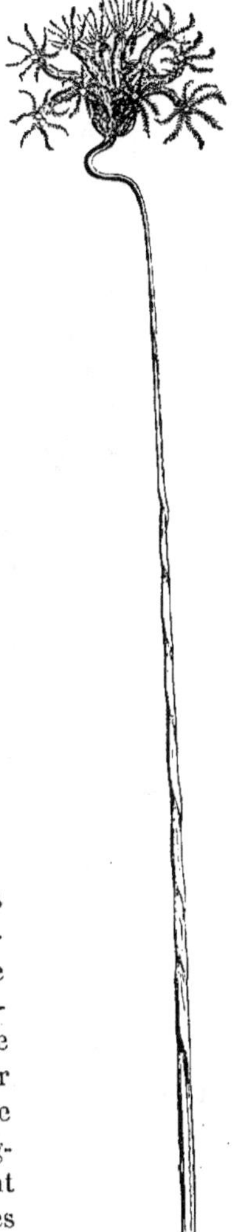

Fig. 9. — Ombellulaire des
mers arctiques (*Umbellu-
laria grœnlandica*, La-
marck).

hommes. On y trouve des chaînes de montagnes, des plateaux, des vallées, des collines escarpées et des coteaux qui vont mourir en pente douce dans de grandes plaines. On peut se faire une idée de la différence d'altitude des divers points de l'Océan en consultant les tableaux de sondages du *Challenger*.

La profondeur moyenne de l'Atlantique est d'environ 4800 mètres. Mais la sonde a pu atteindre dans cet Océan l'énorme profondeur de 7157 mètres, c'est-à-dire que, si le mont Blanc était englouti dans cet abîme, la surface de la mer serait encore à 2327 mètres

Fig 10. — Un Poisson à vessie natatoire (*Neoscopelus macrolepidotus*, Johnson) à l'état de décompression, tel qu'il a été ramené par le *Talisman* de 1300 mètres de profondeur.

au-dessus du géant de nos montagnes. D'autre part, il existe, tout le long de l'Atlantique, un vaste plateau qui le traverse du nord au sud, parallèlement aux côtes de l'Amérique et de l'Ancien Continent. Les profondeurs qu'accuse la sonde sur ce plateau ne sont plus que de 1800 à 2000 mètres.

Quoi qu'il en soit, nous sommes bien loin des immenses profondeurs que l'on croyait exister dans les mers. Les marins n'hésitaient pas à admettre des fonds de 18 000 mètres; quelques géologues, par des raisons de pure esthétique, voulaient que la profondeur maximum fût de 8000 mètres, de manière que les plus profonds abîmes équivalussent à la plus grande hauteur connue, à la hauteur des cimes du Gaurisankar. Les mathématiciens avaient de leur côté entrepris des évaluations plus sérieuses. On parvint à trouver des formules algébriques qui, de la vitesse de propagation des vagues dans l'Océan, permettaient de déduire la profondeur de la mer au point d'où cette vague était partie. Mais les formules ont toujours trouvé une incrédulité obstinée de la part des naturalistes, voire même des physiciens. Il fallait donc avoir recours à l'observation directe. On trouva tout d'abord que les premiers sondages effectués par les marins avaient notablement exagéré les profondeurs; ils accusaient des profondeurs de 12 kilomètres en des points où les appareils plus exacts du *Challenger* trouvèrent toujours le fond à moins de 5000 mètres. Les chiffres du *Challenger* sont, eux, dignes de la plus grande confiance, grâce à la perfection des instruments de sondage qu'on employa durant toute l'expédition, et l'on peut les considérer comme exacts à une centaine de mètres près : erreur bien négligeable pour de pareilles profondeurs.

Pendant ce temps les dragues ne restaient pas inactives, et dans les quatre traversées de l'Atlantique, des Canaries aux Antilles et à la Nouvelle-Écosse, des Bermudes aux Açores, des Açores à la côte du Brésil et enfin de San-Salvador au cap de Bonne-Espérance, les récoltes précieuses s'accumulèrent sur le pont du *Challenger*, fécondes en enseignements nouveaux pour la science. Du fond des abîmes on retirait d'étonnants Crustacés aveugles; d'autres dont les pattes grêles, semblables à celles d'une immense Araignée, s'étaient démesurément allongées pour permettre à l'animal de palper les objets qu'il ne pouvait voir. La théorie enseignait que les animaux des grands fonds doivent tous être aveugles. Qu'auraient-ils fait d'organes visuels, dans ces profondeurs où les papiers photographiques n'accusent pas la moindre trace de lumière? L'argument semblait péremptoire. Aussi l'étonnement fut grand quand on ramena de ces mêmes abîmes des Crustacés possédant au contraire des yeux énormes, recouvrant toute la région céphalique. Comment ces yeux pouvaient-ils être utiles à leurs possesseurs? Nous rechercherons plus tard s'il est possible de répondre à cette question.

Ici la drague dévasta de véritables forêts sous-marines de Coraux d'eaux profondes, voisins des Isis, portant attachées à leurs élégants rameaux des Éponges ayant la consistance de l'amadou. Là c'étaient des Oursins, des Étoiles de mer ou des Ophiures, leurs voisines, aux bras grêles et onduleux, et tous ces êtres mêlés à cette éternelle boue de l'Atlantique, formée presque uniquement de Foraminifères vivant au fond de la mer et des débris solides des animaux morts en nageant près de la surface.

C'est le 17 décembre 1873 que le *Challenger* quitta la baie du Cap pour commencer sa croisière dans les eaux de l'océan Glacial Antarctique. Quoiqu'on fût au milieu de la saison chaude, on ne tarda pas à apercevoir de la neige sur les cônes volcaniques qui surmontent les îlots épars dans ces régions.

La végétation est peu luxuriante dans ces îlots du Prince-Edouard, Marion et Crozet. Les seuls êtres vivants qui viennent animer leurs rochers abrupts et leurs volcans désolés sont les Phoques, les Éléphants marins, les Albatros et surtout ces singuliers Oiseaux dont les ailes ressemblent à de petites nageoires, les Manchots. Ces derniers vivent en très grandes troupes, sur des aires parfois fort étendues, situées non loin du rivage. Les explorateurs purent observer l'un de ces singuliers établissements, qui n'occupait pas moins de 40 ares. C'était une terrasse parfaitement plane, couverte d'une boue molle, noire et nauséabonde, où des centaines de Manchots de la plus grande espèce, des Manchots rois (*Aptenodytes longirostris*), atteignant près d'un mètre de hauteur, se tenaient serrés les uns contre les autres, droits et graves, jusqu'au moment où une discussion s'élevait dans la compagnie. Au calme succédait alors une comique et bruyante bousculade, puis tout rentrait dans l'ordre. Un tiers de la cité, séparé du reste par un rempart gazonné, était réservé aux femelles dans l'exercice de leurs fonctions. Là se tenaient une centaine de mères entourées des jeunes individus de la colonie, aussi hauts que leurs parents, se tenant comme eux droits sur leurs pattes, le bec en l'air, avec un air stupide, mais rendus plus singuliers encore par un épais duvet couleur chocolat qui leur couvrait tout le corps. Dans le coin le plus abrité étaient reléguées les pondeuses. Accroupies sur le sol fangeux, elles ne se décidaient à bouger que si on les frappait avec un bâton; on les voyait alors s'enfuir, emportant un œuf volumineux dans une poche située entre leurs jambes, et formée, comme celle des Marsupiaux, par un repli de la peau.

Tel est l'aspect d'une colonie de Manchots dans son
état le plus prospère; mais,
pourchassés par les marins
qui les recherchent pour
leur huile et leurs plumes,
ces Oiseaux ne peuvent que
rarement former des établissements aussi importants.

Le fond des mers, sous
cette latitude voisine de 47°,
permit de faire des observations non moins intéres-
santes.

Les Crinoïdes fixés, dont
douze genres nouveaux vinrent enrichir les collections
du *Challenger*, formaient
sur les fonds volcaniques
de véritables forêts. Ces animaux bizarres, les lis de la
mer, ont une tige offrant
quelquefois de véritables racines d'un côté, tandis que
l'autre se termine par un
calice surmonté de bras plusieurs fois ramifiés (fig. 11).
Ils excitèrent souvent l'admiration des explorateurs.
Les Holothuries étaient
représentées par de magnifiques Cladodactyles, aux tentacules arborescents,
dont les femelles donnaient
asile, dans une gouttière
qui s'étendait tout le long
de leurs corps, à des petits
transparents comme du cristal, et pourvus comme leurs

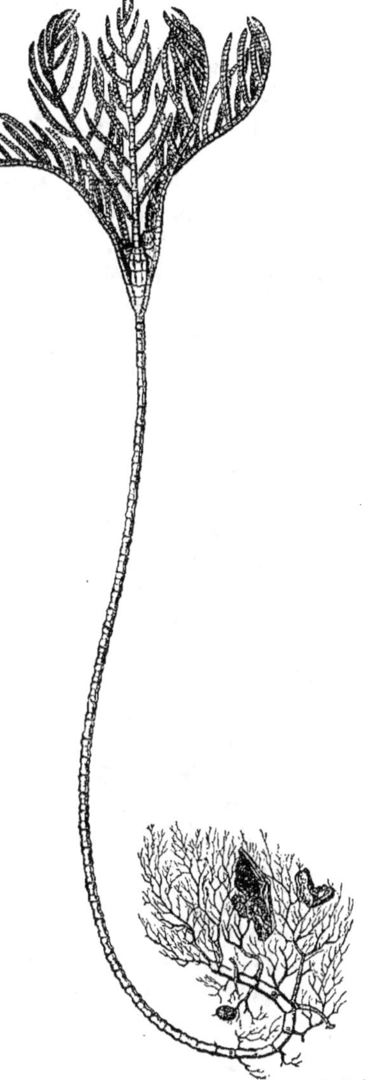

Fig. 11. — *Rhizocrinus lofotensis,* Sars, Crinoïde fixé
vivant à 400 mètres de profondeur dans les mers
du Nord.

parents d'une élégante couronne autour de la bouche. D'autres Échinodermes, mieux construits encore pour donner tous leurs soins à leur progéniture, possédaient une poche spéciale pour l'incubation des œufs, et d'où les petits sortaient déjà bien conformés. N'est-il pas étonnant que cette disposition soit si fréquente chez les êtres qui habitent les régions australes, et qu'on l'y trouve réalisée chez des animaux aussi différents les uns des autres que les Mammifères marsupiaux, les Manchots, les Holothuries, les Oursins et les Étoiles de mer?

D'importants travaux sur le développement des Échinodermes furent dès lors commencés par les explorateurs, qui ne tardèrent pas à remarquer que les larves ainsi protégées contre les intempéries ne prenaient jamais de ces formes bizarres munies de longs appendices, qu'on a appelées *pluteus*, brachiolaires, etc. Jamais le *Challenger* n'a réussi à trouver dans l'océan Antarctique de larves ainsi constituées. Toujours, au contraire, les jeunes individus demeuraient sous la protection de leur mère, les Ophiures rampant sur son disque[1], les petits Oursins restant embarrassés dans les piquants des grands[2], les Étoiles de mer, de quelques millimètres de diamètre déjà, demeurant cachées au fond d'une bourse qui s'ouvre par cinq valves au milieu du dos de la mère[3].

Cette particularité n'est du reste pas spéciale aux Échinodermes; nous avons insisté à diverses reprises, dans notre ouvrage *Les colonies animales et la formation des organismes* (pages 464 et 613), sur la disparition de ce qu'on nomme les métamorphoses chez beaucoup d'animaux incubateurs, et nous en avons donné l'explication.

Le 11 février, par 60° 52' lat. S., 80° 20' long. E. Gr., le *Challenger* rencontra pour la première fois un *iceberg*, qui fut soigneusement photographié et mesuré, et qui disparut bientôt après. Dès le lendemain, de véritables pics de glace, atteignant 30 et même 40 mètres, ne tardèrent pas à se montrer; la température s'était abaissée à — 1°, les Albatros se faisaient rares, mais on rencontrait encore quelques Baleines. Bientôt tables et montagnes de glace apparaissent de tous côtés, et la navigation devient périlleuse pour le vaisseau, qui n'avait pas été construit spécialement pour une campagne dans les régions

----

1. *Ophiacantha vivipara.*
2. *Cidaris nutrix.*
3. *Pteraster, Hymenaster,* etc.

polaires. Les émotions, en effet, ne manquèrent pas aux navigateurs.
Le 16 février, au milieu de la nuit, le navire, pris dans une tour-
mente, poussé par un vent de 42 kilomètres à l'heure, vint buter
contre un iceberg, qui lui cassa une partie de sa mâture. Réfugié
entre deux énormes blocs de glace qui le protégeaient un peu contre
la tempête, il courut pendant plusieurs heures de l'un à l'autre,
jusqu'à ce que le jour vînt enfin mettre un terme à l'anxiété de
l'équipage. Néanmoins, le lendemain, le *Challenger* pénétrait hardiment dans la banquise qui borde de toutes parts le continent austral.
Cinq navires seulement y avaient pénétré avant lui, tant est grande
la difficulté de traverser cet effrayant chaos de glaces flottantes,
que les vents et les courants poussent dans toutes les directions.

Malgré tous leurs efforts, les explorateurs ne purent apercevoir
la Terre de Willis, et, le 1ᵉʳ mars, renonçant à pénétrer plus loin
vers le sud, ils mirent le cap sur Melbourne.

Mais cette exploration dans les régions antarctiques, si courte
qu'elle eût été, n'en fut pas moins féconde en observations de
toute nature. La glace fut tout naturellement l'objet des études
les plus approfondies. Des analyses répétées montrèrent qu'elle est
en réalité salée, quoique beaucoup moins que l'eau dont elle pro-
vient : celle-ci, en effet, lorsqu'elle se solidifie partiellement, conserve dans sa portion restée liquide la plus grande quantité
de sels dissous. Mais, résultat bien plus inattendu, la glace emprisonne souvent aussi des débris d'animaux et de végétaux en très
grand nombre, et l'on put observer un glaçon rendu presque jaune
par d'innombrables Foraminifères et Diatomées habitant d'ordinaire
la surface de la mer.

Les blocs de la glace réputée pure ne sont d'ailleurs pas homogènes :
les icebergs montrent, en effet, des traces bien évidentes d'une structure stratifiée ; des couches d'un blanc laiteux, parfois absolument
opaque, luisant comme de la porcelaine, alternent avec des bandes
d'un bleu de cobalt intense, transparentes comme la glace des
plus beaux glaciers de Suisse ; des veinules du plus bel azur parcourent aussi en zigzag les fragments arrachés aux icebergs ; des
crevasses, des cavernes, des escarpements abrupts, sont colorés de
la même nuance, et les vagues d'une mer d'un bleu indigo viennent déferler comme sur un écueil contre ces falaises, éclairées
par un ciel que le contraste empourpre d'une teinte rouge feu.

La variété et la magnificence de tels spectacles excitèrent au plus haut point l'admiration des savants du *Challenger*, mais sans les détourner des études les plus sérieuses. La drague continuait, en effet, à rapporter les échantillons les plus variés de tous les groupes d'Invertébrés, sans qu'il fût possible cependant d'assigner une faune particulière à ces régions glaciales. On y retrouvait une foule d'animaux déjà rencontrés dans les régions tempérées de l'hémisphère boréal : par exemple, ces grandes Holothuries à queue relevée sur le dos (voir la table des figures), qui forment le genre *Psychropotes* et que le *Lightning* avait déjà découvertes aux îles Féroé. C'est que le fond de la mer ne paraît pas, sous ces latitudes élevées, beaucoup plus froid que dans les mers déjà explorées. Il existe bien, il est vrai, un immense courant d'eau froide se dirigeant du pôle vers l'équateur, courant signalé depuis longtemps par tous les explorateurs; mais ses eaux glacées, dont la température peut tomber à 1°,5 au-dessous de zéro, coulent entre deux nappes plus chaudes, dont la plus basse paraît atteindre une profondeur considérable.

Quant au sol sous-marin, il ne présente pas non plus de différences bien notables avec celui des mers chaudes et tempérées. En allant du nord au sud, on trouve vers 42° de latitude l'éternelle argile rouge des grands fonds, toujours avec les mêmes Foraminifères et les mêmes Coccolithes; puis vers 47° la boue à Globigérines, à laquelle fait suite, vers 53°, la boue jaune à Diatomées. Enfin, plus près du pôle, le fond est constitué par une vase détritique bleuâtre, formée de débris granitoïdes de toutes sortes, micacés et amphiboliques.

Tels sont les principaux résultats de la campagne du *Challenger* jusqu'à son arrivée dans le port de Melbourne, où il séjourna jusqu'au 1er avril.

Peu de régions du globe ont été plus étudiées par les naturalistes que cette terre de la Nouvelle-Hollande, dont la faune et la flore, toutes spéciales, sont aussi bien connues que celles de beaucoup de contrées de l'Europe. Aussi les explorateurs du *Challenger* n'y firent-ils qu'une courte station, qu'ils mirent à profit en prenant, après les fatigues de leur croisière dans les mers australes, un repos bien mérité, et aussi en collectionnant de nombreux échantillons de Marsupiaux, de Mollusques longtemps réputés éteints, tels que les *Trigonies*, qui vivent en abondance dans la mer au voisinage de Sydney. Ils joignirent même à leurs collections de précieux spécimens anthropologiques. La Nouvelle-Zélande, également bien explorée,

ne les arrêta aussi que quelques jours, et ils arrivèrent bientôt
aux îles Fidji, grand archipel volcanique, bordé de récifs et de
barrières madréporiques, qu'ils visitèrent avec le plus grand
soin. Rien de plus curieux, en effet, que la population qui l'habite, race intelligente et sauvage, convertie au christianisme
dans certaines îles, anthropophage dans les îles voisines.

L'archipel des Fidji donne asile à des Oiseaux brillants et à des
Insectes dont beaucoup étaient encore inconnus et dont on réunit
d'amples collections. Mais l'observation la plus digne de remarque qui fut faite dans cet archipel est celle d'un Nautile vivant
(fig. 12), dragué à 3540 mètres de profondeur, le seul spécimen
de cet animal qui ait été obtenu pendant le dragage. Quoique
certainement fort nombreux dans des régions indéterminées où
ils vivent en troupes, peu d'ani-
maux sont plus difficiles à se
procurer que ces Mollusques,
derniers représentants d'un
groupe si florissant dans les
époques géologiques les plus
anciennes, et aujourd'hui sur
le point de disparaître. Les na-
turels des îles Fidji, quand ils
ont la bonne fortune d'en rencontrer, les portent à manger à
leurs chefs, qui les considèrent

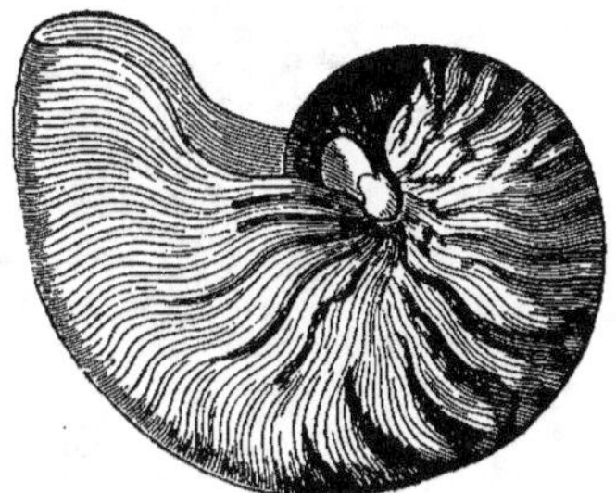

Fig. 12. — Coquille de Nautile flambé.

comme un mets fort délicat, tandis que la coquille (fig. 13),
d'ailleurs beaucoup plus commune que l'animal vivant, leur sert
d'ornement. Le Nautile vivant du *Challenger* se déplaçait avec
agilité dans le bocal où il était conservé, une partie de la
coquille étant soulevée hors de l'eau. Malgré des efforts évidents,
il ne pouvait parvenir à s'enfoncer, ce qui semblerait surprenant
quand on songe à la profondeur à laquelle il avait été capturé,
si l'on ne remarquait que la diminution de pression à laquelle il
avait été soumis tout à coup avait occasionné une expansion subite des gaz emprisonnés dans la coquille. Il nageait à
reculons, en introduisant dans son siphon de l'eau, qu'il expul-
sait ensuite vivement à la manière de tous les Céphalopodes, et,
quand il n'était pas inquiété, ses tentacules, très nombreux
et d'une délicatesse extrême, étaient étendus dans toutes les

directions autour de la bouche, à laquelle ils formaient comme une auréole.

On le voit, la croisière commencée dans le Pacifique ne s'annonçait pas moins heureusement que les précédentes. Mais, avant de traverser cet Océan dans toute sa largeur, il fallait d'abord en explorer complètement la partie occidentale : c'est pourquoi le *Challenger*, changeant de nouveau sa direction, revint vers le nord de l'Australie pour franchir le détroit de Torrès, et continua sa course à travers les passes étroites qui séparent les îles nombreuses de la Malaisie. Le soulèvement qui a donné naissance à

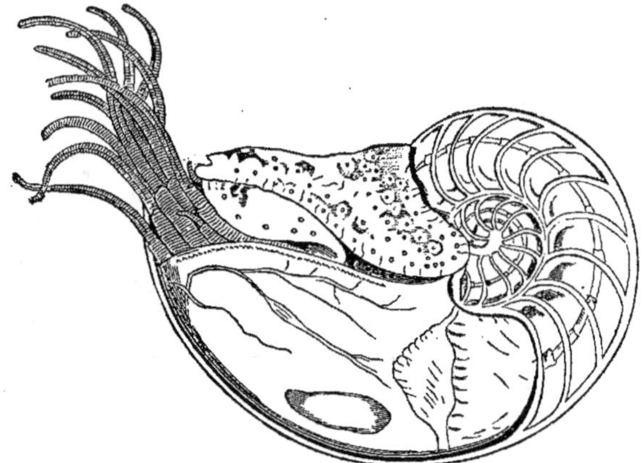

Fig. 13. — Nautile flambé dans sa coquille, qui a été sciée pour montrer ses cloisons intérieures et son siphon.

l'Australie s'est prolongé vers le nord, et c'est un chenal dont la profondeur ne dépasse pas 50 mètres, qui sépare le continent de la Nouvelle-Hollande de la terre des Papous. Au contraire les passes resserrées de la Malaisie sont comme des gorges étroites, où la sonde indique des profondeurs qui atteignent 5000 mètres, divisant ainsi ces îles en une foule de petits systèmes isolés les uns des autres. Le fond y est formé des dépôts littoraux qu'on retrouve tout autour des continents et dans les mers intérieures, bien différents des formations qui se produisent dans les abîmes océaniques. Ce sont tantôt des sables arrachés aux terres avoisinantes, tantôt, et plus souvent, des boues vaseuses, dont l'origine est également détritique, dont la coloration bleue ou verte est due à des matières organiques en décomposition, ou à des granules pulvérulents de sulfure de cuivre. Aussi ces dépôts sous-marins dégagent-ils très souvent l'odeur caractéristique de l'hydrogène sulfuré. Au milieu de cette vase se trouvent encore des grains plus gros, résultant de la désagrégation des roches du littoral, des grains de quartz, de mica, d'augite, dont le diamètre ne dépasse pas en général un demi-milli-mètre. Ces matières minérales forment les huit dixièmes des dé-pôts. Le reste est formé de débris organiques, de squelettes de Radiolaires et de Diatomées, dont les restes siliceux s'entremêlent dans les dépôts, à des fragments calcaires, débris de tests d'Our-sins, de coquilles de Mollusques, de Polypiers, de Bryozoaires et de Corallines, quelquefois réduits à l'état de carbonate de chaux amorphe. Ce dernier corps entre, en certains points, dans des pro-portions considérables, quelquefois pour les $\frac{95}{100}$, dans la constitu-tion de dépôts voisins des rivages. Cela résulte de l'extrême abon-dance des Madrépores dans les mers de la Malaisie, notamment dans le canal de Torrès au nord de l'Australie, dont la faible profondeur est particulièrement favorable au développement de ces organismes. Les grands Polypiers, en effet, ne vivent guère à plus de 40 mètres au-dessous du niveau de la mer. Les dragages profonds n'ont jamais ramené que peu de Madrépores, et ceux qui ont été trouvés dans les grands fonds vivent pour la plupart isolés, sans former d'abondantes colonies.

Au contraire, dans les eaux situées à peu de distance de la surface, les Madrépores prennent une étonnante vitalité, ils se développent avec une abondance extrême et finissent par constituer d'énormes massifs. En vain les flots viennent-ils battre avec violence ces formations, délicates en apparence, dont ils entraînent con-stamment quelques parcelles, l'activité incessante de la vie refait ailleurs ce que la mer vient de détruire, et lutte victorieusement contre les assauts des vagues. Les récifs de Madrépores forment en beaucoup de points des îles Philippines, tout autour des terres, une ceinture dangereuse pour les vaisseaux. Mais c'est surtout au milieu de l'océan Pacifique que ces productions organiques attei-gnent leur apogée. Elles ont pu, aidées par les mouvements du sol, former des îles entières, remarquables par leur forme annu-laire; et c'est ainsi que se sont constitués les archipels des Carolines et des îles Pomotou (fig. 14). Le mode de formation de ces îles au milieu du Grand Océan avait de tout temps préoccupé les hommes de science; le grand nom de Darwin se rattache à la première théorie sérieuse qui ait été formulée pour expliquer la forme singulière des *atolls* ou îles madréporiques. Elle impliquait un affaissement lent de tout le fond du Pacifique, grâce auquel les récifs madréporiques adhérents au pourtour des îles se transformaient peu à peu en ceintures séparées de la terre par un chenal qui s'élargissait graduellement et devenait finalement un lac central, quand l'île primitive avait disparu sous les eaux. Quelles que soient les modifications qu'on ait dû apporter depuis à cette théorie, elle a fait faire un grand pas à nos connaissances sur la formation des archipels coralliens.

Le *Challenger*, au sortir de l'archipel des Philippines, se dirigea vers le Japon. Des mers du Japon étaient venues les premières Éponges siliceuses, les *Hyalonema*, qui avaient fait l'étonnement des savants et l'admiration de tous. Il était capital d'étudier la faune qui les accompagnait et dont ces beaux spécimens promettaient des merveilles. Les savants du *Challenger* ne furent pas trompés dans leur attente. C'est là que la sonde atteignit la plus grande profondeur. Il fallut dérouler l'énorme longueur de 8189 mètres de fil de sonde. S'il a été donné à quelques navigateurs de mesurer des profondeurs plus grandes, elles sont toutes demeurées moins certaines; c'est, en tout cas, la plus grande dépression océanique dont on ait pu jusqu'à ce jour retirer des matériaux capables de nous instruire sur la nature du sol et sur les conditions physiques qui règnent dans ces abîmes[1]. Le fond était constitué par de la vase formée de débris organiques et de squelettes calcaires ou siliceux provenant des animaux pélagiques ou de ceux qui vivaient sur le fond lui-même.

Au milieu du Pacifique, cette vase grise est remplacée par une argile rouge qui occupe dans l'Océan de si vastes étendues que nous devons insister sur sa constitution. Elle est très analogue aux boues à Globigérines et à Radiolaires par les éléments qui lui

---

[1]. Ce sondage, effectué le 23 mars 1876, au voisinage des Kouriles, par 11° 24′ lat Nord et 143° 16′ long. Est, Greenwich, donna les résultats suivants :

Profondeur : 8189 mètres.
Nature du fond : Boue à Radiolaires. Température du fond.   2°
            — de la surface. 20°,8

Densité de l'eau de mer au fond, calculée à 15°,5 : 1,02579
         — à la surface, —   1,02568

Fig. 14. — Ile Clermont-Tonnerre, l'un des atolls des Pomotou.

viennent des êtres organiques, squelettes, spicules, débris de
toutes sortes; mais les substances amorphes et inorganiques y
sont bien plus abondantes. C'est un magma de matières argileuses
et de menues parcelles minérales, d'origine volcanique pour la
plupart, auxquelles viennent se joindre dans certains cas les
débris entraînés par les glaces flottantes, et les sables apportés par
les vents des lointains déserts des continents.

Cette argile est colorée en brun plus ou moins sombre par la
présence d'oxyde de fer et de manganèse. Elle est plastique et grasse
au toucher, et, quand elle est desséchée, la cohésion des blocs
est si grande, qu'il faut pour les rompre une force considérable. Le dépôt de l'argile rouge se fait avec une extrême lenteur.
La drague rapporte en effet constamment et d'une manière
presque exclusive des dents de Squales, dont plusieurs paraissent
appartenir à des espèces éteintes. Ces dents sont recouvertes par
une mince couche d'argile qui ne dépasse pas quelques centimètres, et sur presque toutes on peut voir des incrustations d'oxyde
de fer ou de manganèse. Ainsi, depuis le commencement de notre
époque géologique, c'est-à-dire depuis des milliers d'années, ce
limon argileux s'amasse dans les profondeurs de l'Océan, et pendant cet énorme intervalle de temps il s'en est déposé à peine
quelques centimètres!

Ces dépôts, où la drague ne trouve que de rares animaux, le
Challenger les rencontra partout dans sa longue traversée du
Pacifique.

C'est pendant ce long voyage en pleine mer que la mort vint
frapper un coup terrible dans les rangs de la commission scientifique. Willemoes Suhm, le plus jeune des savants embarqués à bord
du *Challenger*, travailleur infatigable, fut emporté en quelques
jours par un érysipèle, au moment où, après une lutte si vaillante,
il allait enfin recueillir les palmes de la victoire. Il n'avait pas
vingt-huit ans. Cet affreux malheur jeta la consternation à bord du
navire.

Le vaisseau anglais avait d'ailleurs vaillamment terminé sa mission. Bientôt il franchissait le détroit de Magellan, et, traversant
pour la cinquième fois l'océan Atlantique, se dirigeait vers l'Angleterre. Le *Challenger* rentra à Portsmouth le 26 mai 1876.
Pendant les quarante-deux mois qu'avait duré l'expédition, le brillant navire avait parcouru 32000 lieues, effectué 492 sondages et

donné 234 coups de drague. Il revenait chargé de richesses, qu'il fallait maintenant étudier.

Les savants anglais se mirent au travail, et, à l'heure où nous écrivons ces lignes, cette entreprise colossale, digne de notre siècle de science et de civilisation, est sur le point d'être achevée. Les quatre-vingt-quinze mémoires qui doivent couronner cette œuvre sont presque entièrement terminés; quinze superbes volumes ont déjà paru, qui doivent perpétuer, plus sûrement encore que l'airain antique, le nom et l'œuvre du *Challenger*. A l'édification de ce monument scientifique ont pris part, comme à un congrès d'un nouveau genre, des savants de tous les pays. Tandis que M. Alexandre Agassiz invitait gracieusement trois naturalistes français, MM. de Lacaze-Duthiers, Alphonse Milne Edwards et Edmond Perrier, à étudier chacun une partie des richesses recueillies par le *Blake*, la commission anglaise n'a inscrit aucun de nos compatriotes sur la liste de ses collaborateurs; la France n'en a pas moins marqué sa sympathie pour l'œuvre commune, en ouvrant libéralement son Muséum national d'histoire naturelle aux nombreux naturalistes du *Challenger* qui sont venus y chercher d'indispensables termes de comparaison. Elle devait d'ailleurs bientôt recueillir des collections assez belles pour suffire à l'activité de ses zoologistes.

LIVRE II

LE « TRAVAILLEUR » ET LE « TALISMAN »

CHAPITRE I

DRAGAGES DU *TRAVAILLEUR*.

Idée directrice des campagnes françaises. — Première campagne : les côtes du golfe de Gascogne. — Deuxième campagne : la Méditerranée. — Explication de la distribution des animaux dans cette mer. — Exploration des côtes du Portugal. — Troisième campagne : les Canaries.

Campagnes du Travailleur. — C'était de la France qu'était partie l'inspiration qui avait déterminé les belles campagnes que nous venons de décrire. Parmi les savants, c'était un Français qui avait le premier affirmé, preuves en main, l'existence d'une faune abyssale.

Et cependant qu'avait fait la France dans la voie qu'elle avait elle-même tracée? Malgré les incessantes réclamations de ses hommes de science, malgré l'impulsion donnée à l'étude des animaux marins par les stations zoologiques dont M. de Lacaze-Du-thiers avait, à ses risques et périls, réalisé la fondation sur son littoral, elle ne pouvait mettre que de bien modestes travaux en regard des explorations officielles exécutées par ordre des gouvernements voisins. La Suède, les États-Unis, l'Italie, l'Allemagne avaient suivi le courant scientifique nouveau, et, au moment même où le *Challenger* accomplissait son tour du monde, les Anglais organisaient sur le *Valourous* une seconde expédition, plus modeste et cependant fructueuse. Ainsi toutes les nations qui sont à la tête du monde civilisé avaient déjà participé à ces travaux d'exploration du fond des mers. La France seule était restée en arrière.

Peut-être en faut-il accuser surtout les revers qui assaillirent à cette époque notre malheureuse patrie, et lui imposèrent un si long recueillement. Mais on était en 1880; la France avait déjà montré brillamment qu'elle était enfin sortie de convalescence, qu'elle était en état de reprendre sa place parmi les nations. Le moment semblait venu pour ses naturalistes de signaler au gouvernement le problème qui s'agitait, et de lui demander les moyens de donner à leur pays une part honorable dans sa solution.

Un homme qui s'était depuis longtemps fait l'apôtre des études sur les profondeurs de l'Océan, M. le marquis de Folin, ne tarda pas à solliciter vivement l'organisation de ces explorations sous-marines qui ont acquis aujourd'hui tant de popularité parmi nous. Ancien officier de marine, M. le marquis de Folin avait dès 1867 dirigé tous ses efforts vers un seul but : l'étude méthodique des sols profonds. Il avait même fondé un journal, *Les fonds de la mer*, destiné uniquement à faire connaître ses découvertes sur cet important sujet. Tous les ans, avec ses modestes ressources particulières, il allait étudier quelques points de la côte des Landes ou des Pyrénées, notamment la fosse du Cap-Breton, et ces excursions, forcément restreintes, avaient cependant donné des résultats qui n'étaient pas sans quelque importance. Mais on ne pouvait continuer et étendre ces recherches sur un plus vaste théâtre qu'avec la participation du gouvernement.

M. de Folin pria la Commission des missions scientifiques de lui accorder son appui auprès des ministres compétents. La question, soulevée, fut aussitôt évoquée par l'illustre président de cette commission, M. H. Milne Edwards, qui l'agrandit, la fit sienne et employa toute son influence, toute sa haute expérience des hommes et des choses, à l'organisation d'une première campagne. Le ministre de l'Instruction publique nomma une commission chargée d'explorer les côtes méridionales du golfe de Gascogne. Il obtint le concours de son collègue de la Marine; et le stationnaire du port de Rochefort, le *Travailleur*, fut mis à la disposition de la commission, pendant la seconde quinzaine de juillet 1880, pour effectuer les dragages projetés. C'était un modeste bateau à roues, marchant mal à la vapeur, plus mal encore à la voile, mais plus solide heureusement que le *Lightning* et monté par un état-major plein de bonne volonté. Le commandant du navire, M. le lieutenant de vaisseau E. Richard, se mit immédiatement en mesure de donner au *Travailleur* l'organisation spéciale nécessaire pour le service particulier auquel il allait être affecté, et, profitant de l'expérience que les expéditions de nos voisins avaient acquise à la science, il assembla avec une sûreté et un tact remarquables l'outillage le mieux adapté à l'étude des grandes profondeurs.

Après les grands travaux de la Norvège, de l'Amérique, de l'Angleterre, après surtout la campagne mémorable du *Challenger*, il pouvait, au premier abord, sembler que tout était fait sur l'histoire des abîmes de la mer, et que les expéditions futures auraient un rôle bien effacé, se bornant à ajouter quelques détails insignifiants à la masse des découvertes déjà faites. Mais, si l'on se rappelle l'histoire de ces diverses campagnes, on s'apercevra que la science était loin d'avoir dit son dernier mot sur le sujet qui nous occupe. La plupart de ces voyages avaient été restreints à l'exploration d'une surface fort limitée des océans. Deux seulement avaient pu embrasser un champ plus vaste, celui du *Porcupine* en 1870, et surtout celui du *Challenger*. Mais on s'y était avant tout proposé de généraliser les résultats acquis en quelques points relativement à l'existence d'une faune abyssale, et de déterminer en gros les caractères spéciaux à cette faune.

Pour reconnaître dans les plans de l'expédition anglaise cette idée mère, il suffit de voir combien le nombre des dragages effectués pendant cette longue croisière fut relativement restreint. Pendant les 1290 jours que dura le voyage du *Challenger*, et sur un parcours long de 32 000 lieues, on n'effectua que 284 dragages, c'est-à-dire environ un dragage tous les cinq jours, ou encore un dragage pour une étendue de 450 kilomètres On est loin, on le voit, des proportions données par la dernière expédition française, celle du *Talisman*, qui effectuait en moyenne trois dragages par jour.

En réalité, le grand problème de la présence de la vie au fond de la mer était résolu, dans sa forme la plus générale, par les expéditions qui nous ont occupés jusqu'ici. Mais quelle est la loi de la distribution des animaux dans les abimes? La faune des différentes régions du fond des océans est-elle aussi variée que la faune littorale? est-elle au contraire uniforme en tous les points du globe? Quelle que soit la réponse, à quelles causes faut-il attribuer ou cette variabilité, ou cette uniformité? Tels étaient les principaux problèmes qui restaient à résoudre.

Pour la France en particulier, qui s'appuie à la fois sur l'océan Atlantique et sur la mer Méditerranée, il était intéressant d'étudier les connexions qui existaient entre la faune des côtes de Biscaye et la faune méditerranéenne, connexions qui s'accusaient de plus en plus. C'est dans cette direction qu'on résolut de pousser d'abord les recherches. Deux savants anglais, M. Gwyn Jeffreys, qui avait déjà dirigé l'une des expéditions du *Porcupine*, et M. Norman, devaient se joindre à la commission nommée par le ministre de l'Instruction publique. M. H. Milne Edwards, en raison de son grand âge, ne pouvait s'embarquer, mais il tint à venir à Rochefort présider aux préparatifs de départ de la commission. Son fils, M. Alphonse Milne Edwards, qui avait donné la première impulsion à l'étude des grands fonds, était tout désigné pour diriger, à sa place, l'expédition scientifique. Ses collaborateurs étaient, pour cette campagne : MM. le marquis de Folin; Vaillant, professeur au Muséum; Marion, professeur à la Faculté des Sciences de Marseille; Fischer, aide-naturaliste au Muséum; Périer de Pauliac, professeur à l'École de médecine et de pharmacie de Bordeaux.

Le *Travailleur* partit de Bayonne le 17 juillet 1880. On l'a vu, cette campagne ne devait durer que quinze jours. C'était un premier essai, qu'on devait limiter aux côtes espagnoles du golfe de Gascogne, mais qui était nécessaire pour préparer l'équipage et la commission elle-même à de plus longs et de plus importants travaux.

Cependant l'expédition fut féconde, et les membres de la mission furent favorisés d'une façon extraordinaire. Le premier animal qui s'offrit aux regards des savants fut un de ces Oursins mous que le *Porcupine* avait découverts, un de ces *Asthenosoma* qui ont, un moment, porté le nom du capitaine Calver, le commandant du *Porcupine*. Cette première capture était d'un heureux augure : la bonne chance ne se démentit pas pendant toute la campagne. Bientôt apparurent les Éponges, les Étoiles de mer, les Oursins, les Rhizopodes, et tout le brillant cortège des animaux des grands fonds. C'étaient là des espèces toutes nouvelles pour les collections nationales du Muséum d'histoire naturelle; plusieurs jusqu'à ce jour étaient inconnues des savants. On retrouva, à quelques kilomètres des côtes de France, la magnifique *Brisinga*, trouvée pour la première fois dans les eaux lointaines de la Norvège, et, avec

elle, des Oursins splendides, les *Cidaris*, les *Porocidaris*, et tant
d'autres. Ce n'est pas que de temps en temps on n'éprouvât quelques déceptions. Parfois la drague revenait vide; elle n'avait
pas même touché le fond; c'est que la profondeur avait brusquement augmenté, depuis le sondage précédent, et la drague, dont la
corde avait été trop peu déroulée, restait flottante au milieu de
l'eau. Une autre fois, la drague revint chargée, on se le figurait du
moins, des plus riches merveilles; mais, au moment où on l'allait
amener sur le pont, la corde qui la retenait céda sous le poids
énorme qu'elle supportait, et, comme le pot au lait de Perrette,
toute la fortune qu'elle contenait tomba avec elle à la mer. Heureusement on pouvait se consoler bien vite, à voir les richesses apportées par le dragage suivant, et à la fin de l'expédition il n'y avait
qu'à être fier du succès inespéré qui venait d'être remporté.

« Un butin des plus considérables, écrivait M. de Folin[1], allait,
d'une part, fournir aux collections officielles de la France une foule
de types appartenant aux faunes profondes dont elle ne possédait
encore rien, et, en même temps, découvrir à la science un nombre
considérable d'espèces qui étaient demeurées inconnues jusqu'au
jour où nous les avions retirées des abîmes dans lesquels elles vivent.

« La science allait donc profiter largement des travaux qui
venaient d'être exécutés avec un zèle inouï de la part de tous, et
dont les résultats dépassaient de beaucoup, suivant l'aveu des
membres de la commission, leurs espérances. Assurément il n'y
a là qu'une ébauche de travaux d'un immense intérêt, et nous
faisons des vœux, et des vœux ardents, pour que ce commencement d'ébauche ne demeure pas en cet état, et pour que
l'exploration commencée soit poursuivie. »

Les résultats étaient trop beaux en effet, eu égard au caractère
restreint qu'avait eu cette première expédition, pour que l'on ne
continuât pas les recherches entreprises. Il fallait maintenant
étudier la faune des profondeurs méditerranéennes, encore fort
peu connue, pour la comparer à celle de l'océan. Deux campagnes
seulement avaient été dirigées dans la Méditerranée occidentale.
Le *Porcupine*, dans sa grande croisière de 1876, avait exploré
les côtes de l'Afrique et de la Sicile; mais le peu de succès de ses

---

1. *Les explorations sous-marines de l'aviso à vapeur le* Travailleur *en* 1880 *et*
1881. (Bulletin de la Société des Sciences, Lettres et Arts de Pau, t. XI, livre II.)

recherches, en harmonie d'ailleurs avec les résultats trouvés par Forbes et que le savant anglais avait, on se le rappelle, cru pouvoir étendre et généraliser, avait accrédité l'opinion que la Méditerranée, à la différence des océans ouverts, n'était peuplée que dans ses régions littorales et dans ses zones les moins profondes. Cependant un fait était en contradiction remarquable avec cette idée. N'était-ce pas dans la Méditerranée qu'on avait trouvé, fixés au câble électrique, les premiers habitants authentiques des mers profondes? Il y avait donc là un premier point à éclaircir. D'autre part, les explorations locales entreprises par M. Marion, professeur à la Faculté des Sciences de Marseille, avaient montré, une fois de plus, qu'il existe dans le golfe du Lion une faune littorale très riche, et dont les nombreuses espèces appartenaient aux groupes les plus divers du règne animal. Quelles étaient les connexions de cette faune avec celles de l'Atlantique? La Méditerranée constituait-elle une province zoologique distincte des provinces avoisinantes, ou se reliait-elle intimement à celles-ci? Les dragages de l'année précédente dans le golfe de Gascogne permettaient de faire des comparaisons et des rapprochements plus nets que ceux qu'on avait jamais essayés; en complétant les dragages de la Méditerranée par des recherches sur la faune des côtes du Portugal, du Maroc, et, d'une manière générale, des parages de l'Atlantique voisins du détroit de Gibraltar, on avait tous les éléments nécessaires pour résoudre le problème des affinités de la faune méditerranéenne. C'est ce double but que se proposa la campagne que le *Travailleur* fit, en 1881, dans la Méditerranée. La commission, composée de MM. Alphonse Milne Edwards, président, Léon Vaillant et Edmond Perrier, professeurs au Muséum, le marquis de Folin, Marion, Fischer, et d'un jeune adjoint, M. le docteur Viallane, s'embarqua à Marseille où le navire était venu l'attendre, le 4 juillet, et c'est au large de Marseille, entre la Corse et les côtes de France, que furent effectuées les premières recherches. Tant que les profondeurs se maintinrent entre 300 et 600 mètres, les récoltes furent abondantes; en longeant les côtes de Provence, de Marseille à Villefranche, le *Travailleur* put faire une ample moisson d'animaux de tous les groupes. La plupart se rencontraient déjà dans le golfe de Gascogne en grande abondance, et celles qui semblaient appartenir à des espèces nouvelles offraient d'étroites connexions avec les habitants des eaux de l'Atlantique. Ainsi on trouve à la fois dans la Méditerranée et dans le golfe de

Gascogne un nombre considérable de Crustacés d'espèces identiques : le *Lispognathus Thomsoni*, Norman (fig. 15), petit Crabe
dont le corps, triangulaire, couvert de mamelons épineux, est
supporté par de longues jambes grêles, qui s'enchevêtrent dans
la corde de la drague ; des *Geryons*, voisins de l'espèce des mers

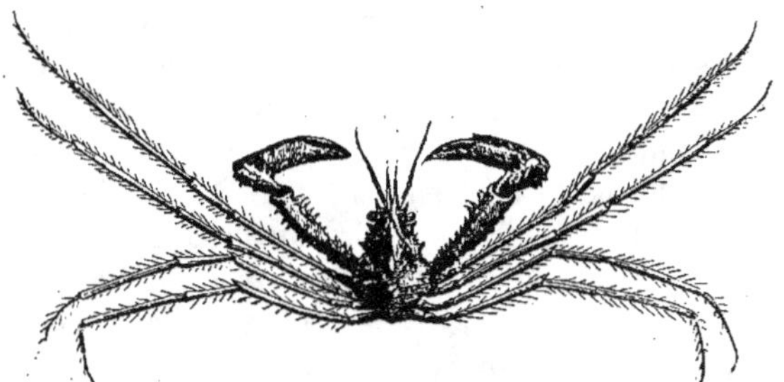

Fig. 15. — *Lispognathus Thomsoni* (Norman):
variété méditerranéenne.

norvégiennes, le *Geryon tridens*, Norman (fig. 16) ; le *Cymonomus
granulatus*, Norman, la *Munida tenuimana*, le *Lophogaster typicus*, des *Galathodes* aveugles, dont les yeux existent encore, mais

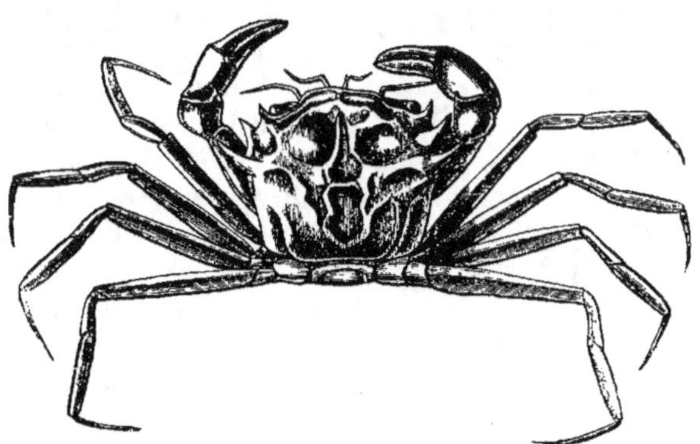

Fig. 16. — *Geryon tridens*, Kroyer

sont absolument dépourvus de pigment, etc. Même identité de
formes pour les Mollusques, pour les Bryozoaires, pour les Éponges,
qui sont représentées là, comme dans l'Atlantique, par un nombre
considérable d'espèces, parmi lesquelles la *Pheronema Car-*

penteri, découverte par le *Lightning*, près des îles Féroé, et dont nous connaissons déjà la riche parure.

Une espèce nouvelle, l'*Heterocrypta Marionis*, A. M. E. (fig. 17), appartient à un genre qui ne compte que deux autres espèces, toutes deux océaniques, l'une des côtes d'Amérique, l'autre des côtes de Sénégambie.

Les Échinodermes sont aussi souvent identiques. L'un des plus caractéristiques est le *Goniopecten bifrons*, Wyville Thomson, jolie Étoile de mer (fig. 18), d'une belle couleur crème nuancée de rose tendre, et remarquable par les plaques marginales épineuses qu'elle porte sur son bord extérieur. Enfin le *Travailleur* eut la bonne fortune de recueillir, fait absolument inattendu, deux échantillons d'une *Brisinga* nouvelle, voisine de la *B. coronata*, mais grêle et délicate, la *Brisinga mediterranea*, E. Perrier, dont la présence démontrait, à n'en plus douter, les connexions étroites de la faune méditerranéenne avec celle de l'Atlantique. « Nous croyons, dit M. Alph. Milne Edwards dans son rapport sur les expéditions du *Travailleur*, que la Méditerranée s'est peuplée par l'émigration d'animaux venus de l'Océan; ceux-ci,

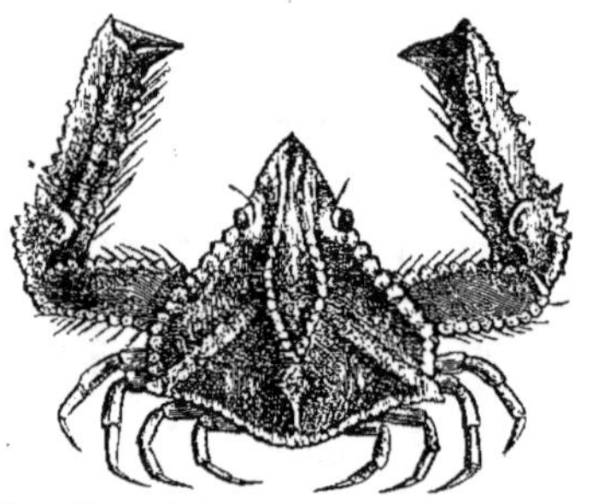

Fig. 17. — *Heterocrypta Marionis*, A. Milne Edwards, de la Méditerranée (445 mètres).

trouvant dans ce bassin un milieu favorable à leur existence, s'y sont établis d'une manière définitive; souvent ils s'y sont développés et reproduits plus activement que dans leur première patrie, et, surtout près des rivages, la faune se montre d'une richesse que les autres côtes européennes présentent rarement. On comprend facilement que quelques animaux placés dans des conditions biologiques nouvelles se soient légèrement modifiés dans leur taille ou dans leurs autres caractères extérieurs : ce qui explique les différences très légères qui s'observent entre certaines formes océaniques et les formes méditerranéennes correspondantes. Si l'on a cru à la séparation primordiale de ces deux faunes, c'est principalement parce que l'on comparait les productions de la Méditerranée avec celles de la mer du Nord, de la Manche ou des côtes de Bretagne, tandis qu'on aurait dû choisir, comme terme de comparaison, celles du Portugal, de l'Espagne méridionale, du Maroc et du Sénégal. Ce sont les animaux de ces régions qui ont dû en effet émigrer les premiers vers la Méditerranée, et, à mesure que nous connaissons mieux ces faunes, nous voyons peu à peu disparaître les différences que les zoologistes avaient cru remarquer entre elles. »

La Méditerranée n'en fournit pas moins son contingent d'espèces

Fig. 18. — *Goniopecten bifrons*, Wyville Thomson, de la Méditerranée et de l'Atlantique. — Demi-grandeur.

nouvelles remarquables. Ces espèces se retrouveraient peut-être, à leur tour, dans la partie africaine de l'Atlantique dont notre grande mer intérieure est une sorte de poste avancé de formation récente, comme l'a si bien montré récemment M. Émile Blanchard, en s'appuyant sur de tout autres considérations.

Lorsque, le 12 juillet, le *Travailleur*, quittant Villefranche, mit le cap sur la haute mer et se dirigea vers la Corse, le caractère des dragages changea tout à coup; la sonde indiqua rapidement des fonds de plus de 2000 mètres, les échantillons qu'elle ramenait du sol sous-marin montraient que la terre y était recouverte d'une couche épaisse de vase; en même temps la drague ne rapportait plus que de rares exemplaires zoologiques. Ce n'étaient plus ces riches fonds du littoral peuplés de myriades d'êtres vivants. Çà et là quelques poissons seulement se laissaient prendre dans les filets, ou même s'attachaient aux paquets d'étoupe dont la drague était garnie, et qu'ils prenaient pour une proie inattendue. Partout régnait une boue pétrie de coquilles de Ptéropodes et d'autres Mollusques pélagiques dont les débris s'accumulent ainsi au fond des eaux.

Les Spongiaires se montrent seuls avec quelque abondance dans cette couche vaseuse bien plus épaisse que la boue à Globigérines de l'Atlantique; on y trouve en effet jusqu'à 2600 mètres, des *Hollenia*, des *Tetilla*, et bien d'autres encore. Cependant, là où des roches viennent émerger au milieu de la boue, des Polypes en ont profité pour s'établir et entrelacer leurs rameaux; ce sont autant de points d'élection que les animaux sous-marins semblent chercher pour se développer. C'est aussi le cas des câbles télégraphiques sur lesquels on a trouvé fixés des Polypiers, des Annélides tubicoles, des Brachiopodes, des Bivalves et une foule d'autres animaux sédentaires qui habitent les abîmes de la mer. Les dragages exécutés, sous la direction du professeur Giglioli, par le *Washington*, de la marine italienne, ont notablement étendu ces résultats; des *Hyalonema*, des *Willemœsia* ont été pêchées dans la Méditerranée; il n'en est pas moins certain que le fond de cette mer n'est pas, à beaucoup près, aussi peuplé que les profondeurs de l'Océan. A quoi attribuer cette pauvreté relative?

On a proposé trois hypothèses, dont aucune ne semble expliquer nettement ce contraste entre les deux mers. D'abord, a-t-on dit, la couche uniforme de vase de la Méditerranée est fort peu favorable au développement des êtres qui vivent au fond des eaux; les animaux errants n'y trouvent pas de points d'appui solides qui leur permettent de ramper à la surface du sol, et les êtres fixés n'y rencontrent pour s'attacher qu'une vase molle incapable de les supporter. On a objecté, avec raison, à cette explication que le même fond vaseux existe dans l'Océan, et l'on ne voit pas que les différences de constitution actuellement connues entre la vase océanique et la vase méditerranéenne soient en rapport avec leur grande différence de richesse.

Une autre explication, peut-être plus satisfaisante, fait appel à l'uniformité absolue de la température de l'eau à partir de 200 mètres. Alors que les thermomètres accusent à la surface des variations de 19 à 25°, le fond reste, à quelques dixièmes près, à la température constante de 13° au-dessus de zéro. Il existe donc au niveau des grandes profondeurs méditerranéennes une immense nappe d'eau stagnante et chaude, que les courants ne viennent jamais renouveler et dans laquelle les animaux ne trouveraient en quantité suffisante ni les aliments ni l'oxygène. On peut répondre à cela que, si les aliments et l'oxygène manquaient, *aucun* animal ne devrait vivre dans les grands fonds méditerranéens; or il y en a peu, mais il y en a; et l'on a vu qu'il a suffi qu'un support solide fût établi à 2000 mètres pour que des Huitres, des Peignes, des Polypiers y soient venus s'attacher en compagnie de quelques Gastéropodes. Il ne faut pas exagérer d'ailleurs l'intensité des courants qui brassent les grands fonds de l'Atlantique. Ces courants existent surtout dans les régions avoisinant les zones arctique et antarctique; mais, dans la partie de l'Atlantique qui correspond aux zones tempérée et torride, ils sont infiniment moins sensibles. Dans le relevé des 212 sondages opérés par le *Talisman* dans cette région, on trouve que la température s'abaisse d'une manière remarquablement régulière. Vers 1000 mètres elle est encore voisine de 10°; à 2000 mètres elle s'éloigne peu de 4°; à 3500 mètres elle descend à 3°; enfin à 6067 mètres elle est encore de 2°,5; les irrégularités ne paraissent pas excéder les limites des erreurs d'observation, surtout si l'on tient compte de ce que les chiffres publiés sont des chiffres bruts. Il y a donc, dans les régions de l'Atlantique où les plus belles récoltes ont été faites, de vastes espaces où la tranquillité est presque aussi grande que dans la Méditerranée, où l'eau superficielle des pôles n'arrive que par diffusion, où elle est fort peu renouvelée. A 1000 mètres la température est peu différente de celle de la Méditerranée, et c'est seulement plus bas qu'elle s'abaisse notablement.

La troisième explication est celle-ci : le degré de salure de la Méditerranée est bien supérieur à celui des eaux de l'Océan, grâce à l'évaporation active qui se produit à la surface de ce grand lac, et qui n'est pas compensée par l'afflux de grandes quantités d'eau douce amenées par les fleuves. Il en résulte un courant qui traverse le détroit de Gibraltar et va de la Méditerranée à l'océan

Atlantique. Mais c'est un courant profond qui est contre-balancé par un courant superficiel en sens inverse, amenant dans la mer intérieure de l'eau déjà échauffée par son contact avec l'air, dont la température est dans ces régions fort élevée. Il résulte de là que, si d'une part toutes les circonstances favorisent le passage des animaux de surface ou des habitants des rivages de l'Atlantique dans la Méditerranée, ce passage est extrêmement difficile aux habitants des grands fonds, qui auraient d'abord à remonter un courant rapide, et qui, une fois dans le bassin méditerranéen, auraient à s'adapter à des conditions nouvelles peu en rapport avec leur ancien genre de vie.

Ce dernier argument est, sans aucun doute, le plus sérieux. Les animaux des grands fonds ne sont pas les mêmes que ceux des rivages. Un bien petit nombre, à l'état adulte, remontent assez haut pour traverser le seuil de Gibraltar, qui établit une barrière nettement définie entre la Méditerranée et l'Atlantique. Cependant quelques-uns ont traversé ce seuil, sans doute à la suite de quelque rare accident, et ont continué à vivre dans les bas-fonds de la Méditerranée, comme les *Brisinga* si caractéristiques de la faune de l'Atlantique. Pourquoi y en a-t-il si peu qui aient pu le faire? Pourquoi ceux qui l'ont fait n'ont-ils pas immédiatement pullulé dans un milieu où rien ne gênait leur multiplication? Il semble difficile d'expliquer ces faits sans tenir compte de la formation récente de la Méditerranée, qui permet de comprendre tout à la fois le petit nombre des passages réalisés d'une mer dans l'autre, l'absence d'émigration des espèces littorales dans les grands fonds, l'état manifeste de dégénérescence des formes océaniques profondes qui habitent la Méditerranée, état constaté aussi bien sur des Échinodermes tels que les *Brisinga*, que sur des Crustacés tels que le *Cymonomus granulatus*, le *Lispognathus Thomsoni*, la *Munida tenuimana*, le *Lophogaster typicus*. Toutes ces migrations exigent une acclimatation qui semble n'avoir pas eu le temps de se réaliser.

Le *Travailleur* avait ainsi préparé la solution d'un grand problème; mais, si sa campagne avait amené un résultat important au point de vue théorique, il n'en était pas de même au point de vue des découvertes zoologiques : ses bocaux étaient loin d'être remplis, et les savants qui le dirigeaient ne voulaient pas revenir les mains vides; aussi résolut-on de compléter l'œuvre commencée par une nouvelle série de dragages dans l'Atlantique, sur les côtes du Portugal.

Là les récoltes furent d'une richesse extraordinaire. Dès l'entrée du navire dans l'Océan chaque coup de drague ramena des merveilles. Bientôt une magnifique collection d'animaux, dont quelques-uns rappelaient ceux qui habitent les profondeurs de la mer des Antilles, était recueillie. Le *Travailleur* arriva enfin à Rochefort le 19 août 1881. La dernière partie de son expédition ne donna pas de résultats généraux de grande importance, mais elle rassembla un nombre considérable de documents nouveaux, sur lesquels nous aurons à revenir quand nous nous occuperons de la vie au fond des mers et de la distribution bathymétrique des animaux qui peuplent ces profondeurs.

Le *Travailleur* reprit encore la mer en 1882, sous le commandement de M. le capitaine de frégate Parfait. Il explora de nouveau le golfe de Gascogne, les côtes du Portugal et s'aventura jusqu'aux Canaries, ce qui était pour lui une grosse traversée; mais sa campagne de 1882 fut reprise en partie en 1883 par le *Talisman*, et c'est à la mission de ce dernier navire que nous avons hâte d'arriver.

CHAPITRE II

VOYAGE DU *TALISMAN*.

De Rochefort à Cadix. — Mogador. — Les îles Canaries. — Ascension du pic de Ténériffe. — La phosphorescence de la mer. — Les Requins, les Pilotes et les Remora. — Les Poissons volants. — Arrivée aux îles du Cap-Vert. — Le Corail de l'Atlantique. — L'îlot Branco.

Les campagnes du *Travailleur* avaient pour ainsi dire préparé les voies pour une exploration définitive. Pendant ses trois croisières successives, le président de la commission des dragages, M. Alph. Milne Edwards, aidé de l'état-major et des naturalistes qui l'accompagnaient, n'avait cessé de perfectionner les appareils scientifiques et les procédés pour les mettre en œuvre. Aussi était-ce avec les plus vives espérances que la commission quittait Rochefort, le 1ᵉʳ juin 1883, à bord de l'éclaireur d'escadre le *Talisman*. C'est un beau bâtiment que le *Talisman*, bon marcheur et bon voilier. Son outillage était merveilleusement adapté aux fonctions qu'il devait remplir, grâce à l'habileté de M. l'ingénieur Thibaudier, qui

avait installé le navire, et à la sollicitude active de M. le commandant Parfait, qui avait dirigé la dernière campagne du *Travailleur*. Il
emportait à son bord MM. A. Milne Edwards, de Folin, Vaillant,
Edmond Perrier, Filhol, Fischer, membres de la commission, auxquels on avait adjoint, comme assistants, MM. Brongniart et Poirault.

De Rochefort à Cadix le *Talisman* marcha bon train et ne lança
que de temps à autre son chalut, qui n'en rapportait pas moins des
merveilles ; nous étions trop près des régions déjà bien explorées
et trop pressés d'arriver sur la côte d'Afrique pour nous arrêter à
draguer dans ces parages. Notre état-major achevait d'ailleurs de se
rendre maître de son outillage, et nous regardions défiler rapidement sous nos yeux le riant panorama de la côte portugaise. Le vaste
palais de Cintra, les bouches du Tage, Sétubal, où se trouve établie
une pêcherie spéciale de Requins n'habitant que les eaux profondes,
réveillent chez quelques-uns d'entre nous les souvenirs de la précédente campagne. Enfin, le 6 juin, Cadix nous montre ses blanches
tourelles, ses élégantes maisonnettes aux vertes persiennes.

Nous restons deux jours dans la joyeuse ville espagnole, juste ce
qu'il fallait pour nous remettre, au son des chansons et des brillantes sérénades, des premières fatigues du voyage, et le *Talisman*
reprend sa route le long des côtes sablonneuses du Maroc jusqu'à
Mogador. Là nouvel arrêt. Mais Mogador n'est pas fait pour retenir
longtemps ses hôtes. A peine avons-nous mis le pied dans ses rues
étroites et tortueuses, qu'une nuée d'enfants teigneux nous enveloppe ; c'est à qui embrassera le bout de nos ongles ou le pan de nos
habits pour nous soutirer une pièce de monnaie. Impossible de nous
soustraire à ce contact malgré la protection du vice-consul de
Mazaghan et de son gendre, qui nous servent gracieusement de
guides et d'interprètes.

Bientôt les marchands se mettent de la partie : de toutes parts
on nous offre des tapis, des poignards à fourreau guilloché, des
plats de bronze gravés, des babouches ou des fez admirablement
brodés, des robes rouges couvertes d'arabesques d'or, ou des bijoux
d'argent bizarrement ciselés. Il est évident que l'occasion est rare
d'écouler tous les menus produits de la fabrication locale. Aussi
les fabricants se gardent-ils bien d'avoir de grosses réserves ;
le plus souvent ils ne travaillent que sur commande. En un
après-midi nous avions épuisé toutes leurs provisions, et quelles
provisions ! Il y a pour le moins trois bijoutiers à Mogador ; ils

travaillent chacun dans une échoppe dont le plus modeste savetier parisien ne voudrait pas; à eux trois, ils ont pu nous fournir deux petits bracelets d'argent; un autre était en cours de fabrication, il n'a pu être fait avant notre départ; mais l'artiste n'a pas dû beaucoup se presser, on ne connaît guère la hâte au Maroc.

La commission reçoit d'ailleurs des autorités, du gouverneur lui-même, l'accueil le plus bienveillant; on l'invite à visiter l'École Française. C'est en effet une singulière chose que cette école : toutes les devises écrites sur les murs sont en anglais; les maîtresses elles-mêmes sont Anglaises, et le fondateur est, paraît-il, un Russe tant soit

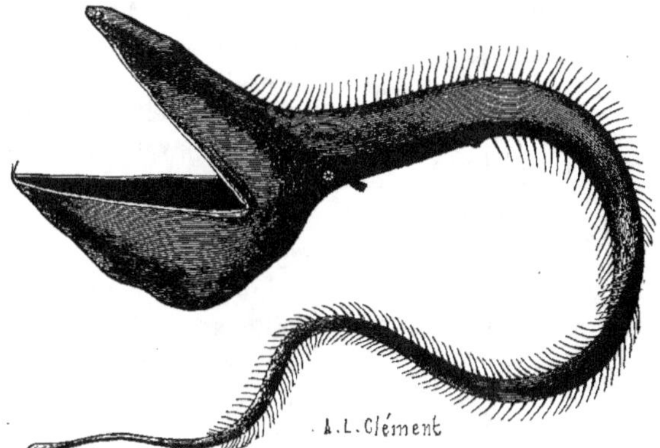

Fig. 19. — *Eurypharynx pelecanoïdes*, Léon Vaillant. — Poisson habitant vers 1500 et 2000 mètres de profondeur.

peu cosmopolite; mais qu'importe? Ses jeunes disciples des deux sexes n'en apprennent pas moins à considérer la France comme leur vraie patrie. Le soir même de notre arrivée, notre consul s'embarquait pour l'Europe; il était escorté jusqu'à son canot par les élèves de « son » École, portant le drapeau tricolore, et salué à son départ par le chant de la *Marseillaise*, que nous ne pensions guère entendre au milieu des dunes en croissant de la côte inhospitalière du Maroc.

Le 21, à la première heure, on lève l'ancre. Tout le monde est plein d'entrain. Les récoltes faites dans ces premiers jours nous font concevoir les plus grandes espérances. Déjà nous possédons nombre d'animaux intéressants, dont les formes étranges ou les caractères inattendus sont, pour nous, un perpétuel sujet d'étonnement. Dans nos mains se trouve un second exemplaire de cet étonnant poisson découvert dans la campagne de 1882 par le *Travailleur*, l'*Eurypharynx pelecanoïdes*, Léon Vaillant (fig. 19), dont l'immense bouche présente une poche semblable à celle du Pélican. De nombreux et remarquables Poissons, à peine connus ou tout à fait nouveaux, l'accompagnent. D'ailleurs, chaque coup de drague nous apporte d'énormes Crevettes, d'innombrables Crustacés, de magnifiques Oursins mous, de grandes et belles Étoiles de mer, parmi lesquelles les célèbres *Brisinga*. Nous avons même dévasté une prairie de vertes Encrines, vivant de 1000 à 1500 mètres de profondeur, sur un fond sablonneux où elles se fixent aux moindres fragments de cailloux (fig. 20).

Les Éponges au squelette en cristal de roche, les Polypiers, les Holothuries ont réclamé tant de bocaux et d'alcool, que nous commençons à craindre que nos provisions ne s'épuisent avant la fin de la campagne.

C'est ainsi qu'après avoir traversé le détroit de la Bocayna, entre Lanzarote et Fuertaventura, nous arrivons, le 29 juin, à Ténériffe.

Le commandant juge nécessaire une relâche de cinq jours pour faire visiter sa machine, renouveler ses provisions et réparer les avaries qui ont pu se produire. Nous comptons bien mettre à profit

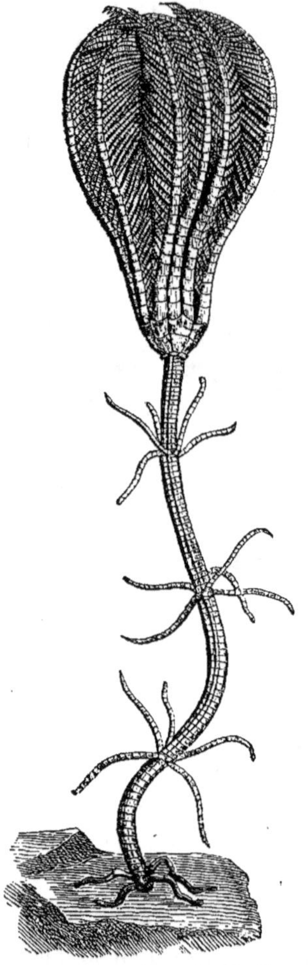

Fig. 20. — *Pentacrinus Wyville Thomson*, Gwyn Jeffreys. — Un peu réduite. — Vivant de 1000 à 1500 mètres.

ce repos forcé pour faire complète connaissance avec ce pays que les anciens appelaient les îles Fortunées.

Nous ne sommes pas sans éprouver tout d'abord quelque déception au sujet de la vieille patrie des Guanches. Cette forêt de cônes volcaniques, ce sol brûlé que traversent çà et là d'immenses coulées de lave, ces plantations de nopals, ne nous paraissent avoir rien de particulièrement enchanteur.

Les vignes, nous dit-on, sont phylloxérées. Il a fallu abandonner l'élevage des Cochenilles, qui faisaient la fortune des Canaries : les couleurs d'aniline ont supplanté le carmin; elles ont sur lui le double avantage d'être plus brillantes et de ne pas durer, ce qui fait « aller le commerce » des soieries.

Cependant la population de Santa Cruz, le grand port de Ténériffe, n'a nullement l'air malheureux. Le 29 juin, c'est la Saint-Pierre; on chôme, bien entendu, et toute la ville est en fête. Tout le long de la côte, de petits bals sont installés en plein air; dès cinq heures du soir, des groupes nombreux descendent vers la mer; ce sont des ménages qui se préparent à dîner au frais sur la grève; les femmes portent les provisions, et les hommes, armés chacun d'une guitare, les escortent en chantant. Des orchestres s'improvisent jusque dans les barques; ceux qui ne peuvent ni chanter ni danser et ne possèdent aucun instrument de musique, excitent les danseurs en frappant des mains en cadence.

Mais ce que nous voulons voir avant tout, c'est l'aspect que peut avoir la campagne dans ce pays volcanique.

On nous affirme qu'à Guimar, à quelques lieues de Santa Cruz, nous trouverons des forêts; on nous parle même de forêts de lauriers-roses. La culture obtient en effet aux Canaries de merveilleux résultats. Mais, abandonnées à elles-mêmes, les forêts de lauriers-roses sont, en réalité, de simples broussailles. En somme, ce qu'il y a de plus intéressant de Santa Cruz à Guimar, c'est l'imposante coulée de lave qui s'échappa du pic de Teyde en 1798, et causa dans l'île une telle émotion que l'évêque d'Orotava en mourut de peur.

Nous n'avons encore visité que le côté aride de l'île, et la vallée d'Orotava passe pour la plus belle du monde. D'ailleurs le pic de Teyde commence à nous fasciner. Il faut partir d'Orotava pour en faire l'ascension, on se décide à pousser d'abord jusque-là. Sur le chemin se trouve Laguna, la ville d'été, la ville aristocratique, où les grandes familles de Santa Cruz viennent chaque année chercher un abri contre la chaleur et les fièvres; quelques-uns d'entre nous partent un jour plus tôt que le gros de la troupe pour s'y arrêter. C'est un dimanche; sur la route s'échelonnent une longue file de cultivateurs venus à la ville; plusieurs sont montés à l'africaine sur des dromadaires. Nous avons quitté Santa Cruz par une température torride : à Laguna nous sommes déjà en pleine montagne; il fait froid, le temps est gris, une pluie fine nous pénètre, et les paysans, en plein été, portent encore leur épais manteau, semblable aux limousines de nos voituriers. De hautes guêtres, un chapeau de feutre à longs bords complètent leur pittoresque costume, qui convient à merveille à ce pays brumeux.

Laguna est bien une ville morte : partout de vieilles maisons armoriées, mais les fenêtres sont closes. L'herbe pousse entre les pavés serrés des rues. Quelques églises où l'on voit encore de belles statues témoignent de son ancienne prospérité. Nous ne trouvons même pas un hôtel où nous loger, et nous sommes réduits à coucher quatre sur les lits de sangle d'une même chambre. Notre hôtesse s'est mise en frais pour nous faire honneur : ô cuisine espagnole! elle a vidé dans une même poêle à frire une boîte de sardines à l'huile, de minces tranches de pommes de terre et une douzaine d'œufs battus : de ce mélange est résultée une galette monumentale, à laquelle nous livrons une bataille fort honorable pour notre appétit et qui demeure la pièce principale de notre diner.

Au sortir de Laguna le paysage s'anime. La végétation devient de plus en plus vigoureuse. Voilà enfin la vallée d'Orotava. Sa réputation même n'affaiblit en rien la profonde impression qu'elle produit. C'est un immense cirque, peut-être un ancien cratère, aux pentes raides, couvertes de Fougères, d'Arum, de Chamærops, de Dragonniers, et de mille arbres aux puissantes ramures. De vastes jardins étagés sont entrecoupés de magnifiques prairies. De pittoresques chalets ajoutent encore à la variété du paysage; quelques-uns seraient presque des châteaux s'ils n'avaient pas l'air aussi pimpant; un original, pour donner au sien une apparence de constante animation, a imaginé de disposer partout sur les terrasses d'innombrables magots de faïence.

Orotava a un superbe jardin botanique. On voyait naguère dans l'un de ses squares des Dragonniers ayant près de 6 mètres de diamètre et semblables à une forêt de lis portés par un gigantesque tronc ramifié; ces arbres (fig. 21) pouvaient sans aucun doute compter parmi les doyens du règne végétal; ceux qui vivent encore ont des proportions infiniment plus modestes.

Nous pourrions sans peine occuper fructueusement le temps qui
nous reste à parcourir les superbes environs de la ville, à étudier
les merveilleuses richesses botaniques de ses jardins; mais il nous
semble qu'une mission scientifique ne peut passer au pied du pic
de Teyde sans affronter son imposante masse, sans aller jusqu'à

Fig. 21. — L'un des Dragonniers géants (*Dracæna draco*) du jardin botanique d'Orotava.

son cratère, situé à 3711 mètres au-dessus du niveau de la mer,
observer ce qui reste de son ancienne et puissante activité. Quatre
d'entre nous se décident à gravir *el Pico*, comme disent notre guide,
le brave Ignatio, et son second, Pepe. Dès six heures du matin nous
nous hissons sur quatre graves rossinantes; trois mules portent nos
provisions; sept Canariens nous servent d'escorte; chacun de nos

chevaux est flanqué de son propriétaire, qui lui casse son bâton dans les jambes à la moindre velléité de repos. Aussi les bonnes bêtes grimpent-elles allègrement et sans broncher dans les sentiers rocailleux où, chez nous, des chèvres seules oseraient s'aventurer. Dans les passages difficiles, Pepe retient par la queue les chevaux dont le pas est le moins sûr, tandis que leur propriétaire les mène par la bride. Nous avons pris d'ailleurs une confiance absolue dans le pied de nos montures. Bientôt nous abandonnons les régions cultivées; autour de nous ne poussent plus que notre Fougère commune, des touffes d'une espèce de Vipérine et de nombreuses Graminées. Peu à peu apparaissent des Bruyères, qui ne tardent pas à devenir dominantes, tandis qu'on voit briller parmi elles les fleurs jaune d'or d'un Genêt rabougri, presque aussi épineux que nos Ajoncs. La Bruyère disparaît à son tour. Parmi les touffes de Genêt on croirait voir maintenant d'immenses boules de neige, tandis que l'air s'embaume d'une vague senteur d'acacia : ce sont de magnifiques Cytises au feuillage presque nul, mais aux rameaux entièrement couverts de fleurs d'un blanc pur, qui envahissent peu à peu le sol et finissent par subsister seuls, formant tout autour de nous les plus gracieux bosquets. Aussi loin que la vue peut s'étendre, nous apercevons leurs blancs panaches : à ce moment le spectacle est féerique.

Mais nous montons toujours; la lave, que nous dissimulait tout à l'heure la végétation, perce maintenant le sol de toutes parts, et nous arrivons à une vaste plaine uniquement formée de pierre ponce, dont la réverbération rend extrêmement fatigante la radiation du soleil. C'est la plaine de la Cagnada, un ancien cratère, où le regard ne peut se reposer que sur les blocs vitreux d'obsidienne, projetés par le volcan, comme d'énormes bombes, lors de quelque ancienne éruption.

Quand nous reprenons l'ascension, c'est dans le sable ponceux que s'enfoncent les fers de nos chevaux; les malheureuses bêtes nous sollicitent par tous les moyens en leur pouvoir de mettre pied à terre; nous y consentons d'autant plus volontiers que nous venons de voir apparaître parmi les quartiers de lave la belle « Violette du pic » (*Viola Teydana*), aux feuilles allongées et velues, aux larges fleurs d'un bleu pâle. C'est la dernière plante qui persiste, bravant tout à la fois la sécheresse et les brusques variations de la température de chaque jour.

Nous voilà d'ailleurs à Alta-Vista, où nous devons passer la nuit. C'est un petit plateau élevé de 3000 mètres au-dessus du niveau de la mer et dont le sol ponceux est couvert de blocs d'obsidienne et d'andésite. Des abris circulaires en pierres sèches et à ciel ouvert y ont été établis pour les ascensionnistes; c'est là que nous nous apprêtons à dormir enveloppés dans nos couvertures, la tête sur nos valises. Nos guides nous font d'ailleurs un feu superbe, qu'ils alimentent au moyen des tiges de Cytise recueillies dans la dernière phase de l'ascension; mais ils paraissent si heureux de se chauffer, que nous nous résignons à ne pas troubler leur bonheur et à nous réchauffer comme nous pouvons dans nos manteaux.

Le ciel est superbe : les premières étoiles de la Croix du Sud se montrent à l'horizon. L'un de nous croit apercevoir un phare électrique : c'est Vénus qui se lève, nous invitant au sommeil. Hélas! notre nuit se passe à écouter les rafales qui se précipitent furieuses du haut du pic vers la mer, et les plaintes de Pepe, qui, malgré sa robuste constitution, paraît trouver bien dure la profession de guide dont il fait l'apprentissage.

Heureusement la nuit n'est pas longue. Nous voulons voir lever le soleil, du sommet du pic. Il faut pour cela recommencer l'ascension à deux heures du matin. Pour gravir les 800 mètres qui nous séparent des bords du cratère, nous ne devons plus compter que sur nos jambes : les blocs de lave sont trop volumineux et trop irrégulièrement entassés pour que les chevaux puissent s'y risquer. Nous-mêmes devons nous accrocher des pieds et des mains pour nous hisser d'un bloc à l'autre; or les torches d'Ignatio ne servent qu'à éclairer son fidèle Pepe; nous nous embarrassons à chaque pas dans nos bâtons ou nos longues couvertures blanches, celles de nos lits d'Orotava, qu'il a fallu emporter, faute de manteaux suffisants, et qui nous font ressembler à une procession de spectres en rupture de tombe.

Enfin nous quittons les laves pour arriver à un cône de ponce pulvérisée, cimentée par diverses productions volcaniques. Des émanations sulfureuses nous avertissent que nous approchons du dernier cratère; de toutes les fissures du sol s'échappent d'odorantes fumerolles; nous ramassons à pleines mains des cristaux octaédriques et transparents de soufre natif. Tandis que l'air est glacial, le sol est à une température que nos mains ont peine à supporter. Il paraît évident que, si le pic de Teyde sommeille en ce moment, il n'a pas dit encore son dernier mot, et son réveil sera d'autant plus terrible que son repos dure depuis près de cent ans.

Nous arrivons au sommet du pic en même temps que les premiers rayons du soleil. Quelques-uns ressentent les premières atteintes du mal des montagnes; les lèvres sont absolument desséchées, la gorge est douloureuse comme au début d'une forte angine, et la soif se fait d'autant plus ironiquement sentir que nous ramassons autour de nous les goulots des bouteilles de champagne vidées là par l'état-major de l'*Alceste*, qui a fait l'ascension quelques semaines avant nous. Mais qu'importe? Si nous ne voyons sous nos pieds que l'envers des nuages, plus loin, ou par de larges trouées, nous pouvons contempler toutes les îles de l'archipel, semblables à des monstres accroupis sur l'immense Océan; nous nous laissons doucement bercer par ce grandiose spectacle, et, baignés de lumière, réchauffés par le sol sur lequel nous sommes couchés et dont les émanations acides rougissent nos habits, nous nous reposons doucement, tandis qu'Ignatio cherche, comme trophée, l'*Araña del Pico*, un vulgaire Faucheux qui poursuit jusqu'à ces altitudes les rares mouches assez hardies pour s'y aventurer.

A six heures commence la descente. La coulée de lave qui nous a servi de chemin pendant la nuit et que nous pouvons maintenant examiner à loisir se montre à nous dans toute la beauté de son imposant désordre; du reste, nous n'avons plus d'ongles, l'épiderme de nos mains est usé comme un vieil habit, et nos bottines, faites pour les rues de Paris, sont sur le point de nous abandonner. Avant d'arriver au campement, Ignatio nous conduit à une grotte remplie de neige et de glace. On y descend, à l'aide d'une corde, l'un des jeunes gens qui nous accompagnent, et nous pouvons enfin savourer ce plaisir dont nous n'avions jamais connu jusque-là toute l'intensité : boire de l'eau pure et glacée! Après un rapide déjeuner à Alta-Vista, nous descendons au galop la pente, uniquement formée de ponce, qui mène à la Cagnada, mais les chevaux et les mules ne peuvent descendre à pic, il faut attendre dans la plaine le gros de la caravane. Chacun s'abrite comme il peut contre le rayonnement de la ponce à l'ombre des bombes d'obsidienne qui semblent d'immenses blocs de verre à bouteille. A onze heures un quart tout le monde est en selle. En voilà jusqu'à sept heures du soir sans débrider.

A neuf heures nous quittons Orotava pour Santa Cruz; dès l'aube le *Talisman* lève l'ancre et met le cap sur la Gran Canaria, où nous devons visiter le Musée d'histoire naturelle de Las Palmas.

La Grande-Canarie ne pardonne pas à Ténériffe d'être devenue la capitale de l'archipel, le centre d'approvisionnement des navires qui se rendent d'Europe en Amérique. Elle a entamé vaillamment la lutte contre sa rivale : on travaille activement à doter Las Palmas d'un port magnifique où les navires seront en pleine sécurité; on cherche à y établir un câble télégraphique sous-marin, et l'on ne peut nier que Las Palmas soit réellement la grande ville, le véritable centre intellectuel des Canaries. Elle possède un théâtre, et le docteur Chil y Naranjo, élève du regretté Broca, y a fondé un Musée d'histoire naturelle où se trouvent rassemblés les plus rares et les plus précieux représentants de la faune locale.

Le docteur Chil est un anthropologiste passionné et habile; il a su rassembler dans son Musée tous les documents propres à éclairer l'histoire des Guanches, ces premiers habitants de l'archipel, dont on retrouve aujourd'hui, paraît-il, chez les paysans le type assez pur; les descendants de leurs chiens, rappelant à la fois nos lévriers et nos chiens de berger, constituent une race bien caractérisée et sont encore assez nombreux dans les campagnes. Il existe au Musée de Las Palmas de nombreuses momies guanches empaquetées dans des sacs de peau, cousus simplement avec des aiguilles d'os ou d'arête de poisson, et dont les coutures sont cependant plus fines et plus régulières que les piqûres de nos gants les plus soignés.

Le docteur Chil, qui a publié une grande histoire physique et économique des Canaries depuis la conquête, n'est pas seulement un savant, c'est aussi un artiste. Il a mis à profit le goût naturel de ses compatriotes pour la musique et a fondé une société musicale parfaitement organisée. « Mais c'est, nous dit-il, dans un but exclusivement scientifique. Quand il vient des naturalistes à Gran Canaria, je donne un concert sur l'une des places de Las Palmas, toute la population s'y rend, et nos visiteurs peuvent ainsi étudier à loisir, et sur le vif, les types anthropologiques si intéressants dont elle porte l'empreinte. » On n'est pas plus ingénieusement dévoué à la science.

Le docteur Chil a poussé l'amabilité jusqu'à offrir gracieusement aux représentants du Muséum d'histoire naturelle de Paris de faire un choix des pièces précieuses qui pourraient figurer utilement dans nos collections nationales. On ne saurait trop le remercier de s'être dépouillé, en l'honneur de notre pays, de pièces importantes dont on ne soupçonnait pas l'existence aux Canaries.

Le soir même de notre visite à Las Palmas, le *Talisman* reprend sa route et vogue maintenant vers les îles du Cap-Vert. Peu à peu la mer d'un bleu profond à laquelle nous sommes habitués, change de couleur; elle devient verte, puis presque noire. Pourquoi ces changements de teinte que rien ne paraît expliquer? C'est que les fonds sont maintenant très accidentés; quatre dragages successifs donnent, par exemple, les profondeurs de 888 mètres, 175 mètres, 240 mètres, 1495 mètres.

Dans la nuit du 12 au 13 juillet, le *Talisman* passe le tropique, et, comme il ne doit pas atteindre l'Équateur, l'équipage décide de procéder à la cérémonie classique du baptême, que quarante catéchumènes, tant passagers que matelots, n'ont pas encore subie. La cérémonie est d'autant plus imposante qu'elle doit coïncider avec les réjouissances nationales du 14 juillet; l'Océan lui-même semble vouloir y prendre part et nous offre, à son tour, une merveilleuse fête de nuit.

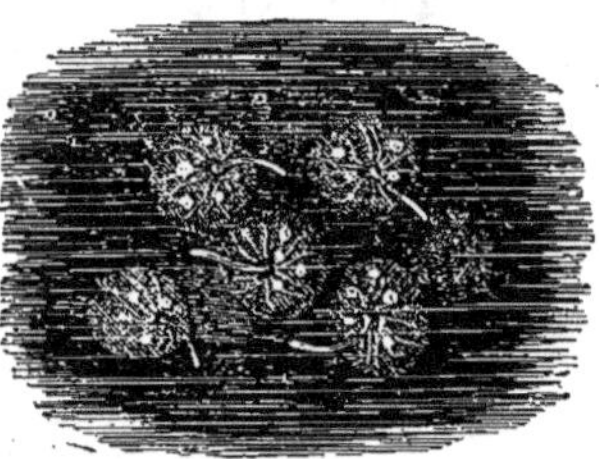

Fig. 22. — Noctiluques fortement grossis.

A trois heures, en effet, l'officier de quart nous fait réveiller : un splendide spectacle s'offre à nos yeux. Tandis que les éclairs sillonnent le ciel, la mer est embrasée dans toute son étendue. Une douce lumière pénètre la masse entière des eaux; les crêtes des vagues, aussi loin que la vue peut s'étendre, sont brillamment illuminées; les flancs du navire sont vivement éclairés, et, tout le long du bord, glissent, comme des globes de feu, de splendides Méduses. On recueille un seau de cette eau phosphorescente; elle contient une multitude d'organismes presque sphériques, gros comme des grains de millet; ce sont des Noctiluques (fig. 22). Les Méduses sont des Pélagies qui, lorsque nous les saisissons, rendent nos mains phosphorescentes comme elles.

A mesure que nous avançons dans les régions tropicales, les sujets d'observation deviennent d'ailleurs plus nombreux. Le 16 juillet, nous voyons, pour la première fois, apparaître des Requins, et, pendant que les mécaniciens réparent les avaries de notre treuil, nous pouvons examiner tout à notre aise cet irréconciliable ennemi du matelot. Ce sont des Requins peau-bleue (fig. 23); il y en a cinq ou six qui rôdent le long du bord. Parmi eux jouent un assez grand nombre de ces petits Poissons, leurs compagnons habituels, que les marins appellent des *Pilotes*. On prétend que le Pilote, dont l'odorat est fin et la vue perçante, indique au Requin son ami les proies que celui-ci serait incapable de discerner aussi bien. Il est certain que la plupart de nos Requins sont accompagnés de deux charmants Pilotes, transversalement rayés de bleu et de blanc et qui nagent au-dessus d'eux, de chaque côté de l'aileron. Dans cette position, les Pilotes[1] n'ont rien à redouter du monstre qu'ils accompagnent et peuvent profiter de la terreur

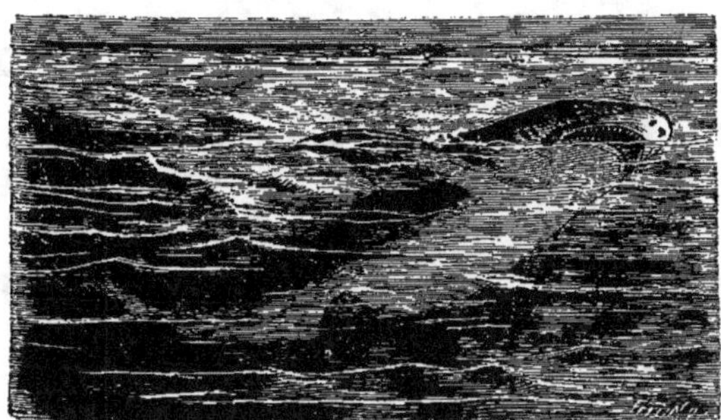

Fig. 23. — Le Requin peau-bleue (*Prionodon glaucus*, Rondelet).
2 mètres de long.

qu'il inspire pour vivre en complète sécurité. Il est aussi possible qu'ils détournent à leur profit les débris des repas du terrible carnassier; en somme, dans cette association, c'est probablement ce dernier qui est le bienfaiteur. Les Pilotes sont d'ailleurs assez peu fidèles à leur compagnon, et nous en avons vu bien souvent nager par petites troupes à une assez grande distance des Requins.

Nos marins ne peuvent résister au plaisir de pêcher quelques-uns de nos imprudents visiteurs. L'un de ceux-ci se laisse prendre à la première ligne que l'on jette. Sur son ventre se trouve fixé, par une large ventouse qui occupe tout le dessus de sa tête, un autre compagnon ordinaire des Requins, un Rémora (fig. 24), appartenant

1. Leur nom scientifique est *Naucrates ductor*, Linné; ils sont voisins des Maquereaux.

à la même famille zoologique que les Pilotes. Celui-là est un adroit paresseux; il trouve commode, au lieu de nager, de se faire voiturer par les Requins, auxquels il adhère si complètement par sa ventouse qu'il faut un réel effort pour les séparer. Il se fixe indifféremment sur toutes les parties du corps de son véhicule vivant, et s'accommode aussi bien de vivre le dos en bas que le dos en l'air. Le Rémora présente quelques particularités frappantes qui montrent combien est grande l'influence des conditions extérieures sur les caractères des animaux. En général, chez les Poissons, le dos est plus vivement coloré que le ventre. On peut attribuer cette différence à l'action de la lumière qui frappe constamment le dos de l'animal, tandis que le ventre est moins éclairé. Effectivement,

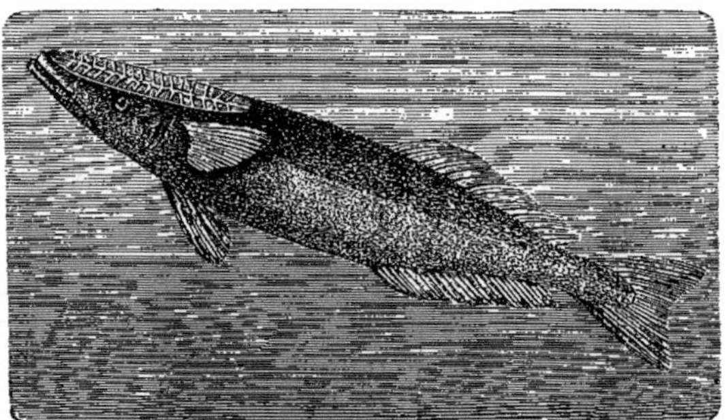

Fig. 24. — Le Rémora (*Echineis naucrates*, Linné)
Demi-grandeur naturelle.

chez les Soles et les autres Poissons pleuronectes qui vivent couchés sur le côté, celui de leurs côtés qui repose sur le sol a exactement l'apparence de la face ventrale des autres Poissons, tandis que leur côté éclairé ressemble à un dos. Le Rémora fournit une démonstration bien plus complète de cette corrélation. Comme il se fixe par le dessus de la tête, son dos est toujours appliqué contre le corps du Requin et, par conséquent, n'est pas éclairé; aussi les colorations sont-elles interverties; c'est le dos qui est pâle, et le ventre, sur lequel frappe librement la lumière, qui est coloré. L'attitude fréquemment renversée de l'animal a produit un autre résultat; contrairement à ce qu'on observe d'ordinaire chez les Poissons voisins, c'est la mâchoire inférieure qui dépasse la supérieure.

En trois jours, trois Requins mordent à nos amorces et sont

ramenés à bord. Un jour, un de ces Poissons essaye de plonger sous une embarcation où étaient descendus quelques membres de la mission. La queue de l'animal s'élève un moment au-dessus de l'eau; deux matelots se jettent sur elle et lui passent une amarre; malheureusement, l'embarcation est légère et chargée; le lieutenant juge imprudente cette pêche imprévue, et fait rendre la liberté au prisonnier.

Si les Requins ne nous troublent guère, nous jetons au contraire

Fig. 25. — L'Exocet (*Exocœtus Rondeletii*), Poisson volant. — Tiers de la grandeur naturelle.

l'alarme dans d'innombrables bandes de Poissons volants (fig. 25) que traverse le *Talisman*. A chaque instant nous en voyons s'élancer hors de l'eau pour retomber quelques mètres plus loin. Il y en a des deux côtés du navire, fuyant en sens opposé, ce qui suffit à prouver que ces singuliers animaux ne volent pas seulement contre le vent, ou sous le vent, comme on l'affirme parfois; leurs ailes ne sont pas non plus de simples parachutes, car nous les voyons distinctement vibrer au soleil, surtout au moment où l'animal, frappant l'eau de sa queue, rebondit pour ainsi dire, en changeant de direction. Nous ne pouvons d'ailleurs nous mettre tous d'accord sur les circonstances qui déterminent ce vol singulier, et nous résumons la discussion en regrettant de n'avoir pas à bord un de ces ingénieux fusils photographiques qui ont permis à M. Marey de fixer d'une manière définitive nos connaissances relatives au vol des oiseaux.

Enfin, les Poissons volants cèdent la place aux vrais Oiseaux. Des bandes de Milans pêcheurs nous signalent l'approche de la terre. Nous débarquons le 20 juillet à Santiago, l'une des îles du Cap-Vert.

Nous voici de nouveau en présence de ce sol volcanique qui nous a un moment si fort désenchantés aux Canaries. Le pays a un aspect encore plus désolé, et cependant quelle belle race que celle de ces noirs de haute taille qui viennent au marché vendre les bananes, les mangons et les autres productions de l'archipel.

Les enfants ont bien vite reconnu en nous des Français; ils nous suivent en chantant des airs qu'ils savent évidemment venir de notre pays : *la Marseillaise*, cela va sans dire; mais aussi tous les airs familiers à l'aimable *Fille de madame Angot*, et même ceux de *la Mascotte*. Malheureusement l'influence française paraît se réduire à cela. Les femmes nous saluent d'un *in pace*, en promenant verticalement leur main grande ouverte au-devant de leur nez, et les hommes se disputent à qui portera nos paquets.

Les entrepôts, les douanes, le marché sont de belle apparence; les cases des nègres, parfois simplement construites en planches, sont remarquablement propres et leur linge d'une irréprochable blancheur. La cuisine se fait, en général, devant la porte de la case, qui ne possède pas de cheminée. Le fourneau est le plus souvent une boîte d'endaubage, achetée à quelque navire de passage et habilement divisée en deux compartiments par une façon de grille sur laquelle on place le charbon. Nous comprenons maintenant pourquoi les marchands venus à bord sont si empressés d'échanger leurs fruits contre les boîtes vides qui ont contenu nos conserves. Du reste, tous les objets de fabrication européenne sont hautement estimés par eux. Ils cèdent une Perruche pour un vieux veston, et l'un des jeunes chevreaux qui nous ont accompagnés de la Praya à Rochefort s'appelait *Pantalon*, parce que l'intelligent animal n'avait coûté qu'une vieille culotte de drap à son propriétaire.

Aux îles du Cap-Vert, le ministre portugais de la marine, M. Bar-

Fig. 26. — Un baobab (*Adansonia digitata*) à Santiago (îles du Cap-Vert).

boza du Bocage, le naturaliste distingué qui, le premier, a fait connaître aux zoologistes les *Hyalonema* de Sétubal, a donné ordre aux autorités de nous faire les honneurs de la colonie. On nous propose gracieusement dix promenades; nous choisissons une excursion dans la vallée de Saint-Georges, où la végétation tropicale se montre dans toute sa splendeur. Les chevaux sont rares; nous partons sur des ânes, qui nous portent assez allègrement. Quelques Fougères, des Bruyères, des Acacias recouvrent à peine d'un lâche vêtement de broussailles les blocs de lave qui se montrent de toutes parts. Les gigantesques Baobabs (fig. 26) nous rappellent seuls que nous sommes sous les tropiques. Les Oiseaux eux-mêmes sont rares; le plus remarquable est un Martin-chasseur[1] au bec rouge, au ventre blanc, aux plumes caudales et aux ailes bleues, qui s'enfuit à notre approche en poussant quelques cris discordants; les nègres, à cause de ses couleurs, l'appellent le *pavillon français*. Mais, dès que nous arrivons dans la vallée, où l'eau est assez abondante, la scène change. Les cultures sont nombreuses; le Caféier, le Gingembre, la Canne à sucre, le Papayer, le Gommier, poussent à l'envi, et de superbes noix de coco pendent sous le panache élégant des Palmiers. Un nègre s'offre à nous en cueillir, et sa façon de grimper amène involontairement nos réflexions sur les origines de l'espèce humaine. Il ne prend pas l'arbre à bras-le-corps, comme le ferait un de nos paysans, il saisit au contraire le tronc entre ses deux pieds opposés l'un à l'autre et ses mains placées de même, son corps demeurant éloigné de l'arbre, et il monte ainsi avec toute la sûreté et l'agilité d'un singe; c'est même avec ses pieds qu'il cueille les noix et les lance sur le sol.

Saint-Georges est notre seule excursion à terre; il nous faut encore explorer les pêcheries de Corail, qui ont pris quelque extension aux îles du Cap-Vert, visiter un îlot désert, l'îlot Branco, qui semble posséder une faune particulière, et nous arrêter à Saint-Vincent pour faire du charbon. Tout cela demandera plusieurs jours et nous sommes pressés de regagner le large.

Longtemps on a cru que le Corail, dont la vive couleur rehausse si bien la beauté des brunes Italiennes, était exclusivement propre à la Méditerranée; longtemps on a cru qu'il n'en existait qu'une seule espèce, le *Corallium rubrum* des natura-

---

1. Le *Dacelo yagoensis* de Darwin, ou *Halcyon erythrorhynchus*.

listes (fig. 27). Il n'était pas mal que la poétique fleur de mer, chantée par Ovide, demeurât mystérieusement isolée dans le monde des Animaux-plantes.

Cependant l'illustre naturaliste américain Dana en fit connaître, il y a une trentaine d'années, une seconde espèce, vivant aux îles Sandwich, qu'il nomma *Corallium secundum*, et qui se distingue par la disposition de ses polypes, tous situés d'un même côté du Polypier. Le *Corallium secundum* est ordinairement rouge, comme celui de la Méditerranée, mais il est fréquemment aussi de couleur blanche ou rosée; il est exploité dans les mers du Japon, et la collection du

Fig. 27. — Sommet d'une tige de Corail rouge (*Corallium rubrum*) de la Méditerranée.

Muséum d'histoire naturelle en contient une magnifique branche de cette couleur, rapportée par M. Madier de Montjau[1]. On a pu voir en 1883 d'autres exemplaires de ce corail à la section japonaise de l'Exposition internationale des pêches; le *Challenger* en a dragué lui-même quelques spécimens. L'existence de cette espèce ne saurait donc faire de doute.

En 1860 Gray découvrit une autre espèce de Corail, toujours de couleur blanche et dont les polypes étaient disposés comme ceux du *Corallium secundum*. Cette espèce, originaire de Madère, reçut le nom de *Corallium Johnsoni*, changé depuis en celui de *Pleurocorallium Johnsoni*. La validité de cette espèce a été contestée par M. de Lacaze-Duthiers dans le splendide ouvrage qu'il a consacré à l'histoire du Corail. Cependant le *Challenger* en a dragué quelques exemplaires morts entre Ténériffe et les îles du Cap-Vert, et le *Talisman*, plus heureux, en a recueilli un assez grand nombre d'échantillons parfaitement vivants aux îles du Cap-Vert, dans les localités mêmes de cet archipel où l'on pêche du Corail identique

---

1. Cette belle pièce fut donnée par M. Madier de Montjau à M. Victor Borie, secrétaire général du Comptoir d'escompte, mon parent, qui en fit présent au Muséum.

à celui de la Méditerranée. La différence entre les deux espèces que les chaluts de ce navire ont ramenées en même temps est absolument frappante. L'une et l'autre ont un axe calcaire compact, régulièrement strié à sa surface; mais dans l'une l'axe est d'un rouge vif, dans l'autre il est tout à fait blanc. Le Corail rouge est très ramifié, et ses ramifications sont régulières; le Corail blanc (fig. 28) se ramifie moins, et sur l'une des faces de ses branches s'élèvent une foule de rameaux irréguliers, grêles, s'anastomosant souvent entre eux et qui soutiennent les polypes. Ceux-ci, plus grands que ceux du Corail rouge, semblent portés à l'extrémité des rameaux, et demeurent apparents comme des boutons de fleurs lorsqu'ils sont rétractés. Ils ont une teinte rouge pâle, et la substance charnue ne forme à la surface du Polypier qu'une mince couche transparente à travers laquelle on distingue l'axe blanc. Quiconque a vu les deux espèces

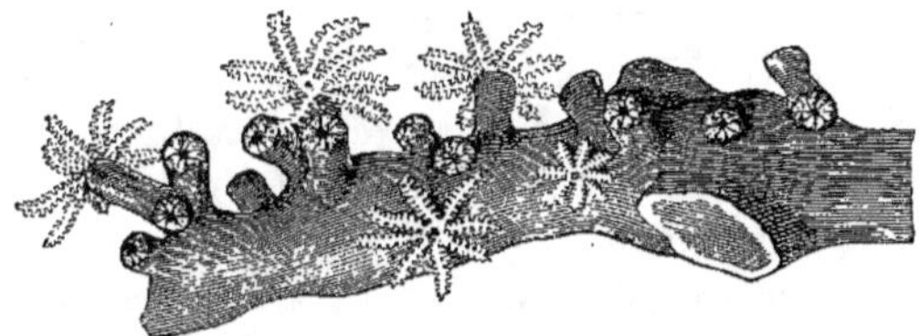

Fig. 28. — Fragment d'une tige de *Pleurocorallium Johnsoni*, Gray, des îles du Cap-Vert.

ne peut douter qu'elles ne soient assez différentes pour justifier l'adoption, pour la seconde, du genre *Pleurocorallium*. Il n'est donc pas étonnant qu'avant toute recherche bibliographique M. Marion, croyant cette espèce nouvelle, ait pensé à créer pour elle le genre *Coralliopsis*; ce devait être pour lui le *Coralliopsis Perrieri*.

De toutes les recherches faites sur les diverses espèces de Corail, il résulte que ces espèces sont actuellement au nombre de quatre :

1° Le *Corallium rubrum*, de la Méditerranée et de l'Atlantique;

2° Le *Corallium stylasteroides*, de l'île Maurice;

3° Le *Pleurocorallium secundum*, du Japon, et sans doute des îles Sandwich;

4° Le *Pleurocorallium Johnsoni*, Gray, des archipels de l'Atlantique.

C'est naturellement près des côtes que s'accomplit notre pêche du Corail. Le *Talisman* est ainsi conduit à passer en vue de Ribeira Grande, qui fut autrefois la capitale de l'île, mais qu'il fallut abandonner tout de suite, tant elle était malsaine. Une cathédrale en ruines, où l'on trouve encore de beaux émaux, est tout ce qui reste de la riche cité, réduite aujourd'hui à un humble village. Les nègres qui l'habitent, quel que soit leur sexe, ont peu de souci du vêtement. Parmi eux, il en est un qui examine avec une attention toute particulière la petite troupe qui a débarqué à Ribeira Grande, et il finit par demander à venir à bord. Celui-là a fait manifestement des efforts pour se vêtir : il possède un pantalon noir largement troué au genou, une redingote qui n'a qu'un pan, et un chapeau à haute forme, plissé comme un accordéon et dépourvu de fond. Cet homme n'est autre chose que le curé de l'endroit. Le costume ecclésiastique et probablement aussi les rites catholiques sont évidemment très simplifiés dans ces pays lointains.

Saint-Vincent, où nous débarquons le 25 juillet, est la plus petite et la plus stérile des îles habitables de l'archipel. Toutes les provisions viennent de Santiago ou de San Antonio, qui est plus riche et plus près. Mais Saint-Vincent est sur la route des vaisseaux qui se rendent au Brésil, un négociant anglais, M. Miller, y a établi un entrepôt de charbon, et la maison de M. Miller fait vivre tous les habitants de l'île, qui sont peut-être au nombre de cinq ou six mille. Il s'arrête trop de vaisseaux de toutes les nations à Saint-Vincent pour que la race nègre y ait conservé la beauté qui nous a frappés à Santiago. Les mulâtres aux cheveux blonds et crépus n'y sont pas rares, et font l'effet du plus étrange paradoxe anthropologique.

On ne reste à Saint-Vincent que juste le temps d'y traiter ses affaires; nous y prenons un guide et un pilote pour nous conduire à l'îlot Branco, qui est, depuis notre départ, sur le programme de la commission, attirée par l'espoir d'y découvrir toute une faune inconnue jusque-là. Il existe en effet, sur ce rocher désert, de grands Lézards, les *Macroscincus Coctei*, qu'on n'a jusqu'à présent trouvés que là, et qui vivent d'herbes, au lieu de manger des Insectes, comme le font habituellement leurs congénères. Si Branco a des Lézards spéciaux, il paraît probable, au premier abord, que ces animaux y doivent avoir pour compagnons d'autres animaux, également particuliers à cette île; peut-être ce rocher isolé est-il tout ce qui reste de quelque vaste continent dont les derniers habitants sont venus se réfugier sur ses pentes arides.

L'aspect de l'îlot n'est guère fait pour prolonger notre espoir.

C'est, comme toutes les îles où nous avons abordé, comme tous les archipels de l'Atlantique, un roc absolument volcanique. Pour qui a visité de telles îles dont le sol, manifestement de formation récente, est entièrement couvert de lave, il est évident qu'il ne peut s'y rencontrer, comme dans les îles madréporiques, que les animaux et les plantes qui y ont été accidentellement abandonnés ou volontairement introduits par l'homme. Seuls les Oiseaux et les êtres dont les germes sont assez légers pour être transportés par le vent peuvent échapper à cette règle. Les Canaries, les îles du Cap-Vert, les Açores, Madère, sont très probablement dans ce cas; on y trouve des animaux et des plantes qui viennent d'un peu partout; et, ce qui est bien significatif, les animaux venimeux, tels que les Serpents, les Scorpions, les Scolopendres, y font totalement défaut. Quant aux prétendues espèces spéciales qu'on a attribuées à la plupart de ces îles, on en retrouve chaque jour quelques-unes sur les continents les plus voisins, et il serait intéressant de rechercher soigneusement si les autres ne pourraient pas être considérées comme des formes dérivées d'espèces continentales qui se seraient adaptées à des conditions d'existence nouvelles.

Pendant que quelques-uns des membres de la commission scientifique se font ces réflexions, les officiers cherchent les moyens de débarquer sur l'îlot, dont les côtes semblent aussi peu abordables que possible. Après avoir essayé de nous entraîner à l'îlot de Razza, où il paraît avoir quelques affaires, notre pilote se déclare complètement incapable de nous conduire à Branco, où il n'est jamais venu. Il faut donc qu'une baleinière aille explorer l'îlot; elle revient bientôt, et l'officier qui la commandait déclare le débarquement très dangereux, sinon impraticable. Il faut cependant en avoir le cœur net. M. Alphonse Milne Edwards et l'un de nos collègues descendent dans la baleinière : tout bien pesé, on reconnaît qu'avec un peu de sang-froid et quelque prudence les plus agiles des membres de la commission pourront se tirer d'affaire, à la condition de se mettre à la nage, si besoin est. Effectivement le débarquement s'accomplit de la manière la plus pittoresque, et nous voilà à chercher partout sur le sable les traces de nos Sauriens. Mais nous sommes dans la saison sèche; les herbes sont rares et les pauvres bêtes profitent du chômage forcé de leur estomac pour dormir sous les pierres. En retournant quelques roches, nos matelots ont bientôt fait de capturer une trentaine de reptiles, au plus haut degré de maigreur ; quant au nègre qui avait été spécialement engagé pour cette chasse, il donne, en apercevant le premier Lézard, de tels signes de frayeur, que force lui est bien d'avouer que lui non plus n'était jamais venu à l'îlot Branco.

De temps en temps les pieds s'enfoncent dans des espèces de terriers profondément creusés dans le sable. Ce sont les nids d'une colonie de Puffins, oiseaux de mer semblables à de grosses Mouettes, au plumage uniformément gris de fer. Lézards et Puffins sont arrivés vivants en France ; il s'est trouvé que les Puffins, comme les Lézards, étaient jusqu'ici spéciaux à Branco.

Cependant la mer a légèrement grossi. Les vagues déferlent sur l'île en produisant des volutes de près de 2 mètres de haut ; nos compagnons portugais ne paraissent pas très rassurés. Le canot-major et une baleinière reviennent nous prendre, et, après six heures de la plus vigoureuse insolation, toute la petite bande rentre saine et sauve à bord du *Talisman*, qui a employé lui-même tout l'après-midi à draguer.

CHAPITRE III

VOYAGE DU *TALISMAN* (FIN).

La mer des Sargasses. — Sa faune. — Origine des Sargasses. — Les Açores. — Leurs habitants. — Phénomènes volcaniques. — Richesse des Açores. — Derniers dragages. — Retour en France.

En quittant les îles du Cap-Vert, le *Talisman* change brusquement sa route : désormais il cesse de descendre vers le sud, et se dirige vers l'ouest, où il doit trouver des profondeurs bien plus grandes que celles qu'il a jusqu'ici explorées. Un autre intérêt le pousse dans ces régions : c'est là qu'existe cette immense prairie marine, quelque peu mystérieuse, qui couvre de vastes étendues de l'Océan, et que l'on connaît généralement sous le nom de *mer des Sargasses*. Suivant certains géographes, ces prairies sont uniquement composées d'Algues étroitement entrelacées, et Christophe Colomb craignit, dit-on, un moment que son navire ne fût arrêté par les Varechs que sa proue était incapable de désagréger. Nous sommes au plus haut point curieux de contempler ce spectacle étrange d'une mer d'herbes. D'ailleurs de nombreuses questions se rattachent à ces Sargasses. Quelle est leur origine? Comment vivent-elles? Comment se multiplient-elles? Quels sont les hôtes qu'abritent leurs rameaux : toutes ces questions ne sont encore qu'incomplètement résolues.

Les Sargasses sont, nous l'avons dit, des Algues voisines de ces *Fucus*, de ces Varechs qui couvrent nos côtes, et que les pêcheurs du rivage recherchent avec tant d'ardeur, pour alimenter leur foyer ou fumer leurs terres, qu'on a dû réglementer leur récolte. Mais ce sont des Algues présentant une organisation relativement élevée. La plupart des végétaux de cette classe n'offrent, en effet, nullement l'aspect sous lequel se présentent les végétaux supérieurs. On ne saurait y reconnaître ni tiges, ni feuilles, ni racines. Les uns sont uniquement formés de filaments simples ou plus souvent encore très ramifiés, composés eux-mêmes de longues cellules placées bout à bout : telles sont les Conferves, qui vivent si communément dans les mares et les ruisseaux peu rapides. D'autres sont constitués par une lame très mince de tissu, n'offrant partout qu'une seule assise de cellules; d'autres enfin présentent un corps massif, tantôt sans forme définie, tantôt aplati en forme de membrane, quelquefois élégamment lobé, découpé ou ramifié, comme chez le *Fucus vesiculosus* et le *Fucus serratus* de nos côtes. Mais toujours la structure intime des différentes parties de la plante est la même, et tous ses éléments anatomiques présentent le même type. Cet appareil végétatif si simple a reçu des botanistes le nom de *thalle*. Le thalle des Sargasses (fig. 29) est bien plus nettement différencié; au premier aspect, une touffe de Sargasses semble une branche arrachée à un végétal de l'organisation la plus élevée, dont la tige ramifiée porterait des feuilles et d'innombrables petites baies, qui ont valu à ces Algues le nom bien connu de *raisin des tropiques*. Mais si l'on étudie la structure anatomique de toutes ces parties, on voit facilement que cette différenciation n'est qu'apparente : tige et feuilles présentent la même organisation; quant aux baies, ce sont de simples vésicules pleines d'air qui servent de flotteurs à la plante et la maintiennent à la surface de la mer.

On n'a jamais pu découvrir d'organes reproducteurs sur les Sargasses flottantes, qu'on range néanmoins à côté des *Fucus*, à cause de leurs autres caractères anatomiques, fort peu différents

d'ailleurs de ceux d'espèces qui vivent fixées sur les rivages
Quant à l'origine de ces Algues, les observations faites à bord
semblent l'avoir complètement éclairée. On a cru longtemps que
leur véritable patrie était la côte de l'Amérique, et qu'arrachés
par le flot, leurs thalles, portés en haute mer par les courants
marins, s'y rassemblaient en cette immense prairie flottante qui
s'étend sur une surface de 60 000 milles carrés entre les Canaries,
les Açores et les Bermudes. Ainsi accumulés, ces fragments de
thalle, croyait-on, ne continuaient pas longtemps à se développer, et se détruisaient peu à peu, sans se reproduire.

Fig. 29. — Un rameau de Sargasse (*Sargassum bacciferum*, Agardh).

C'est le 4 août que les premières touffes de Sargasses apparurent
le long du bord. Elles étaient à peu près de la grosseur d'un nid
de pic, et leur couleur, qui n'est ni le vert franc des plantes terrestres, ni le brun olivâtre des Varechs, était plutôt d'une teinte
feuille morte, lavée de jaune. Les touffes étaient presque toujours
à une distance d'environ 2 ou 3 mètres les unes des autres,
et jamais nous ne les avons vues former, en se touchant, des îlots
de plus de 8 ou 10 mètres carrés; d'ailleurs la moindre agitation de l'eau suffisait à les séparer. L'état des touffes que nous
pûmes recueillir ne saurait laisser aucun doute sur leur mode de
végétation. Toutes paraissaient en parfait état de santé et en
pleine végétation. Chaque touffe a une forme presque réguliè

rement sphérique, montrant qu'elle a librement grandi dans un milieu où elle pouvait s'accroître dans toutes les directions. Ces touffes ont donc vécu longtemps dans leur condition actuelle; cependant un examen attentif montre chez toutes, au voisinage du centre, un court rameau brisé d'un côté, auquel tous les autres viennent se rattacher de proche en proche. Chaque touffe n'est donc en réalité qu'une partie détachée d'une autre touffe, et il devient dès lors certain que c'est par la division accidentelle des touffes flottantes et par l'accroissement des fragments ainsi détachés que les Sargasses se multiplient à la surface de l'eau. La mer se couvre

Fig. 30. — *Diodon hystrix*, Linné, Poisson épineux de la mer des Sargasses.

de ces plantes sans qu'il soit aucunement nécessaire qu'il en arrive sans cesse des côtes américaines. La mer des Sargasses se peuple par une sorte de vaste bouturage, et toutes les Algues qu'on y rencontre pourraient être considérées comme des fragments détachés d'un seul individu.

Les diverses touffes sont, en général, alignées en longues bandes, parallèles à la direction des vents régnants. Qu'à la suite de circonstances particulières, après un cyclone par exemple, toutes les branches se rapprochent et fassent paraître la mer verdoyante sur d'assez vastes étendues, cela est possible, mais, sans aucun doute, exceptionnel. On peut en voir une preuve dans les instincts des Poissons, assez nombreux, qui vivent habituellement dans les

Sargasses. Ce sont de jeunes Diodons ou hérissons de mer (fig. 30), des Castagnoles, des *Antennarius*. Tous ont revêtu la livrée des Sargasses et sont parfaitement dissimulés au milieu des Algues par leur couleur, en général mêlée de jaune et de blanc. Qu'une embarcation s'approche de la touffe qui les abrite, aussitôt les Poissons fuient dans toutes les directions. Mais ils ne vont jamais loin, et chacun d'eux s'arrête net sous la première touffe de Sargasses qu'il rencontre. La précision avec laquelle s'exécute cette manœuvre implique évidemment que les touffes

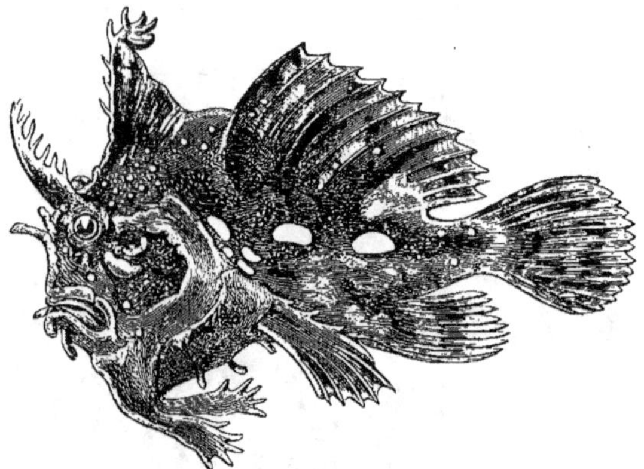

Fig. 51. — *Antennarius marmoratus*, Poisson nidificateur, habitant les touffes de Sargasses. — Demi-grandeur.

de Sargasses sont habituellement séparées et que les Poissons ont appris à tirer parti de leur disposition relative pour se mettre à l'abri.

L'*Antennarius marmoratus* ou Chironecte marbré fait mieux encore. Ce singulier Poisson (fig. 51) dépose ses œufs sur les paquets de Sargasses; mais, comme s'il craignait que les paquets ne fussent dissociés avant l'éclosion des œufs, il les ficelle à l'aide d'une substance gélatineuse qu'il produit, et fixe ses œufs après la cordelette dont il s'est servi pour cette opération. Il est indispensable d'ailleurs que les jeunes naissent dans les touffes mêmes de Sargasses, car les Chironectes marchent plutôt qu'ils ne nagent : leurs organes de locomotion ressemblent même presque à des pattes; les nageoires postérieures ont cinq rayons, comme les pattes des Vertébrés marcheurs ont cinq doigts; les nageoires antérieures,

possédant un coude, se laissent décomposer en bras, avant-bras
et main; la main présente cinq doigts, mais ces doigts sont
bifurqués, de sorte que la membrane qui les unit est, en définitive,
soutenue par dix rayons.

La faune des Sargasses (fig. 32) ne s'est pas trouvée aussi considérable que nous l'espérions. Le *Challenger* et le *Talisman* réunis
n'y ont recueilli qu'une soixantaine d'espèces. Quelques Crabes[1],
de petites Crevettes[2], un certain nombre de Mollusques[3], une
Ascidie composée, divers Bryozoaires[4], une petite Anémone de mer,
plusieurs sortes de Polypes hydraires[5], parmi lesquels une espèce

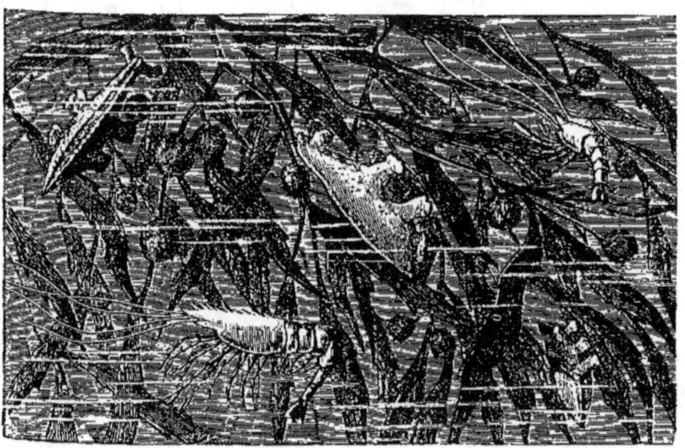

Fig. 52. — Touffe de Sargasse dans laquelle on voit deux Hippolytes
et trois *Scyllæa pelagica*. — Grandeur naturelle.

nouvelle remarquable du genre *Cladocoryne*, que nous avons nommée *Cladocoryne simplex* (fig. 33) : tels sont les principaux habitants de ces herbages. Ajoutons-y cependant un remarquable Poisson, voisin des Hippocampes, le *Syngnathe pélagique* (fig. 54),
qui se laisse nonchalamment flotter à la surface de l'eau dans
des attitudes si bizarres qu'on le prendrait tantôt pour un brin

1. *Nautilograpsus minutus, Neptunus Sayi.*
2. *Sergestes oculatus, Tizcuma Stimpsoni, Palæmon pelagicus, P. fucorum, Leander tenuicornis, Hippolyte tenuirostris, H. ensiferus, Virbius acuminatus, Alpheus, Caridina sargassorum.*
3. *Patina pellucida, P. tella, Lepeta cæca, Janthina rotundata, Liliopa melanostoma, Phylliroe atlantica, Acura pelagica, Scyllæa pelagica, Æolidella occidentalis*, etc
4. Membranipore.
5. Syncorynes, Campanulaires, *Laomedea, Aglaophenia latecarinata.*

d'herbe, tantôt pour un morceau de ficelle, tantôt pour un poisson mort, exemple nouveau de ce *mimélisme* grâce auquel nombre d'animaux s'assurent une sécurité relative en se donnant l'air d'être tout autre chose que ce qu'ils sont en réalité.

Fig. 33. — Portion d'une colonie de *Cladocoryne simplex*, E. Perrier, fixée sur une feuille de *Sargassum bacciferum.* — Grossie cinq fois.

Plus étranges encore sont les Salpes (fig. 35) qui, par instants, couvrent la mer autour du *Talisman*. Les unes paraissent comme de magnifiques manchons de cristal, de la grosseur du poing, et nagent isolées tout près de la surface de la mer ; d'autres, plus petites, sont associées en longues chaînes flottantes dans lesquelles tous les indi-

Fig. 34. — Syngnathe voisin du *Syngnathus pelagicus* flottant dans la mer des Sargasses. — Demi-grandeur.

vidus sont disposés sur deux rangs ; d'autres encore forment d'élégantes couronnes parfaitement circulaires. On doit au poète de Chamisso d'avoir montré que ces *Salpes agrégées* en chaîne ou en couronne sont les filles des *Salpes solitaires*, et engendrent à leur tour des Salpes solitaires, tandis que les Salpes solitaires n'engendrent jamais que des Salpes agrégées. Or les Salpes agrégées n'ont ni les habitudes, ni la taille, ni la forme, ni l'organisation des Salpes solitaires; de sorte que dans cette singulière famille les filles ne ressemblent jamais qu'à leur grand'mère. L'observation est d'autant plus facile à répéter que les unes et les autres sont vivipares.

Nous avions d'ailleurs le temps d'étudier à loisir l'intéressante population que nous traversions, car le 31 juillet un irréparable accident s'était produit à bord et nous forçait à nous contenter de draguer à des profondeurs modestes. La pantoire de fer destinée à soutenir la poulie sur laquelle s'enroulait le câble d'acier de la drague (fig. 56, P, p. 128) s'étant rompue, la poulie s'était abattue violemment et avait brisé, en retombant sur lui, le câble, dont 5000 mètres étaient ainsi perdus; il nous en restait à peine 7000 mètres, et la prudence nous conseillait d'éviter les grands dragages. Cependant nous étions sur des fonds de 5000 à 6000 mètres, entièrement inexplorés, et sur lesquels nous nous promettions d'abondantes récoltes. Heureusement nous devions retrouver

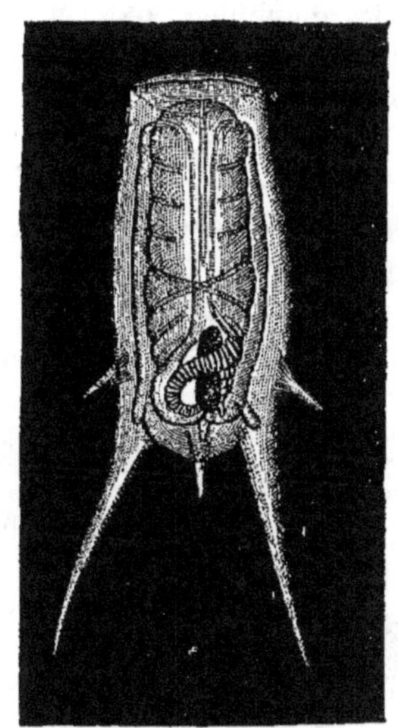

Fig. 35. — Une Salpe solitaire dans laquelle on aperçoit une jeune chaîne de Salpes agrégées. — Réduite au tiers.

dans le golfe de Gascogne ces grandes profondeurs; M. Edwards résolut de réserver jusqu'à ce moment les coups de hardiesse qui devaient couronner l'entreprise, quand on en aurait assuré le succès.

Aussi bien n'y a-t-il peut-être pas à regretter de n'avoir pu draguer dans cette région, car, à notre grand étonnement, la sonde y révéla un fond volcanique récent, uniquement formé de laves et de scories. Contre toute attente, il se trouve que les Canaries, les îles du Cap-Vert, les Açores ne sont pas des groupes volcaniques isolés. Une très grande partie de l'aire que limitent ces archipels est, sans aucun doute, le siège d'éruptions sous-marines, et la profondeur énorme à laquelle se produisent ces grandioses phénomènes les avait jusqu'ici dissimulés à l'attention des marins et des savants. Peut-être des pics nouveaux se construisent-ils lentement sous les flots, peut-être les verrons-nous émerger un jour comme cette île qui a plusieurs fois tenté de prendre place parmi les Açores, mais qui jusqu'ici n'a pu acquérir une solidité suffisante pour résister à l'incessante attaque des vagues.

Les Açores, où nous abordons le 13 août, nous reposent enfin des monotones paysages que nous avaient offerts, à l'arrivée, les Canaries et les îles du Cap-Vert. Nous sommes bien encore sur un sol volcanique; les cônes d'éruption et les cratères, les *caldeira*, comme disent les Portugais, se montrent de tous côtés. Mais quelle verdure et quelle puissante végétation! La capitale de l'île de Fayal, où nous débarquons d'abord, s'appelle *la Horta*, c'est-à-dire le jardin; jamais nom ne fut mieux mérité. Du navire le pays nous semblait découpé en enclos par de fraîches murailles. Ces murailles sont de magnifiques haies d'hortensia en fleur, dont les bouquets bleu de ciel masquent complètement le feuillage. Parfois ces haies bordent d'adorables chemins creux dont le sol, profondément raviné, témoigne de l'abondance des pluies qui alimentent toute cette verdure exubérante. Des Mousses, des Sélaginelles, des Lycopodes, des Fougères s'accrochent à toutes les pentes. Le Gingembre mêle ses élégants panaches aux rameaux des Lauriers en fleur, aux vigoureux bouquets des Bananiers. Les feuilles en forme de larges flèches du Taro, au rhizome succulent, couvrent les champs, tandis que plus loin s'entrelacent, comme des liserons, les tiges volubiles des patates. C'est la flore tropicale adoucie, calmée, assagie en quelque sorte par la molle tiédeur du climat, par un mélange intime avec notre flore tempérée aux sereines allures.

La population de la Horta a conservé jusque dans son costume quelques-uns des vieux usages. On est tout d'abord surpris de voir errer dans ses rues un nombre de religieuses beaucoup plus considérable que partout ailleurs. Ces nonnes sont uniformément revêtues d'un large manteau bleu foncé, sans manches, que surmonte un capuchon semi-circulaire de près d'un mètre de haut, maintenu dans sa forme rigide par un arc en baleine qui occupe sa région moyenne (fig. 36). Informations prises, les personnes que nous avons cru tout d'abord être des nonnes sont simplement des femmes d'ar-

tisans aisés; mais ici l'uniforme est de rigueur : toutes ont le
même manteau, et ce fameux manteau remplace dans la corbeille
de noce le cachemire de nos grand'mères.

Malgré leur superbe végétation, les Açores sont des îles volca-

Fig 56. — Une femme de Fayal, endimanchée, causant avec une femme
de San Miguel (Açores).

niques où l'activité souterraine est peut-être plus grande encore
qu'aux Canaries. Assez fréquemment les éruptions sous-marines
sont suffisamment violentes pour constituer des îles nouvelles, qui ne
résistent malheureusement pas à l'action des flots et dont la dernière

parut en juin 1867. A Fayal les cratères s'avancent jusque dans la mer, et l'un d'eux, la *Caldeira de Inferno*, ou Chaudière d'Enfer, sert parfois de refuge aux petits bateaux durant les tempêtes furieuses qui se déchaînent souvent autour de l'archipel. Le plus beau cratère, la grande Caldeira, est situé presque au centre de l'île. On y arrive facilement par des pentes douces couvertes de Mousses, de Lycopodes, de Bruyères, sous lesquelles les blocs de lave se devinent aux inégalités du sol qu'ils produisent. Rien ne décèle l'approche du cratère; tout à coup, parvenu au sommet des pentes, on se trouve en présence d'un colossal entonnoir, d'un immense gouffre ayant 2 kilomètres de diamètre et 400 mètres de profondeur. La crête qui l'entoure s'élève à 1022 mètres au-dessus du niveau de la mer. Les parois de l'entonnoir sont presque verticales, quoique inégales; une abondante végétation les recouvre; il n'existe qu'un seul passage, le lit étroit d'un torrent, par lequel il soit possible de descendre dans le cratère. Au fond de cette énorme vasque les eaux se rassemblent en une sorte de lac, qu'un ingénieur anglais a généreusement peuplé de poissons rouges, et tout autour, dans de verts pâturages, paissent tranquillement de superbes moutons. Deux cratères secondaires s'élèvent au-dessus du fond du cratère principal, l'un d'eux parfaitement régulier, l'autre couvert d'un impénétrable fourré, composé principalement de fayas, ces arbrisseaux si communs aux Açores et auxquels l'île doit son nom.

Si imposants qu'ils soient à Fayal, les phénomènes volcaniques n'y revêtent pas encore un aussi grandiose aspect qu'à San Miguel, la plus riche des neuf îles composant l'archipel des Açores. Là les éruptions volcaniques ne remontent pas à une date très ancienne. La dernière eut lieu en 1652, et l'on garde le souvenir de l'effondrement subit d'un plateau dans lequel sept villages furent engloutis d'un seul coup, laissant à leur place un lac nommé le lac de *Sete-Cidade* ou des Sept-Villes; on pourrait même dire deux lacs, unis seulement par un étroit chenal (fig. 37). Le lac emplit entièrement le fond de l'entonnoir dans lequel il est situé et dont les parois sont revêtues, comme celles de la Caldeira de Fayal, d'une riche végétation. Un charmant village entouré de bois est pittoresquement situé tout au bord de l'eau.

A Sete-Cidade on ne constate aucune trace d'une activité volcanique actuelle; il en est tout autrement à Furnas, à l'autre bout de l'île. Là aussi se trouve un lac rappelant celui de Sete-Cidade, mais

il est alimenté par une rivière d'eau chaude; des bulles de gaz
traversent incessamment ses eaux transparentes où vivent, malgré
les conditions défavorables que sembleraient devoir leur faire des
gaz méphitiques, un nombre assez considérable de plantes, des
potamogeton, et même de poissons. Sur les bords du lac une haute
colonne de fumée indique la place où jaillissent, comme d'une
fournaise, des gaz brûlants identiques à ceux qui constituent les
fumerolles du pic de Ténériffe. Une colline domine le lac, et là on
pourrait se croire en présence d'une perpétuelle éruption volca-

Fig. 37. — Le lac de *Sete-Cidade* à San Miguel (Açores)

nique. Le sol, formé de ponce désagrégée, est tout parsemé de
cristaux de soufre; un perpétuel grondement souterrain témoigne
de l'activité de la fournaise; par places apparaissent des puits
remplis d'une eau bouillante que soulèvent à grand bruit, comme
dans les geysers d'Islande, d'énormes colonnes de gaz (fig. 38).
L'eau est à la fois si chaude et si minéralisée qu'une enfant tombée
dans l'un de ces trous fut en une demi-heure réduite à son squelette, sans qu'il fût possible de la ressaisir. Les enfants jouent
d'ailleurs constamment autour de ces sources d'eau bouillante qui

sont presque au ras du sol, et s'amusent à en surexciter l'activité naturelle en jetant dans le puits des mottes de terre ou des cailloux.

Rien n'est plus émouvant qu'une promenade au clair de lune dans cette région des sources. Un immense brouillard aux allures fantastiques enveloppe la vallée; une chaleur humide semblable à celle d'une salle de fête vous pénètre, les vagues odeurs d'une atmosphère viciée vous enivrent, tandis que s'agitent, comme d'immenses fantômes au milieu d'un effroyable tumulte, les colonnes de vapeur qui s'élancent du sol. On rêve ainsi l'infernale vallée de Walpurgis.

Furnas est cependant la station élégante des Açores; ses sources sulfureuses et carbonatées, si soigneusement étudiées par M. Fouqué, l'illustre collaborateur de Charles Sainte-Claire Deville, ont été captées en partie et aménagées pour les besoins d'un établissement thermal. L'eau s'écoule par quatre fontaines avec un bouillonnement formidable; la vallée elle-même, grâce aux soins éclairés de deux riches propriétaires, M. Borghes et M. José do Canto, a été transformée en un vaste jardin où se pressent les plus splendides spécimens de la végétation des régions tropicales et tempérées.

Les plantes les plus rares, les essences des provenances les plus variées poussent côte à côte, avec une égale vigueur. L'Arbre-bouteille d'Australie y coudoie le *Ravenala* de Madagascar ou arbre du voyageur; les Cycas, les Zamia, les Gingko, s'y mêlent aux Araucaria et aux Dragonniers; les Fougères arborescentes de Bourbon, aux Dattiers, aux Chamærops et à une foule d'autres Palmiers, tandis que les fleurs éclatantes des tropiques jettent au milieu de toutes les pelouses la note insolente de leur couleur. Toutes les richesses végétales du globe semblent s'être donné rendez-vous; les animaux qui vivaient de leurs débris les ont suivies, de sorte qu'on trouve dans le sol des Açores, comme dans celui de Nice, des Vers de terre de tous les pays[1], excepté peut-être ceux d'Europe. Les entassements capricieux des blocs de lave ont produit mille accidents de terrain dont le plus habile parti a été tiré. Ici c'est une excavation profonde entre deux coulées, où l'air reste constamment dans une tiède moiteur, où les rayons du soleil n'arrivent qu'en filtrant à travers la vapeur d'eau : les Mousses, les Lycopodes, les

---

1. Notamment des *Pericheta*.

grandes Fougères y sont semés à profusion, et abritent mille plantes délicates qui fleurissent à leur ombre et imprègnent l'air de leur parfum. Là c'est une crête qu'escaladent les Bananiers, les Conifères et les Palmiers. Ailleurs, dans un pli de terrain qui serpente, se pressent en foule d'élégantes Graminées. Ah! les voilà bien les « îles fortunées » !

Rien n'est fertile, en effet, comme ce sol presque vierge, formé de détritus de laves, arrosé par d'abondantes pluies, et où la

Fig 58. — Les sources d'eau bouillante de Furnas à San Miguel (Açores).

végétation est favorisée par une température presque toujours égale. Rien n'est primitif cependant comme les instruments agricoles. Les charrois se font à l'aide de voitures dont les roues pleines sont tout simplement des disques coupés dans un tronc d'arbre, et l'on rencontre à chaque instant, sur les routes, des paysans qui vont à leurs affaires dans une sorte de chaise roulante, attelée d'un mouton.

Productives comme elles le sont, les Açores ont enrichi, on le pense bien, les heureux possesseurs de leur sol. Jusqu'à ces dernières années elles possédaient en quelque sorte le monopole de l'approvisionnement de l'Angleterre en oranges. Mais les oranges ont été malades une année, une seule : l'Espagne et l'Algérie ont pris possession des marchés anglais, et les ont en grande partie gardés.

En revanche, la culture des ananas prend chaque jour plus d'extension; mais cette culture doit être faite en serre chaude, et si les ananas sont d'une qualité dont la plupart des ananas mangés à Paris ne peuvent donner aucune idée, on ne saurait comparer les bénéfices qu'ils procurent à ceux que donnent les fruits d'un arbre qui pousse en plein vent. Le commerce des ananas ne saurait donc remplacer le commerce des oranges; mais ne plaignons pas trop les Açores : quand on possède un sol pareil, la vie est largement assurée.

Comment une terre volcanique est-elle devenue si fertile? Sans aucun doute les pluies torrentielles qui tombent sur ces îles sont la première cause de cette fécondité. Ces pluies désagrègent les laves, les scories, les ponces, les réduisent en sable fin, auquel il ne manque plus que des débris organiques de toutes sortes pour devenir productif. Les Algues, les Champignons, les Lichens, les Oiseaux de mer, les vagues, le vent lui-même, apportent ces débris, et la terre devient habitable. Mais la pluie recommence son œuvre; elle continue à raviner les plaines de sable, et y découpe des pyramides, des pans de murailles, qui donnent en certaines régions l'illusion des ruines d'une grande ville, et rappellent en petit les étranges constructions naturelles des mauvaises terres du Nébraska. Tel est l'aspect des gorges de Cuvâos, à quelques kilomètres de Furnas.

D'ailleurs les Açores n'ont pas toujours eu cette fertilité; si l'on peut aujourd'hui considérer ces îles comme le lieu de rendez-vous des flores de tous les pays, comme un vaste musée botanique, il n'en a pas toujours été ainsi. Il fut un temps où presque toutes les plantes, presque tous les animaux des Açores étaient européens; quelques-uns ne se trouvaient pas en dehors de l'archipel, un très petit nombre provenaient manifestement d'Amérique. Cette prédominance des animaux européens a suscité bien des controverses au sujet de l'origine des Açores. On a voulu y voir la preuve que ces îles ont été autrefois reliées à l'Europe; mais les îles océaniques de Saint-Paul, des Açores, de l'Ascension ont entre elles une intime liaison; elles sont distribuées sur une chaîne de montagnes occupant la région médiane de l'Atlantique et dont elles sont les plus hauts sommets. Il faudrait un soulèvement de plus de 4000 mètres pour combler le chenal qui sépare cette chaîne de l'Europe, et ce soulèvement relèverait en même temps Madère, les Canaries et les îles du Cap-Vert. Sans doute de tels soulèvements sont possibles. Les Alpes ne remontent qu'à une époque relativement récente de la vie de notre planète, et dans la première partie de l'époque tertiaire les Pyrénées étaient couvertes par la mer. Mais rien dans la constitution géologique des archipels océaniques, si bien étudiée par M. Fouqué, n'autorise à penser qu'ils aient jamais été portés à une altitude qui, pour le pic de Teyde par exemple, serait presque le double de celle du mont Blanc.

Aucune trace de l'Atlantide, cette terre située entre l'Europe et l'Amérique qu'auraient visitée les anciens Phéniciens, n'a pu être retrouvée, et tout indique que les archipels que nous venons de visiter ont été édifiés pièce à pièce, sur la crête de montagnes sous-marines, semblables aux chaînes sur lesquelles se distribuent les volcans littoraux. On a d'ailleurs la preuve que plusieurs de ces îles étaient d'abord fragmentées en îlots, qui ont été peu à peu réunis ; que quelques-unes ont éprouvé des soulèvements locaux, et que des sommets cachés, actuellement en construction, pour ainsi dire, attendent sous les flots qu'une éruption nouvelle leur donne droit de cité parmi les terres stables.

Notre excursion à Furnas fut la dernière de notre séjour aux Açores, et au sortir du lunch que M. do Canto, propriétaire du lac et des sources minérales, nous avait offert, nous prîmes congé du Vichy des Açores. Des voitures légères, attelées de trois mules, nous reconduisirent, après six heures de trajet, sur des routes dont les pentes sont invraisemblables, à la côte où le *Talisman* nous attendait sous vapeur, prêt à partir. Nous n'avions plus que onze coups de drague à donner, mais ils devaient compter parmi les plus intéressants de la campagne. Une première opération tentée à 4415 mètres réussit complètement. Nous recommençons tous les jours par 3975 mètres, 4060, 4165, 4255, 4787, 4975, enfin 5005 mètres, la plus grande profondeur qui soit à notre disposition.

Notre dernier coup de drague est plus modeste, 1480 mètres seulement. C'est en face de la Charente, au pied même de la fa-

laise qui court le long des côtes de France ; le lendemain nous
devons être rentrés : nous lançons la drague par acquit de conscience. O surprise ! elle revient couverte d'Encrines, ces lis de
mer qu'on a crus si longtemps disparus et qu'on allait chercher
jusqu'aux Antilles. Il en existe une prairie en face même de Rochefort. Et avec elles, quelles richesses nous rapporte le filet qui
avait cependant traversé une forêt de Madrépores et, déchiré par
leurs branches, était revenu en lambeaux ! Écoutez plutôt l'énumération, pourtant rapide et incomplète, qu'en donne le commandant
Parfait d'après ses notes de bord : « deux petites Galatées, *Salenia*, *Archaster*, Ophiures, splendides Comatules, Siponcles, *Meger-
lia*, *Solarium*, *Pecten*, *Doris*, Térébratules, *Mopsea*, énormes débris
de Coraux, Gorgones magnifiques ».

C'était là un beau couronnement pour nos travaux. Le lendemain
51 août, le *Talisman* était amarré dans le port de Rochefort :
l'œuvre d'exploration était terminée. Le succès inattendu qu'a obtenu
à Paris l'exposition des représentants du monde sous-marin ramenés
par ses dragues est un sûr garant de l'intérêt qui s'attache à
l'étude de ce monde nouveau et comme une invitation à la poursuivre. Mais l'ère des explorations n'est pas encore fermée, espé-
rons-le du moins, pour la science française.

LIVRE III

L'OUTILLAGE

CHAPITRE I

LES RECHERCHES A EFFECTUER.

Nous avons appris à connaître dans les livres précédents l'histoire des grandes explorations sous-marines. Nous savons quelles recherches la science a pu effectuer, et quels efforts ont été tentés pour arracher aux abîmes de la mer les secrets qu'ils tenaient depuis si longtemps cachés.

Il nous faut maintenant entrer avec plus de détail dans l'étude que nous avons entreprise, préciser les différentes parties du problème que l'on s'est proposé de résoudre, rechercher quels procédés ont été mis en œuvre pour en obtenir la solution, et enfin exposer les résultats généraux déjà acquis à la science par les découvertes qui ont été faites.

Nous connaissons déjà d'une manière tout à fait générale l'énoncé du problème complexe qui a été soulevé relativement à l'étude des grandes profondeurs. Trois questions distinctes sont contenues dans cet énoncé : la topographie des fonds sous-marins ; les conditions physiques dans ces grands fonds ; l'existence, la composition et l'origine de la faune sous-marine

Depuis longtemps la géographie sous-marine, l'hydrographie, a une place distinguée parmi les sciences. Depuis longtemps de nombreux sondages ont été effectués par les ingénieurs de toutes les marines du monde, pour chercher à connaître la profondeur de la mer en divers points de l'océan. Mais longtemps aussi on s'en est tenu, pour la détermination des profondeurs, au voisinage des côtes. Là seulement le problème paraissait avoir un intérêt pratique. Il s'agissait surtout de reconnaître les parages où il est dangereux pour un navire de s'aventurer. Ces parages sont tous évidemment plus ou moins voisins du littoral. En haute mer on peut aller sans crainte, et qu'importe, même sur le littoral, la profondeur exacte quand on a dépassé une certaine limite? Cela explique l'imperfection des appareils de sondage dont on s'est longtemps servi, le peu d'empressement qu'on a mis à les construire meilleurs, à en rendre même l'emploi possible pour de grandes profondeurs.

Ce ne fut que lorsqu'on songea à établir des câbles télégraphiques immergés au fond des mers, que l'on reconnut la nécessité de mesurer d'une façon plus précise la profondeur de chaque point. Un câble immergé doit en effet reposer partout sur le fond même de l'Océan, sous peine d'être exposé à de continuelles chances de rupture; il faut donc connaître exactement la configuration du sol sur lequel il appuie. Ce n'est pas tout encore : on doit rechercher la nature de ce sol, et il est indispensable pour cela que l'appareil de sondage puisse recueillir un échantillon de la terre immergée. Depuis qu'on s'occupe de l'étude rationnelle des fonds de la mer, cette condition est devenue l'une des plus importantes que doive remplir un appareil de sondage. Pour y parvenir, ces appareils ont été peu à peu modifiés et compliqués; les résultats qu'on peut en attendre sont maintenant dignes de la plus entière confiance, et c'est en vue de l'étude de la faune sous-marine que leur dernier degré de perfection a été réalisé.

Ce sont de simples sondages qui ont fait connaître les premiers échantillons d'êtres vivant à de grandes profondeurs; mais, pour la recherche de ces êtres, le *sondage*, absolument indispensable d'ailleurs, n'est que l'opération préliminaire, celle qui doit précéder et préparer le *dragage*. Draguer, c'est promener sur le fond de la mer des filets ou autres engins appropriés, qui emprisonnent dans leurs mailles les différents produits que l'on peut y rencontrer. Les dragages constituent, dans de pareilles expéditions, la partie la plus longue et la plus importante du travail scientifique. Quand on songe à la profondeur que l'on a pu atteindre au moyen de la drague, à la difficulté qu'il y a de diriger un pareil engin à de semblables profondeurs, on reste frappé de l'immensité de l'œuvre accomplie, de la grandeur de la science qui a pu, dans ces abîmes réputés insondables, découvrir un monde nouveau, peuplé d'innombrables habitants dont l'existence semblait devoir nous être éternellement cachée, grâce à l'énorme distance qui les sépare de nous. La drague est la « main de l'homme appliquée sur le fond des abîmes ». Elle en est revenue chargée de richesses, et pleine de promesses plus merveilleuses encore. Et pourtant l'appareil qui sert encore aujourd'hui pour les grands dragages ne rapporte que bien peu de choses, comparé à ce que nous cache l'Océan. C'est une goutte d'eau de la mer qu'on retire à chaque fois, et, si l'on considère l'étendue des espaces que l'Océan recouvre et la multitude des êtres qui les habitent, il faut bien avouer que ce qui a été fait est peu de chose en comparaison de ce qui reste à faire. Mais ce ne peut être là un motif de découragement pour l'homme de science, dont l'ardeur et l'enthousiasme sont désormais doublement excités par la conscience de ce qui demeure encore inconnu et par la grandeur des résultats réalisés.

Il ne suffit pas d'avoir recueilli de plus ou moins nombreux représentants de la faune abyssale, il faut encore déterminer les conditions du milieu où ils sont placés. Ces conditions peuvent être de deux ordres; il y a à considérer d'une part les conditions physiques : la température, la pression, la quantité de lumière pénétrant au fond de la mer, les courants qui sillonnent ce fond, la densité de l'eau; d'autre part, la constitution chimique du milieu, les sels, les gaz contenus dans l'eau. Pour déterminer ces différentes données, un certain nombre d'appareils sont nécessaires : des thermomètres, des manomètres, des appareils photographiques, immergeant dans l'eau des papiers impressionnables et déterminant ainsi la quantité de lumière; enfin des bouteilles rapportant hermétiquement enfermés des échantillons de l'eau prise dans la mer à une profondeur déterminée.

En résumé, pour que nous puissions nous rendre un compte exact de l'outillage nécessaire pour une exploration sous-marine, quatre groupes d'appareils principaux doivent nous occuper :

1° Les sondeurs; 2° les dragues; 3° les appareils servant à déterminer les données physiques; 4° les bouteilles à eau.

La description de ces instruments fera l'objet de ce troisième livre, où nous nous proposons d'exposer en même temps les résultats aujourd'hui connus au point de vue physique et au point de vue topographique, nous réservant de traiter avec plus de détails, dans les livres suivants, les découvertes récentes de la zoologie sous-marine.

CHAPITRE II

LES SONDAGES

Les appareils de sondage primitifs. — Sondeur de Brooke. — Sondeurs du *Lightning*, du *Bull-Dog*, du *Porcupine* et du *Challenger*. — Installation des appareils de sondage à bord du *Talisman*. — Caractères de la topographie du fond de l'Atlantique et de la Méditerranée. — Notions acquises relativement au Pacifique. — Mode de plissement de l'écorce terrestre.

Une sonde se compose essentiellement d'un fil résistant supportant à une extrémité un poids qu'on laisse couler dans la mer à l'endroit où l'on veut en mesurer la profondeur. Lorsque le poids touche le fond, la corde cesse d'être tendue, et, prévenu de la sorte, on n'a plus qu'à mesurer la longueur de la corde déroulée pour avoir la profondeur que l'on cherche. C'est à cela, en effet, que se réduisaient les premiers sondages. Le poids était un lourd cylindre de plomb, dont la partie inférieure était évidée; au moment du sondage, on emplissait la portion creuse de graisse ou de suif, dont le rôle était de retenir quelques fragments du sol sur lequel tombait le poids.

Au premier abord, rien n'est donc plus simple qu'un sondage, et pour les petites profondeurs ce procédé est largement suffisant. La corde est enroulée sur un treuil, et porte des repères colorés équidistants, qui facilitent la mesure. Il suffit de compter le nombre de repères immergés pour savoir quelle longueur de fil de sonde a été filée. Pour les sondages profonds on a d'abord modifié seulement le dispositif qui permet de retirer un échantillon du sol sous-marin. Le plomb de sonde A (fig. 39) est traversé par une tige de fer, C terminée en haut par un anneau où la corde est attachée, et portant à la partie inférieure un godet conique B; c'est le récipient qui doit rapporter l'échantillon du fond; sur la partie libre de la tige de fer glisse sans frottement un disque de cuir D. Pendant la descente, sous l'action de la résistance de l'eau, le disque reste soulevé, et, lorsque le poids arrive au fond, la coupe B peut se remplir; au contraire, pendant que le sondeur remonte, la même résistance de l'eau applique le disque contre les bords de la coupe, dont le contenu ne peut plus que difficilement s'échapper. Ces procédés simples ne peuvent être employés que dans des sondages peu profonds. Ils sont impraticables lorsqu'il s'agit de profondeurs plus grandes. D'abord l'échantillon rapporté est insignifiant; de plus, pendant la longue durée de l'ascension, le petit récipient, constamment exposé au frottement de l'eau environnante, se vide souvent peu à peu et revient sans rien rapporter. Enfin, l'opération du relèvement de la sonde devient elle-même d'une difficulté inouïe, car au poids du sondeur lui-même s'ajoute le poids de toute la corde déroulée, qui entre pour un facteur considérable dans la résistance qu'il faut vaincre pour ramener la sonde à bord.

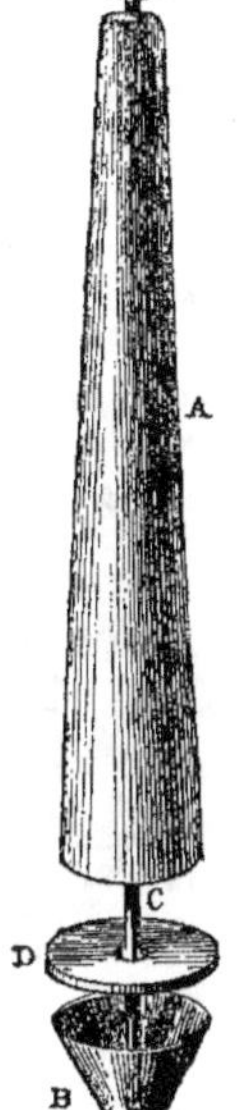

Fig. 59. — La sonde à coupe.

On a donc dû modifier la sonde primitive. On a essayé de se passer du fil de sonde et de la double opération si pénible de l'immersion et du relèvement, mais les procédés imaginés sont plus originaux que précis. Qu'on en juge par celui de M. de Tessan. Ce savant ingénieur hydrographe a proposé de jeter dans la mer une bombe chargée; celle-ci éclate en touchant le fond, et, si l'on a compté le temps qui s'est écoulé entre l'instant de la chute de la bombe et celui où le bruit de la détonation est parvenu à l'oreille, on peut théoriquement calculer la distance du fond. Cela suppose que l'on connaît la loi du mouvement de la bombe dans sa chute et la vitesse de la propagation du son dans l'eau de mer. Or ces données varient d'un endroit à l'autre, d'un jour à l'autre, avec la composition de l'eau, avec l'état de calme ou d'agitation de la mer, et même suivant qu'il existe ou non des courants; on ne peut espérer les connaître avec assez de précision pour les faire servir de base à des mesures exactes.

Tous les appareils de sondage employés aujourd'hui dérivent plus ou moins directement de l'appareil imaginé en 1854 par Brooke, aspirant dans la marine des États-Unis. C'est le plomb de sonde,

mais modifié de façon que le poids qui le chargeait pour déterminer sa chute se détache dès qu'il arrive sur le sol, et qu'on n'ait plus à remonter que le sondeur déchargé de son lourd fardeau. Le moyen employé est extrêmement simple. Le sondeur A (fig. 40), creusé à son extrémité inférieure B, d'une grande cavité remplie de suif, porte à son extrémité supérieure deux bras mobiles D, par l'intermédiaire desquels il s'attache au fil de sonde. Tant que la corde supporte le sondeur, ces deux bras, retenus par la tension de celle-ci, sont relevés verticalement. Ils portent une encoche profonde qui constitue, dans cette position, le suspenseur du poids qui charge le sondeur. Ce poids est un boulet E percé suivant un diamètre d'un trou cylindrique dans lequel s'engage le sondeur; il est supporté par un disque de cuir C, également traversé par le sondeur, et retenu lui-même par des cordes dont les boucles terminales s'accrochent aux dents des bras mobiles. Lorsque le sondeur a touché le fond par son extrémité B, le poids continue à faire filer la corde de sonde; alors les deux bras mobiles s'abaissent (fig. 41), les encoches ne peuvent plus retenir les boucles des cordes, et le boulet se détache, abandonnant le sondeur, qui remonte allégé et rapportant dans sa cavité un échantillon du sol sur lequel il s'est abattu.

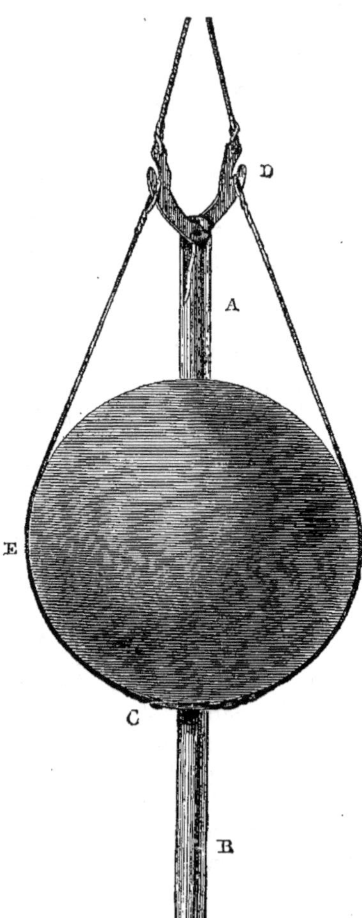

Fig. 40. — Sondeur de Brooke pendant la descente.

Les modifications qu'on a fait subir à la sonde de Brooke ont surtout pour but de permettre à l'appareil d'emporter du fond une plus grande quantité de matières et de la conserver pendant toute son ascension. De plus le boulet a été remplacé depuis par des poids construits de manière que l'eau leur présente une moindre résistance.

Telle est par exemple la machine à sonder du *Lightning* (fig. 42), où les matériaux témoins pris au sol sont placés dans une boîte A, fermée pendant le relèvement par un couvercle B, qui lui-même reste immobile et sur lequel viennent s'appliquer par un mouvement de rotation les bords de la boîte A. La figure 42 représente ce sondeur dans la position de l'immersion. La boîte A est maintenue ouverte par la tige D, que retient le crochet F. Lorsque la sonde est au fond, le poids E a pour effet de la coucher sur le côté; il se détache en décrochant en même temps le barreau de fer D, et la boîte dont le bord aigu en forme de fer de bêche est parfaitement disposé pour s'enfoncer dans le sol se remplit des matériaux du fond. Quand on relève la sonde, la tige D, en raison de son poids, pend dans la

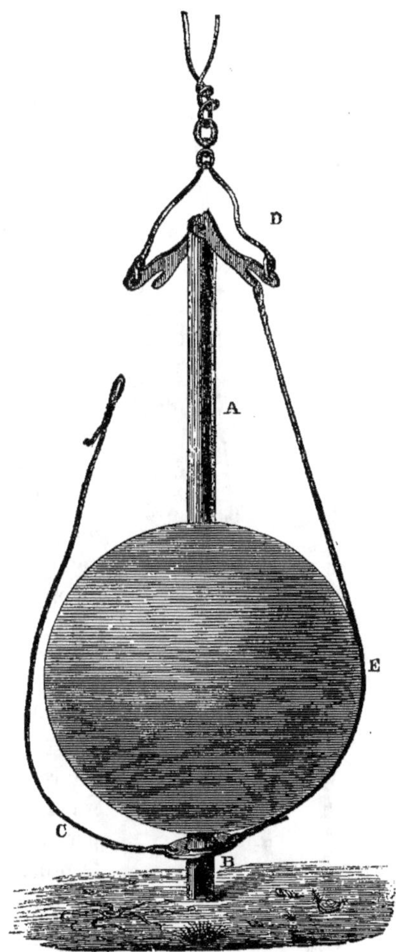

Fig. 41. — Sondeur de Brooke arrivé au fond, au moment où le poids se détache.

direction verticale au-dessous de la boîte A, qui est amenée par cela même à s'appliquer contre son couvercle.

Un peu différent est le principe d'après lequel fut construite la sonde du *Bull-Dog*, qui fit en 1860 une longue croisière de sondage dans l'Atlantique du Nord, et à bord duquel Wallich exécuta ses recherches sur la faune abyssale. L'appareil qui rapporte l'échantillon est formé de deux boîtes ayant la forme de demi-cylindres, et pouvant s'écarter ou s'appliquer l'une contre l'autre, de manière à former un cylindre complet (fig. 43). Elles sont commandées, de l'autre côté du pivot, par des oreillettes dont l'écartement et le rapprochement entraînent des mouvements analogues des branches de la pince, comme cela a lieu pour les tiges d'une paire de tenailles; à l'état normal, ces branches sont serrées par un anneau de caoutchouc B, dont l'effet est d'appliquer bord à bord les deux demi-cylindres l'un sur l'autre. Dans la position de descente que représente la figure 43, les branches sont maintenues écartées par le poids C lui-même dont l'extrémité vient s'insérer entre les deux oreilles. Ce poids est retenu par une corde D qui le traverse dans toute sa longueur, s'attache par son extrémité inférieure au pivot de la pince, tandis que sa boucle supérieure est retenue par un dispositif tout spécial. A la corde de la sonde sont en effet attachés deux crochets E dont la forme est celle d'un J, et qui sont mobiles autour d'un pivot passant par le point d'union de la branche verticale du J et de sa

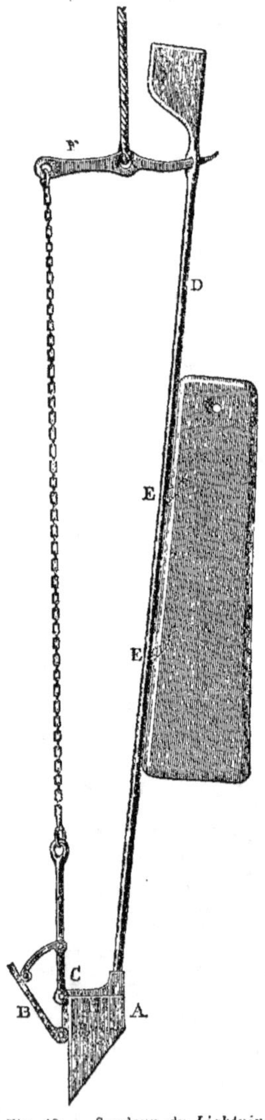

Fig. 42. — Sondeur du *Lightning*.

crosse. Les crosses des deux J sont affrontées l'une à l'autre, de manière à former un anneau, lorsque leur partie rectiligne est horizontale; c'est dans cet anneau qu'est retenue la boucle supérieure de la corde D. Lorsque le sondeur a touché le fond, la tension de la corde D cesse, les parties rectilignes des J, relativement lourdes, se rabattent verticalement, l'anneau se défait, et la corde D peut se détacher. Le poids qui tombe alors est abandonné sur le fond, pendant que la lame de caoutchouc B force les branches de la pince à se resserrer, en emprisonnant la vase ou les pierres qui jonchent le sol. La pince est alors retirée au moyen de la corde F qui la relie directement au fil de sonde.

La sonde employée par le *Challenger* se rattachait plus directement à la sonde de Brooke. C'était un tube creux dans toute sa longueur, divisé en quatre tronçons par des soupapes s'ouvrant de bas en haut. Une dernière soupape s'ouvrant dans le même sens fermait l'extrémité inférieure du tube sondeur. Dans le tronçon supérieur se mouvait à frottement dur un piston, dont la tige portait deux encoches où se plaçaient les fils qui supportaient les poids. Lorsque le sondeur

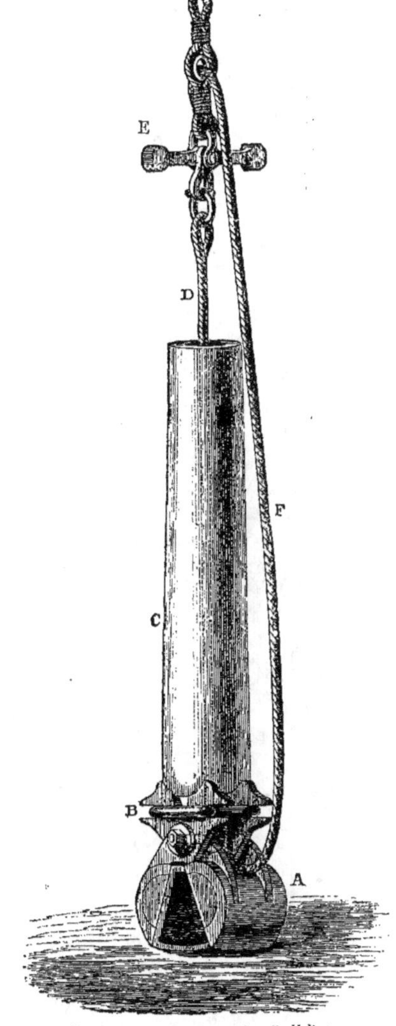

Fig. 43. — Sondeur du *Bull-Dog*.

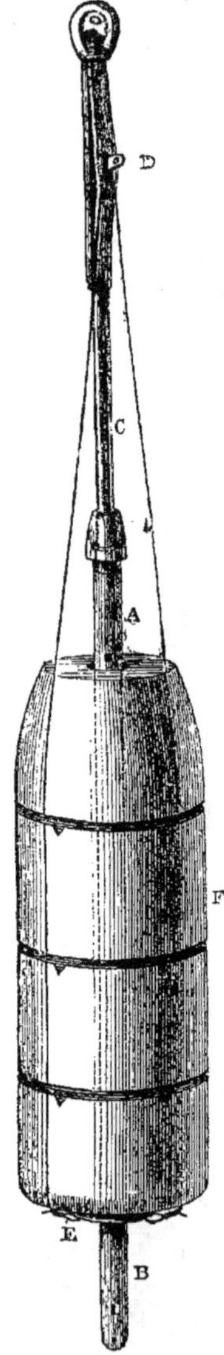

Fig. 44. — *L'Hydre*, sondeur du *Porcupine*, employé aussi au début de la campagne du *Challenger*.

descendait, le piston était en haut de sa course; l'eau pénétrant par l'ouverture inférieure traversait successivement les quatre tronçons et sortait par des trous percés dans la paroi latérale du tronçon supérieur. Sur le tube sondeur étaient enfilés des poids cylindriques dont le premier reposait sur un anneau rattaché par deux fils de fer aux encoches du piston. Lorsqu'une pareille sonde touche le fond, le poids produit deux effets. D'une part, il appuie le sondeur sur le sol, et force les matériaux qui constituent celui-ci à pénétrer dans le tube; ces matériaux sont retenus dans les différentes cavités du tube par les soupapes qui les ferment. D'autre part, le poids presse sur le piston et l'enfonce dans le tube; l'eau que celui-ci contenait s'échappe soit par les trous latéraux, soit par une ouverture creusée dans l'épaisseur même du piston. Comme le jeu du piston est très dur, et qu'il a de plus à vaincre la résistance de l'eau, son mouvement de descente est relativement lent; aussi l'action du poids se fait-elle sentir plus longtemps, et le sondeur peut dès lors prendre une plus grande quantité de matériaux. Enfin, lorsque le piston s'est enfoncé jusqu'à ce que les encoches soient au niveau de l'orifice supérieur du tube, celui-ci soulève les fils qui se détachent, les poids tombent, et l'on n'a plus qu'à relever la sonde. Ce sondeur est une modification légère du sondeur appelé l'*Hydre* (fig. 44) qui avait été employé sur le *Porcupine* et dans la première partie de la croisière du *Challenger*. Dans l'Hydre primitive le détachement des poids était produit par la détente d'un ressort repoussant le fil que supportait la dent D.

Ces sondeurs donnèrent d'excellents résultats. Mais celui qui fut employé dans le cours des expéditions françaises, et qu'il nous reste encore à décrire, est plus simple et donne des résullats au moins aussi satisfaisants. C'est encore un tube fermé à sa partie inférieure par deux clapets s'ouvrant *de bas en haut* en ailes de papillon (fig. 45) ; ces clapets sont munis extérieurement de deux oreilles horizontales quand la soupape est ouverte, rabattues verticalement au-dessous du tube, quand elle est fermée. Le système d'attache et de déclenchement des poids est le même que dans le sondeur du *Challenger*. Les oreilles des clapets sont maintenues horizontales par deux ficelles que l'on attache à l'anneau chargé de soutenir les poids P. Au moment où le sondeur touche le fond, les poids se détachent. Quand le sondeur remonte, ces mêmes poids glissent le long du tube, rabattent, en passant, les oreilles des clapets et achèvent de fermer ces derniers en tirant sur les ficelles attachées à l'anneau qu'ils poussent devant eux. Ces ficelles se rompent sous leur effort, et finalement les poids tombent sur le sol.

Tels sont les appareils de sondage qui ont été employés pour l'exploration des grands fonds de la mer. Il nous reste à étudier les procédés grâce auxquels on peut, à l'aide de ces instruments, mesurer les profondeurs. Nous décrirons seulement les procédés perfectionnés qui furent employés à bord du *Talisman*, dans sa campagne de 1883 ; grâce à eux, les sondages furent d'une rigoureuse exactitude, et l'on peut dire, avec le commandant Parfait, que ces mesures ont été obtenues au mètre près.

Le sondeur était attaché à l'extrémité d'un fil d'acier d'un millimètre, semblable à ceux qu'on appelle communément *cordes à piano*. Il remplaçait avec avantage l'ancienne corde de chanvre, qui était plus pesante, plus grosse, et dès lors subissait l'action de tous les courants sous-marins, en même temps qu'elle rendait nécessaire pour le relèvement du sondeur l'emploi d'une force considérable. L'idée de cette substitution est due à William Thomson ; mais la sonde en fil d'acier fut employée pour la première fois par le commandant Belknap

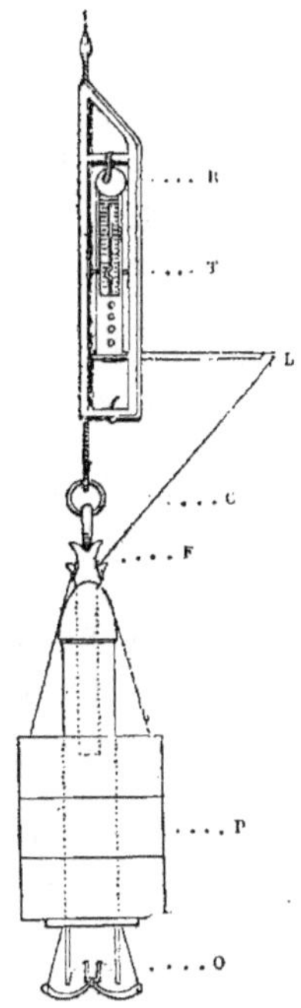

Fig. 45. — Sondeur et thermomètre à retournement du *Talisman*, au moment de la descente.

dans la belle série de sondages exécutée en 1873 par le *Tuscarora*, de la marine des États-Unis, en vue de l'établissement d'un câble télégraphique entre San Francisco et Iokohama. Elle a constamment servi aux opérations du *Blake* dans la mer des Antilles; c'est elle aussi qui a été installée à bord du *Travailleur* et du *Talisman*. Le fil d'acier employé n'a pas 3 millimètres de circonférence, et son poids au kilomètre est inférieur à 7 kilogrammes. Grâce à ses petites dimensions il n'offre à l'eau qu'une très faible prise; il descend dès lors presque verticalement. Sa résistance, d'ailleurs, est considérable, puisqu'il peut supporter sans se rompre l'énorme poids de 140 kilogrammes. Pour l'empêcher de s'oxyder, ce fil passait d'abord sur la gorge d'une poulie fixe convenablement graissée, d'où il se rendait sur un treuil, mû par une machine à vapeur, et qui portait 8000 mètres de fil de sonde. A cette partie fondamentale, qui est pour ainsi dire le squelette de l'appareil de sondage, venaient s'en ajouter deux autres, accessoires sans doute, mais qui n'assurèrent pas moins d'une façon absolue l'exactitude des mesures. C'était d'abord un compteur qui inscrivait lui-même la longueur du fil déroulé. A cet effet, le fil, en quittant le treuil (fig. 46), passait sur un rouet R ayant exactement 1 mètre de circonférence. A l'axe de ce rouet étaient engrenées par une vis sans fin deux roues, l'une marquant les unités, l'autre les centaines. On pouvait ainsi compter de 1 à 1000, et, comme la circonférence du compteur était de 1 mètre, le nombre de tours de roues marquait immédiatement la profondeur atteinte.

L'autre dispositif réglait automatiquement la vitesse avec laquelle le fil se déroulait, et arrêtait le déroulement dès que la sonde touchait le fond. Les mouvements de roulis modifient constamment la tension du fil de sonde pendant la descente. Suivant que le bateau est entraîné, par ces mouvements, du côté où plonge le sondeur ou en sens inverse, cette tension devient alternativement moindre ou plus considérable. Si la vitesse de déroulement demeurait constante, le fil risquerait de se rompre lors des fortes tensions; il aurait au contraire des chances de s'embrouiller quand la tension diminue, et il se produirait alors de ces nœuds que les marins appellent des *coques* et qui, en même temps qu'ils enlèvent de la précision aux résultats, altèrent considérablement la solidité du fil de sonde. Tous ces inconvénients étaient prévenus, grâce au dispositif imaginé par M. l'ingénieur des constructions navales Thibaudier. Le

fil de sonde passait du rouet du compteur R sous un chariot
mobile C, qu'on pouvait charger de poids convenables, et qui
glissait sur des rails fortement inclinés. Ce chariot, par l'intermédiaire d'une corde D, commandait à un levier L, qui était la partie
essentielle du frein. Entre son point fixe et le point d'attache de
la corde qui le reliait au chariot s'insérait l'extrémité d'un ressort
en fer à cheval, qui passait sur une poulie p fixée au treuil T, et
dont l'autre extrémité était tout à fait fixe. Ce ressort, suivant la
position du levier, pressait plus ou moins sur la poulie p, et permettait de la sorte au déroulement une vitesse plus ou moins
grande. Lorsque la ten-
sion du fil augmentait,
le chariot remontait
sur les rails et, par
une transmission fa-
cile à comprendre,
desserrait le frein. C'é-
tait le contraire lors-
que la tension dimi-
nuait.

Lorsque le sondeur
a touché le fond, la
tension du fil de sonde
n'est plus due qu'au
seul poids du fil ; le
poids du chariot que
l'on règle de façon à
être environ le double

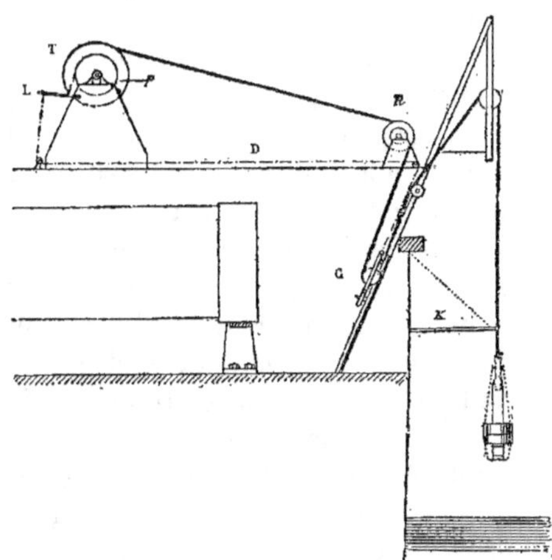

Fig. 46. — Dispositif de l'appareil de sondage à bord
du *Talisman*.

du poids de fil de sonde qu'on présume devoir être déroulé l'emporte,
le chariot descend au bas de sa course, et le frein arrête automatiquement d'une manière complète le mouvement du treuil. On
n'a plus alors qu'à remonter le fil au moyen de la machine à
vapeur.

La vitesse de déroulement était d'environ 200 mètres par minute
au commencement de la descente du poids ; mais cette vitesse
allait en diminuant à mesure que le déroulement avançait ; car,
malgré le poids du fil qui s'ajoutait au poids de la sonde, la résistance de l'eau croissait tellement qu'au delà de 2000 mètres la
vitesse finissait par se réduire à environ 125 mètres par minute.

Aussi était-on souvent forcé d'alléger le chariot du frein lorsque le sondeur avait parcouru une certaine longueur.

La manœuvre de l'appareil (fig. 47) était extrêmement simple, grâce à tous ces perfectionnements ingénieux. Le navire était immobilisé autant que possible pendant toute la durée de l'opération. Le sondeur était disposé à l'avance sur le flanc du bâtiment, chargé de ses poids, et maintenu hors de l'eau par un matelot. Le maître de timonerie attendait, la main sur le frein, que l'officier chargé de la manœuvre donnât l'ordre de lâcher tout. Le déroulement commençait alors, et, lorsque l'appareil s'était spontanément arrêté, on n'avait plus qu'à lire sur le cadran du compteur la profondeur atteinte.

Il nous resterait à coordonner maintenant les résultats que la science a pu acquérir par ces procédés si délicats, relativement à la topographie générale du fond de l'Océan. Malheureusement il est encore impossible de grouper ces résultats de manière à en constituer un ensemble satisfaisant. Les anciens sondages ont été faits suivant les besoins ou la curiosité de chaque commandant de navire sans aucun lien méthodique ; ils sont distribués tout à fait au hasard sur la carte des mers et trop espacés pour être facilement reliés entre eux. On n'a aucune garantie de leur exactitude, ils ne sont pas comparables entre eux et il serait illusoire d'essayer de les combiner avec ceux qu'ont fournis les méthodes perfectionnées employées en dernier lieu. Ces derniers sondages sont eux-mêmes trop peu nombreux pour nous donner une idée de la configuration du fond des mers ; les cartes qu'a dressées l'Amirauté allemande en combinant les indications connues avec certaines idées théoriques sont d'une telle inexactitude qu'elles n'ont pu être d'aucune utilité pour le *Talisman*. A l'heure actuelle, la profondeur de la mer n'étant connue presque partout que par approximation ou même étant totalement inconnue, il serait puéril de chercher à tracer une carte du sol sous-marin aussi exacte et aussi détaillée que celles que l'on a données pour les terres continentales. Cependant la Méditerranée et l'océan Atlantique, plus à la portée des investigations des nations civilisées, sont un peu plus familiers aux hydrographes. L'Atlantique, qui a été sillonné par tant d'explorations récentes, et que le *Challenger*, à lui seul, a traversé par cinq fois en le fouillant constamment de sa sonde infatigable, la Méditerranée, sur le fond de laquelle courent de si nombreux câbles sous-marins, ont

Fig. 47. — Un sondage à bord du *Talisman*.
(D'après une photographie de M. le professeur Léon Vaillant.)

dû livrer leurs secrets, et l'on a pu tracer les grandes lignes de leur relief d'une façon approchée sans doute, mais suffisamment nette pour donner une idée de la constitution orographique de leur sol.

L'Atlantique n'est pas, comme on pourrait le croire au premier abord, et comme on a quelque tendance à se l'imaginer, une vaste cuvette dont la profondeur, maximum vers une partie plus ou moins voisine du centre, irait en diminuant graduellement à mesure qu'on se rapprocherait des bords. Immense canal dont les rivages, formés par les deux continents, se développent d'un océan polaire à l'autre, contournés comme deux serpents à ondulations parallèles, l'Atlantique est traversé dans toute sa longueur par un immense plateau, qui court lui-même parallèlement à ses deux bords. Ce plateau, long et étroit, divise en deux bassins le lit de l'Océan, et s'élargit à ses deux extrémités. Au sud il forme le *plateau du Challenger*, qui, se relevant peu à peu, va se raccorder avec le sol moins profond de l'océan Glacial antarctique. Relié au *plateau du Challenger* par la bande immense du *plateau de Jonction*, s'étend dans l'Atlantique nord le *plateau du Dolphin*, qui s'élargit bien davantage, et dont les bords très découpés envoient des promontoires dans toutes les directions. Çà et là, sous l'influence d'actions volcaniques violentes, se sont produites d'énormes protubérances. Les nombreux écueils rayonnant autour de l'archipel des Açores, qui doit lui-même son existence aux éruptions sous-marines, sont autant de témoins des cataclysmes qui ont déchiré et qui troublent encore parfois le fond de la mer en ces parages. Au nord des Açores le plateau s'élargit encore, et c'est sur la plaine immense qu'il forme, des îles Britanniques aux côtes américaines, plaine connue sous le nom de *plateau Télégraphique*, qu'ont été déposés les nombreux câbles qui relient l'un à l'autre les deux continents. Plus loin encore le plateau se relève, et, désormais divisé en deux tronçons par le Groenland, il se relie d'une part au col du chenal peu profond dont l'Islande occupe le centre et qui sépare l'Angleterre du Groenland, tandis qu'à l'ouest il retrouve le fond du détroit de Davis, dont la profondeur ne dépasse pas 600 mètres.

Si, pour terminer cet aperçu de la topographie de l'Atlantique, nous ajoutons que le plateau de Jonction est relié à la côte de la Guyane par un haut-fond dont la profondeur ne dépasse pas 3000 mètres, nous pourrons dire que le fond de l'Atlantique est divisé en trois dépressions, dont l'une, située à l'est du plateau, court tout le long de l'ancien continent. C'est la partie la moins profonde de l'Océan. La sonde n'y dépasse guère 6000 mètres. La partie occidentale comprend au contraire deux dépressions: l'une, la dépression du sud-ouest, s'étend tout le long de la côte du Brésil; l'autre, qui baigne les Indes occidentales, s'étend jusqu'au banc de Terre-Neuve. C'est là que se trouvent les points les plus bas de l'Atlantique et, chose remarquable, ce n'est pas au centre de la dépression, mais bien tout près de cette bande exhaussée dont les sommets ont produit les Antilles, que le *Challenger* a découvert le point où le bassin de l'Atlantique dépasse 8000 mètres de profondeur.

La Méditerranée peut de même se diviser en plusieurs bassins secondaires. Si par un cataclysme violent ses eaux s'abaissaient soudain de 200 mètres, elles se diviseraient en trois nappes distinctes : la Sicile s'unirait à l'Italie et à l'Afrique; les Dardanelles et le Bosphore se fermeraient; la mer Noire et la mer Égée, devenues deux lacs, seraient privées de toute communication, tandis que la Méditerranée occidentale serait un grand golfe de l'océan Atlantique, avec lequel elle communiquerait encore par le détroit de Gibraltar[1]. Qu'elles baissent jusqu'à 1000 mètres, il ne restera plus qu'une série de trois lacs, isolés les uns des autres : l'un occupant le vaste bassin triangulaire qui s'étend entre la France, l'Italie et l'Algérie; l'autre couvrant le centre du golfe de Syrie, et le central, plus profond puisque la sonde y accuse actuellement des fonds de plus de 4000 mètres, au nord de la Tripolitaine.

C'est là tout ce que les explorations récentes nous ont révélé. Pour les autres parties de l'Océan, elles n'ont enseigné que des faits isolés ne pouvant pas permettre de tracer des cartes même approchées, mais dont l'importance est trop grande pour que nous n'essayions pas de les résumer ici.

Tout d'abord on sait, et nous en avons vu un bel exemple dans l'Atlantique et dans la Méditerranée, que le sol sous-océanique présente des accidents comparables à ceux des continents, plus accentués encore peut-être, puisque les reliefs une fois produits sont à l'abri de tous les agents destructeurs, qui tendent à les modeler à

1. E. Reclus, *la Terre*, t. II, p. 12.

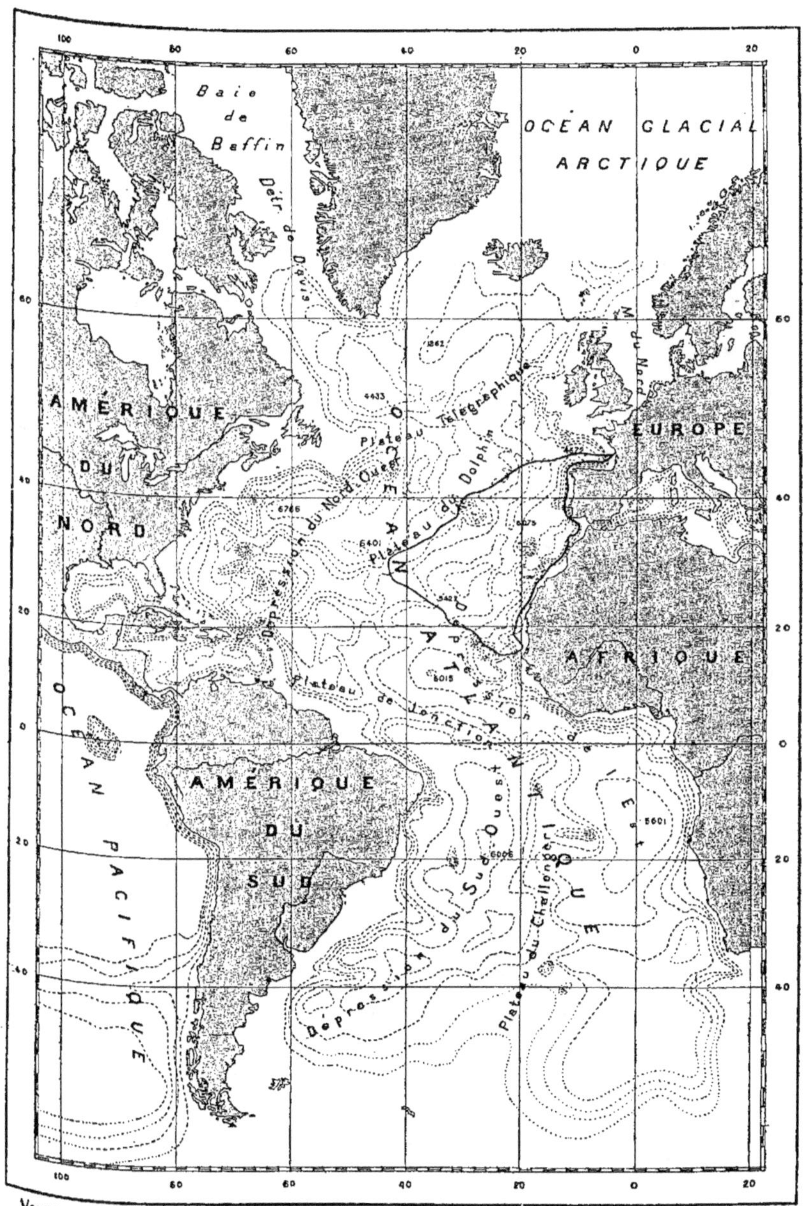

Voyage du Talisman.   Equidistance des courbes : 1000 mètres.

Carte des profondeurs de l'Atlantique. (L'itinéraire du Talisman est marqué en trait plein.)

la surface du continent. Tels restent toujours immuables, dans leurs
fantastiques profils, les entassements de rocs des cirques lunaires.

Mais, si on compare les dépressions océaniques aux altitudes des
terres continentales, on est frappé de ce fait : que le nombre qui ex-
prime la moyenne des profondeurs mesurées est bien supérieur à
celui qui donne l'altitude moyenne des terres émergées au-dessus
du niveau de l'Océan. Tandis que les cinq centièmes seulement de
l'étendue des continents dépassent en altitude 2000 mètres, la
sonde montrerait une profondeur pareille sur les quatre-vingt-
seize centièmes de l'étendue des océans, et seuls les fonds de 5000 à
6000 mètres occupent le quart de la surface de la mer, c'est-à-dire
qu'une masse d'eau de cette épaisseur recouvre plus de 108 millions
de mètres carrés. Cependant, il importe de le rappeler ici, on
chercherait en vain dans le fond des océans ces « insondables »
abîmes qu'on se plaisait à imaginer. Les fonds de 15 ou 20000 mètres que des sondages imparfaits avaient accusés dans l'Océan
n'existent même pas. La profondeur authentique la plus grande
qu'on ait mesurée dans l'Atlantique n'est que de 7000 mètres :
elle a été trouvée par le *Challenger* au nord des Antilles. Mais les
fonds de plus de 6000 mètres occupent une bien faible place, et ils
constituent sur la carte bathymétrique de cet Océan quelques petites
taches isolées au milieu des bassins que nous y avons signalés.
Elles sont bien plus développées dans le Grand Océan, où elles forment une vaste dépression s'étendant de l'Amérique occidentale
jusqu'aux côtes de l'Asie, et connue des géographes sous le nom
de *Fosse du Tuscarora*, du nom du navire qui l'a étudiée et dont
nous avons précédemment signalé les campagnes. Sur une longueur de plus de 10000 kilomètres, le *Tuscarora* opéra 483 sondages. De la Californie aux îles Sandwich, la profondeur est de
4000 à 5000 mètres, mais au nord de ces îles, dans le voisinage
des îles Aléoutiennes, le terrain s'enfonce par une chute rapide,
et la sonde indique des fonds d'une énorme profondeur[1]. C'est dans
ces parages que se trouve la plus grande profondeur qui ait jamais
été atteinte par des engins dont les indications soient dignes de foi.
C'est là, au voisinage des îles Kouriles, que le *Challenger* ne
trouva le fond qu'à 8189 mètres; c'est dans ces mêmes parages
que la sonde du *Tuscarora* indiqua cette profondeur énorme de

1. E. Reclus, *loc. cit.*

8513 mètres. Le Gaurisankar, le colosse des montagnes du globe, plongé dans cet abîme, atteindrait à peine la surface des flots, mais nous sommes encore bien loin des 15 000 mètres qu'une opinion générale attribuait aux plus grandes profondeurs de l'Océan.

Dans le Pacifique comme dans l'Atlantique c'est à une grande distance du centre de la dépression sous-marine, tout près des côtes du Japon, que se rencontrent ces gouffres profonds révélés tout récemment à l'attention des savants. On pourrait trouver bien d'autres exemples d'une disposition pareille. Ainsi, toujours dans le Pacifique, les îles Mariannes sont longées immédiatement à l'est par une fosse profonde, la *Fosse du Challenger*, où la sonde accuse 8366 mètres. De même encore le pied des îles Sandwich baigne au sud dans une série de dépressions, la *Fosse d'Ammer*, la *Fosse de Belknap*, dont les profondeurs dépassent 6000 mètres. Même chose, on se le rappelle, dans la Méditerranée, où les grands fonds sont au voisinage des côtes que borde l'Atlas algérien, et dans le golfe de Gascogne, où les profondeurs de la *Fosse du cap Breton* sont tout au pied des derniers contreforts des Pyrénées formant les pentes des montagnes Cantabriques.

On peut donc dire d'une manière générale que les grandes dépressions océaniques se trouvent toujours au pied d'une pente abrupte, versant d'une chaîne montagneuse tantôt complètement émergée, tantôt au contraire apparaissant seulement au-dessus des eaux par des points culminants, et formant ainsi des chaînes d'îles courant tout le long de la fosse marine. En étudiant avec attention la distribution comparée des altitudes continentales et des profondeurs sous-marines, on peut résumer leur disposition dans une formule générale du relief terrestre, que M. de Lapparent a mise en lumière d'une manière remarquable dans son beau *Traité de Géologie*. Les arêtes saillantes du globe présentent deux versants d'inclinaison inégale ; l'un d'eux, en pente douce, marqué d'ondulations successives, se termine dans des plaines continentales ou sur le fond d'une mer peu profonde ; l'autre, raide et abrupt, plonge vers une grande dépression dont son prolongement forme l'une des pentes, tandis que la pente opposée se relève doucement jusqu'à atteindre la profondeur moyenne des océans.

« Ce profil, ajoute M. de Lapparent, est exactement celui que doit prendre une étoffe mal soutenue, ou une lame flexible lorsque les deux extrémités qui l'encastrent sont obligées de se rapprocher sous

l'effet d'une compression latérale. » Cette comparaison amène
naturellement l'esprit à chercher la raison de ces rides de l'écorce
terrestre dans la contraction du noyau liquide que l'on croit occuper
l'intérieur du globe. La croûte solide qui enveloppe cette masse en
fusion la suit dans son retrait. De là ces plissements continuels,
quelquefois lentement amenés. d'autres fois produits par de
brusques cataclysmes, qui permettent à la surface solide de la
terre de conserver la même étendue malgré la diminution du
volume qu'elle limite à son intérieur.

CHAPITRE III

LES DRAGAGES

Avant que les naturalistes aient songé à aller chercher au fond
de la mer les éléments de leurs études, avant que la science
ait entrepris de pénétrer le mystère caché au fond des abîmes,
l'homme, constamment poussé par ses besoins ou par ses plaisirs,
avait déjà jeté son dévolu sur les habitants du sol sous-marin. Dès
la plus haute antiquité on recherchait au fond de la mer les
Éponges, les Perles, les rameaux de Corail, les Huîtres, qui abondent en certains points ; et c'est dans les moyens employés par les
pêcheurs pour ces diverses récoltes que la science a trouvé
l'origine des procédés de recherche qu'elle a perfectionnés de
manière à leur donner une puissance en rapport avec ses besoins.
Quels sont donc ces procédés primitifs dont l'histoire est comme
une introduction à l'étude des dragages sous-marins?

Le moyen le plus simple pour recueillir les êtres dont la vie se
passe au fond de la mer, celui qui a pu venir immédiatement à
l'idée de l'homme primitif, c'est de plonger au milieu des eaux, et
d'aller chercher lui-même et directement, sans le secours d'engins
étrangers, les objets qu'il voulait ravir aux profondeurs marines.
Ce procédé si barbare et si primitif est loin d'être abandonné.
C'est encore ainsi que se fait la pêche des Éponges. Sur les côtes de
la Syrie, dans l'Archipel, dans la mer Rouge et jusque dans le golfe

du Mexique, c'est à d'habiles plongeurs qu'est confiée la récolte de ces animaux. Ils descendent au fond de la mer, et, au moyen d'un couteau, ils les détachent du rocher qui les supporte. Ils peuvent arriver ainsi à des résultats merveilleux, descendant à 20, 30 et même 40 mètres, pour aller cueillir à de pareilles profondeurs les belles Éponges qui ne se plaisent que dans les eaux profondes.

Ce sont aussi des plongeurs qui font à Ceylan, sur les côtes de l'Arabie, de l'Amérique du Sud et de la Nouvelle-Calédonie la pêche des Huîtres perlières. Ces malheureux, qui restent 25 ou 30 secondes sous l'eau, exposés à la dent des Requins, ne rapportent à chaque fois que deux ou trois de ces Mollusques, pour chacun desquels ils reçoivent en moyenne cinq centimes. Aussi le nombre des plongeurs diminue-t-il tous les jours. On tend aujourd'hui à remplacer ce procédé barbare d'exploitation par des dragages ou des moyens analogues à ceux qui servent déjà depuis longtemps pour la pêche du Corail ou pour celle des Huîtres comestibles.

L'emploi du *scaphandre*, sorte de large maillot imperméable, lesté aux pieds, dans lequel de l'air respirable est constamment insufflé de la surface, met l'art du plongeur à la portée de tout le monde; le scaphandre permet de demeurer longtemps sous l'eau, mais on ne peut s'en servir qu'à des profondeurs comparables à celles qu'atteignent les plongeurs ordinaires.

C'est pour la pêche des Huîtres qu'on a tout d'abord imaginé les *dragues*. Cette pêche sur les côtes de France se fait par une flottille d'une trentaine d'embarcations sous la surveillance d'un contrôleur de l'État, et chacune de ces barques porte quatre ou cinq dragues. La drague des huîtriers est une sorte de long et lourd couteau de fer d'un mètre environ, fixé à l'un des côtés d'un cadre rectangulaire également en fer, et auquel est suspendu un filet où s'accumule le produit de la pêche. Le couteau racle sur le fond, par suite du mouvement de la barque à laquelle l'engin est attaché par une corde; il détache de la sorte les Huîtres, qui vont se rassembler dans le filet. Lorsque la poche semble être pleine, on retire la drague, et l'on recueille les Huîtres pour les porter dans les parcs convenablement aménagés, où elles acquièrent le goût savoureux qui les fait rechercher pour nos tables.

Tout autres sont les instruments de la pêche du Corail, dont M. de Lacaze-Duthiers a écrit l'histoire détaillée à la suite d'une mission dont il avait été chargé par le gouvernement français

Fig. 49. — La pêche du Corail dans la Méditerranée.

sur les côtes de l'Algérie et de la Tunisie. Le Corail vit en général à une profondeur moyenne de 100 ou 150 mètres; il habite exclusivement sur des fonds rocheux, où il trouve les corps solides qui lui sont nécessaires pour se fixer. Il affectionne tout spécialement les anfractuosités des rochers, et se cache ainsi, à l'abri des rayons directs de la lumière. Il ne faut plus songer à la drague pour pêcher le Corail dans de pareilles conditions. Aussi les corailleurs ont-ils imaginé des *engins* particuliers, dont les naturalistes ont souvent tiré parti dans leurs dragages scientifiques. Ces engins (fig. 49) sont des filets spéciaux fixés sur les barreaux d'une croix de bois ou de fer qui sert de charpente à tout l'appareil. Une lourde pierre attachée au centre de la croix pend au-dessous de celle-ci et sert de lest pour assurer l'immersion de l'appareil.

Les filets sont également tout particuliers : ils sont faits de cordes d'un demi-centimètre de diamètre et à peine torduos; c'est cette grossièreté voulue qui fait l'excellence de ces appareils pour le but spécial auquel on les destine. Voici comment ils sont confectionnés : on tresse d'abord à grandes mailles une pièce de plusieurs mètres de longueur, mais à peine large d'un mètre. On passe ensuite une corde dans les mailles de l'un des côtés étroits, et l'on noue cette corde de manière à froncer le filet, qui pend alors comme un paquet tout à fait analogue à ces *fauberts* de filasse dont les marins se servent constamment pour laver le pont des navires. Vingt-huit de ces fauberts constituent l'armature d'un des engins, et de plus on suspend souvent au centre de la croix une longue corde d'où pendent six à huit autres filets, que les marins, dans leur pittoresque langage, appellent la *queue du purgatoire*. On devine la puissance d'un semblable appareil dont les cordes, plongées dans l'eau, s'écartent et se dirigent en tous sens, comme les mille tentacules d'une Hydre gigantesque s'attachent à toutes les aspérités du sol, accrochent toutes les branches de Corail qu'elles rencontrent sur leur passage, et vont les chercher jusque sous les rochers. Elles enlacent les précieux rameaux dans leurs replis, les brisent, et le filet les emporte dans ses mailles. Mais quels efforts et quelle fatigue de la part des matelots qui, après avoir immergé la machine, l'avoir forcée à se développer en attirant à eux et relâchant alternativement le câble auquel elle est attachée, la relèvent dès qu'ils la sentent accrochée au fond, au moyen d'un cabestan sur lequel se concentrent les efforts de six d'entre eux!

Le travail est dur, mais rémunérateur, l'engin étant merveilleusement approprié aux recherches qu'il doit faire, aux récoltes qu'il doit rapporter. Il offre de plus un avantage dont les pêcheurs de Corail se soucient peu, mais qui n'échappa pas à M. de Lacaze-Duthiers. Le Corail n'est pas seul à servir de proie aux fauberts : ils englobent tout ce qui se trouve à leur portée, et les animaux du fond s'attachent en grand nombre aux mille fils qui composent les cordes du filet et qui les rapportent à la surface entrelacés au milieu d'eux. M. de Lacaze-Duthiers fut frappé du parti que l'on pouvait tirer des fauberts pour recueillir les animaux d'eau profonde; aussi fut-il le premier à indiquer ce procédé aux explorateurs des fonds des mers, qui en ont fait depuis dans toutes les croisières un constant usage.

Otho-Friederich Müller est le premier naturaliste qui, vers 1750, ait dragué les animaux sous-marins. Mais il ne dépassa guère la profondeur de 50 mètres. Ses travaux ont été exposés dans un admirable mémoire : *Description des animaux du Danemark et de la Norvège les plus rares et les moins connus*; ils ne peuvent encore être considérés que comme une préface à l'histoire des animaux des grandes profondeurs. Müller se servait d'une simple drague à Huîtres (fig. 50), dont l'armature de fer était carrée et munie sur tous ses

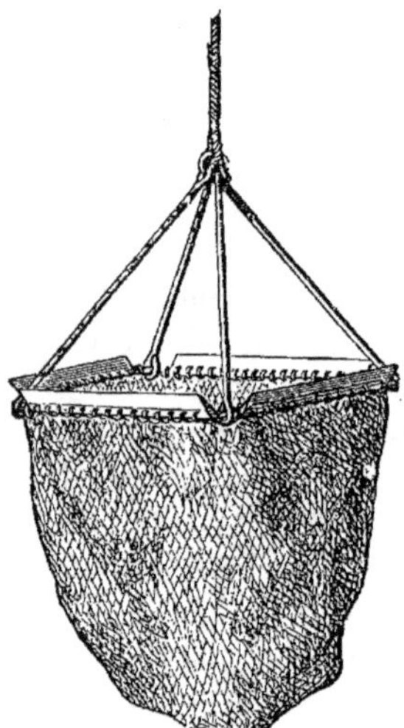

Fig. 50 — Drague d'Otho-Friederich Müller.

côtés de lames qui lui permettaient de racler le fond, de quelque manière qu'elle vînt à tomber. Mais on ne tarda pas à revenir à la simple drague à Huîtres, dont le châssis rectangulaire donne au sac moins de chances de se vider. Seulement, comme à des profondeurs telles que celles qu'on voulait atteindre, on ne pouvait régler le côté sur lequel elle devait tomber, les deux grands barreaux du châssis furent également munis de racloirs en fer. Cette drague, connue sous le nom de *drague de Ball* (fig. 51), fut exclusivement employée à bord du *Lightning* et du *Porcupine*.

C'est dans la croisière de ce dernier vaisseau que les explora-

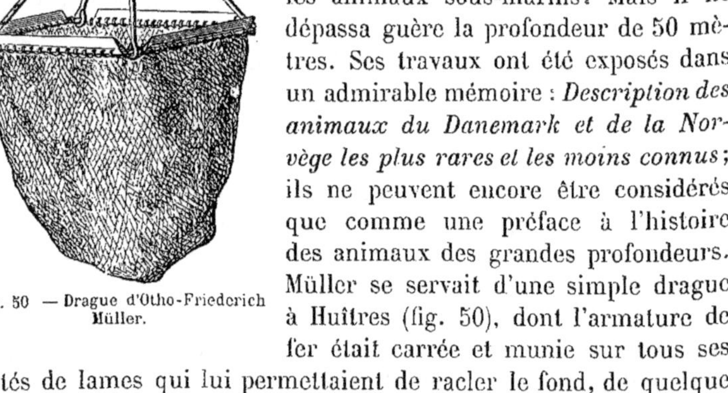

leurs anglais, s'apercevant qu'une foule d'animaux de toute espèce revenaient attachés aux mailles du filet, et à la corde même de la drague, eurent l'idée d'ajouter à celle-ci, suivant le procédé déjà indiqué par l'auteur de l'*Histoire naturelle du Corail*, et constamment utilisé à ses laboratoires de Roscoff et de Banyuls, un certain nombre des grosses houppes de chanvre qui servaient au lavage du pont (fig. 52.) Cet essai eut un tel succès, que ces fauberts devinrent l'accessoire indispensable de la drague, et lui étaient même entièrement substitués pour les recherches sur des fonds rocailleux où le filet n'aurait pu rendre aucun service.

L'exploration du *Challenger* n'apporta guère de modifications aux appareils de pêche qu'en ce qui concerne les dimensions des engins. Aussi ne nous y arrêterons-nous pas, préférant aborder tout de suite une étude plus détaillée du matériel de dragage des explorations françaises, et plus spécialement de celui qui a été employé à bord du *Talisman*. C'est en effet le plus parfait que nous puissions décrire, et il pourra donner une idée plus exacte des travaux que nécessite à l'heure actuelle l'exploration des fonds sous-marins. Il différait d'ailleurs notablement du matériel des expéditions anglaises. La commission avait à sa disposition deux sortes d'engins de pêche semblables à ceux dont s'était servi M. A. Agassiz à bord du *Blake*, pendant ses campagnes dans le golfe du Mexique. Ces deux sortes d'appareils étaient les *dragues* et les *chaluts*.

Fig 51. — Drague de Ball.

La drague du *Talisman* était un sac ayant environ 1 mètre de diamètre et 2 mètres de long. Parfois, lorsqu'elle devait être traînée sur un fond rocheux, on la recouvrait d'une solide enveloppe de gros cuir, destinée à protéger les mailles du filet contre les aspérités des rochers qui auraient pu les déchirer.

En raison de ses petites dimensions, la drague est facile à ma-

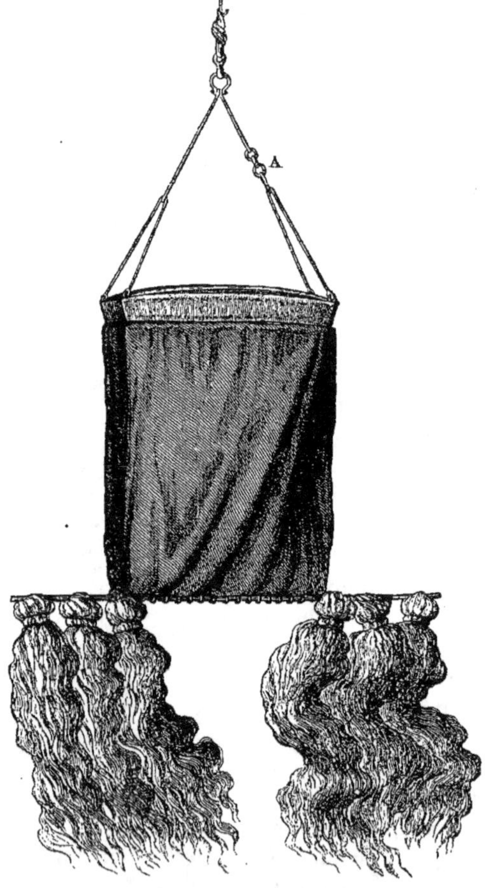

Fig. 52. — Drague du *Porcupine* munie de ses fauberts.

nœuvrer, mais elle se remplit très vite : dix minutes après son arrivée au fond, elle a produit tout son effet, et, quand on la retire, elle ne contient qu'un petit nombre d'animaux, en général bien

Fig. 53. — Retour du chalut à bord du *Talisman*.
(D'après une photographie de M. le professeur Léon Vaillant).

conservés d'ailleurs. Mais les résultats qu'elle donne, pour peu que l'on s'adresse à des profondeurs un peu considérables, ne sont pas en rapport avec le temps et avec la peine que coûte un coup de drague.

Il n'en est pas de même du chalut, qui est simplement une énorme drague dont les dimensions considérables entraînent quelques modifications de détail. Les chaluts qu'on employait à bord du *Talisman* avaient de 2 à 3 mètres de large et de 5 à 6 mètres de long (fig. 53). Ils étaient formés d'un filet à mailles plus larges, tissé à l'aide de cordelettes plus fines que celles qui servent à la drague. Le filet était ouvert aux deux bouts. L'ouverture supérieure était maintenue béante par une armature spéciale qui permettait à l'appareil de draguer dans quelque position qu'il tombât sur le sol. L'ouverture inférieure était rétrécie, mais demeurait libre. Ce premier filet était entouré d'un second très résistant, à mailles moins lâches, fixé à la même armature et dont l'ouverture inférieure était serrée par une corde à la façon d'une bourse, de manière à former un sac clos. De la sorte, les matériaux assemblés par la drague s'accumulaient entre les deux sacs; le premier, formant une empêche, ne permettait pas au contenu du chalut de se vider pendant son ascension. Le tout était lesté par un ou plusieurs boulets de canon fixés au fond du sac, et l'on ne manquait jamais d'attacher de gros fauberts soit à une corde spéciale, soit aux côtés et à l'arrière des dragues. Ainsi disposé, le chalut rendit pendant tout le temps de tels services, qu'on l'employa presque exclusivement à bord du *Talisman*. A peine donna-t-on, pendant toute la campagne, deux ou trois coups de drague. C'était sur des fonds rocailleux comme ceux du détroit de la *Bocaïna*, où la drague se manœuvre plus facilement. Quand elle s'engage entre les roches, elle offre en effet moins de résistance; on a plus de chances de la dégager aisément et de la ramener à bord. Il arrive cependant parfois qu'elle fait ancre et qu'il faut l'abandonner pour rendre sa liberté au navire.

L'emploi du chalut n'est possible que pour un assez grand bâtiment et sur des fonds plats. Mais, à partir de 500 ou 600 mètres de profondeur, ce sont les plus nombreux. On peut alors laisser courir le filet une heure et même davantage sur la vase, qui filtre en partie à travers ses mailles en abandonnant les animaux qu'elle contient. Quand une aussi vaste poche remonte à moitié pleine, c'est un véritable musée qu'elle rapporte. Malheureusement il s'en faut qu'elle revienne toujours en bon état. Malgré la résistance du chalut, résistance tellement considérable qu'un jour il put arracher du fond et rapporter des quartiers de roc pesant ensemble 300 kilogrammes, il est arrivé plusieurs fois que l'armature a été tordue ou brisée, que les mailles du filet ont été déchirées profondément, ou même que le chalut tout entier est resté à la mer. Quel désappointement alors et quelle déconvenue! Heureusement, dans ce cas, les fauberts sauvaient la situation en rapportant une récolte quelquefois très riche d'animaux qu'ils avaient

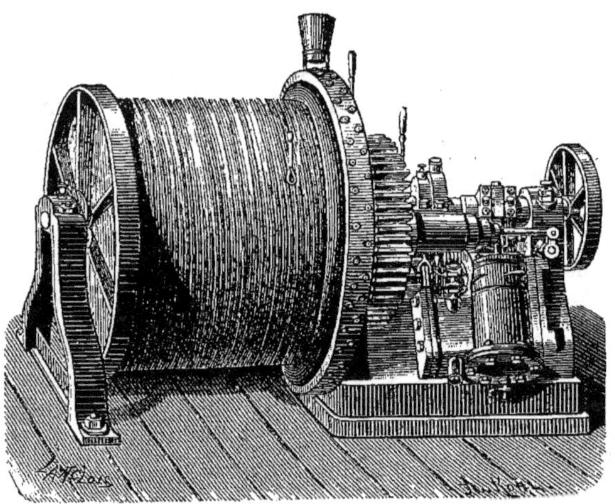

Fig. 54. — Treuil servant à enrouler le câble d'acier.

recueillis pendant que glissaient sur le fond leurs mille filets entrelacés.

Nous laissons à penser quelle traction s'exerce sur le câble qui supporte le chalut lorsque celui-ci remonte plein de vase et d'animaux de 4000 ou 5000 mètres de profondeur, et surtout lorsqu'il est engagé dans des roches! Aussi faut-il de puissantes machines pour vaincre de pareilles résistances : celles du *Talisman* ne laissaient rien à désirer.

Le câble lui-même, construit sur le modèle de celui du *Blake*, était un câble métallique. Il était formé de 42 fils d'acier tressés autour d'une âme en chanvre. Son diamètre ne dépassait pas 1 centimètre, son poids était de 350 grammes par mètre, et malgré ces dimensions relativement faibles il pouvait supporter sans se rompre le poids énorme de 4500 kilogrammes. On aura une idée de l'excellence de ce câble, qui émerveilla pendant toute l'expédition les membres de la commission scientifique et l'état-major du navire, si l'on compare ces résultats à ceux que donnaient les câbles tout en chanvre de l'expédition du *Challenger*. Ces derniers étaient de trois sortes; le plus faible avait 1^{cm},26 de diamètre, et ne pesait

Fig. 55 — Treuil employé pour remonter la drague.

que 235^{gr},38 par mètre, mais sa résistance n'était que de 1625 kilogrammes. Le plus fort avait un diamètre de 2^{cm},4; le poids du mètre était de 549^{gr},60, et malgré ce poids énorme sa résistance n'était que de 2599 kilogrammes. Ces chiffres éloquents montrent dans quelles excellentes conditions était construit le câble d'acier du *Talisman*, dont la puissance extraordinaire ne surprenait pas plus que sa souplesse et la facilité avec laquelle il se laissait travailler. Il avait été tressé par les forges de Châtillon et Commentry.

Huit mille mètres de ce câble étaient enroulés sur une énorme bobine de 1 mètre de longueur et de 65 centimètres de diamètre, mise en mouvement par une petite machine à vapeur spéciale pouvant marcher à volonté en avant et en arrière (fig. 54 et fig. 57, C). De cette bobine, et par l'intermédiaire de poulies de renvoi, le câble (fig. 57, I) allait s'enrouler sur le treuil (fig. 55 et 57, D) qui constituait l'appareil destiné à relever la drague, et qu'une machine spéciale servait également à manœuvrer. Le câble ne faisait que deux tours sur ce treuil, dont la circonférence avait en son milieu 2 mètres de diamètre, et se rendait enfin à l'appareil de suspension, d'où il plongeait dans la mer. L'appareil destiné à supporter et à déborder les filets était attaché au mât de misaine, c'est-à-dire à l'avant du bâti-

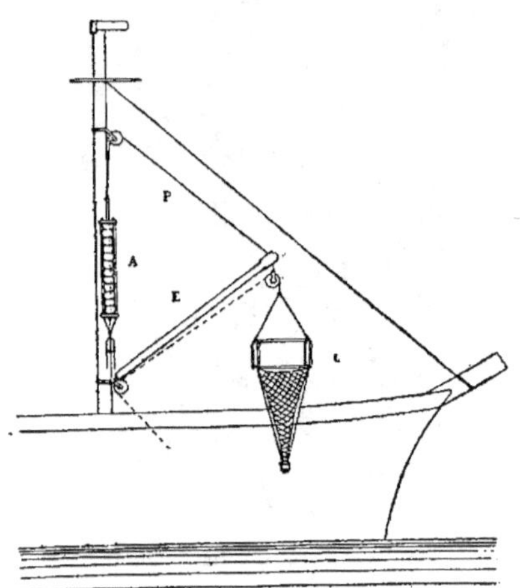

Fig. 56. — L'accumulateur supportant la poulie du chalut à bord du *Talisman*.

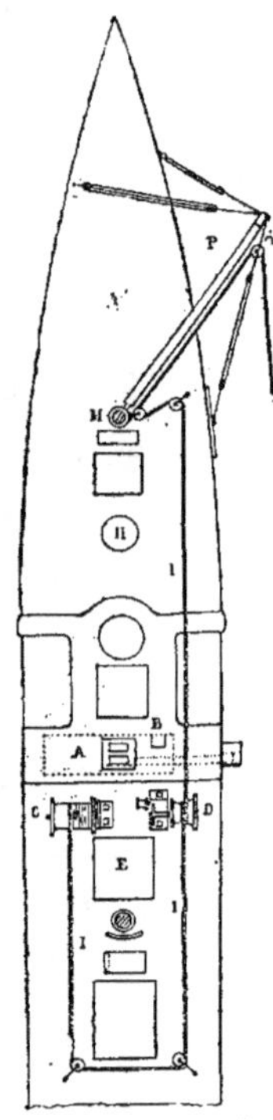

Fig. 57. — Disposition du câble d'acier sur l'avant du *Talisman*.

ment. C'était un simple mât de charge, un *espar* (fig. 56, E, et fig. 57, P), placé sur l'avant du mât et présentant à son extrémité une gorge où passait une forte *pantoire* (fig. 56, P), c'est-à-dire un puissant câble de fer. Cette pantoire était attachée par une de ses extrémités, comme l'indique la figure 56, empruntée au rapport du commandant Parfait, à une pièce fixe, l'*accumulateur* A, dont nous verrons tout à l'heure le rôle, et portait à l'autre bout, tout près du point où elle traversait la gorge de l'espar, la poulie, qui en définitive supportait le câble et le chalut C. C'est la rupture de la pantoire qui, le 31 juillet, fit laisser à la mer 1000 mètres de câble. Le câble tomba de toute sa hauteur et se coupa net sur l'angle d'une des poulies dans lesquelles il était passé.

L'accumulateur A est une pièce élastique qui, par l'intermédiaire de la pantoire, subit l'influence du poids du câble, du poids du chalut, et de la traction que celui-ci opère en raclant sur le fond de la mer; il s'allonge ou se raccourcit sous l'influence des variations de la résultante de ces forces réunies. Il était primitivement destiné à soulager le câble dans les alternatives de tension et de relâchement que lui faisaient subir les mouvements de roulis du navire. On s'aperçut bien vite qu'il ne rendait dans ce sens aucun service, car son allongement était insignifiant, et que d'ailleurs il était, à ce point de vue, au moins inutile, grâce à la grande résistance du câble d'acier. Néanmoins il fut d'un très grand secours dans la manœuvre du chalut; car, dès que le filet s'accrochait au fond, l'accumulateur, fonctionnant comme un dynamomètre, accusait un excès de pression et permettait de manœuvrer de manière à diminuer la traction. Il se composait de disques de caoutchouc empilés, séparés les uns des autres par des plateaux de fer et traversés de part en part par des tiges métalliques, allant d'une extrémité à l'autre de l'accumulateur. Trois de ces tiges étaient situées près de la circonférence, et fixées à la partie supérieure du dernier disque de fer, tandis qu'inférieurement elles étaient solidement fixées au mât de misaine, et se reliaient à un plateau supplémentaire au moyen d'un anneau. C'était la partie fixe de l'appareil. La quatrième tige centrale, plus forte, en constituait au contraire la partie mobile. Elle était rivée au plateau inférieur, qui glissait sans frottement le long des trois tiges, traversait en glissant aussi dans son orifice central le plateau supérieur, et venait s'attacher à l'extrémité de la pantoire par l'anneau qui la terminait. On voit que c'était en ce point que se faisait sentir l'effort du chalut. Cet effort, transmis au disque supérieur, comprimait plus ou moins les disques de caoutchouc et tirait proportionnellement à l'effort la tige centrale, au-dessus du disque supérieur. L'élasticité du caoutchouc maintenait ainsi à peu près constante la tension de la pantoire.

Lorsqu'on voulait exécuter un dragage, après avoir reconnu au moyen du sondeur la profondeur que la drague devait atteindre, on attachait le chalut à la corde de la drague, et on amenait le vaisseau vent arrière de manière à le faire avancer sous le vent avec une vitesse de 2 à 3 nœuds à l'heure, vitesse nécessaire pour que le câble restât constamment tendu et ne s'embrouillât pas en formant des nœuds nuisibles à sa solidité et au succès du dragage. On desserrait les freins qui commandaient la bobine et le treuil, et le chalut descendait à la mer. Mais il fallait soigneusement régler sa descente, qui s'accélérait constamment, parce que le poids du câble déroulé allait en s'ajoutant au poids de la drague. On y arrivait au moyen du frein de la bobine, auquel il était même nécessaire de joindre celui du treuil, à partir d'une certaine profondeur. Ces freins s'échauffaient considérablement par suite de l'énorme frottement que développait leur pression sur les essieux ; un courant d'eau froide venait constamment les rafraîchir.

On déroulait environ une longueur du câble double de la profondeur indiquée par la sonde, lorsque celle-ci ne dépassait pas 600 mètres ; à partir de là on ne filait guère que 600 ou 800 mètres en plus de la profondeur si la mer était calme, davantage par les gros temps. Ce déroulement se faisait avec une vitesse sensiblement constante de 100 mètres par minute.

Lorsqu'on avait déroulé toute la longueur nécessaire, on serrait complètement les freins, et on laissait le bâtiment aller à la dérive, traînant le chalut sur le sol sous-marin pendant environ deux heures. Il fallait encore ici soigneusement régler la vitesse du navire et prendre garde qu'elle ne fût trop forte : car alors le filet sautillait sur le fond et ne rapportait rien. Quand on jugeait la récolte finie, on desserrait les freins, le treuil et la bobine se mettaient en mouvement, et celle-ci enroulait le câble à mesure que le treuil le ramenait sur le bord[1] ; puis, le chalut une fois hors de l'eau, on l'amenait sur le pont, toujours suspendu à son espar. Le travail de l'équipage était dès lors fini. Celui des savants commençait.

Une fois que le chalut est à bord, il faut retirer de la vase que contient le filet tous les animaux qui y sont plongés, ou les extraire des mailles des fauberts au milieu desquels ils sont enchevêtrés. On se partage le travail : les uns, armés de ciseaux, dégagent des fau-

---

1. La vitesse d'enroulement était de 40 mètres par minute.

berts leurs richesses, trop souvent, hélas! brisées et mutilées; les autres entreprennent la tâche ingrate de laver la vase gluante que contient le filet. On délace la partie inférieure du chalut, et on laisse tomber avec précaution les objets qu'il contient dans l'appareil où ils vont être examinés (fig. 53). C'est tout simplement une suite de tamis adaptés les uns dans les autres, et percés de trous de plus en plus gros, à mesure qu'on va du plus grand au plus petit. En agitant ces tamis avec soin, pour ne pas détériorer les petits organismes déjà trop malmenés pendant la longue ascension du filet, et en arrosant constamment la vase par un mince filet d'eau, on arrive facilement à laver le contenu de la drague. L'opération peut être achevée en moins d'une heure. C'est tout un monde que rapporte quelquefois une seule opération.

Par centaines, par milliers même se comptent les espèces données par certains coups de drague; un jour Wyville Thomson prit dans un seul dragage 20 000 exemplaires d'un Oursin, l'*Echinus Norvegicus*, et il est arrivé au chalut du *Talisman* de ramener un nombre presque égal d'*Antedon phalangium*. Une fois, le chalut rapporta une telle quantité d'Oursins mous du genre *Calveria*, que M. Alph. Edwards eut la pensée, pour ménager l'alcool, d'en remplir un baril et de les saler pour les conserver, comme on le fait pour la morue, les harengs et d'autres poissons de mer. Malheureusement cet essai ne réussit pas suffisamment pour qu'on puisse le recommander.

Voici quelques autres chiffres qui donneront une idée de la richesse de certains fonds.

Dragages.	Profondeurs.	
85. — Côtes du Soudan.	932 mètres. —	256 Actinies bilvaves.
114. — Rade de Porto-Grande.	75 mètres. —	200 Cidaris.
116. — Îles du Cap-Vert.	460 mètres. —	1000 Poissons du genre Malacocéphale.
		750 Crevettes du genre Pandale.

Par contre, il arrive quelquefois que le chalut revient rempli d'une boue déserte, ou même absolument vide. Quelquefois en effet le chalut s'est entortillé dans le câble, par suite d'une trop grande rapidité dans le déroulement de celui-ci, et n'a pu que traîner sur le sol, comme un gigantesque faubert. D'autres fois il s'est accroché dans les roches, et est demeuré au fond de la mer, les fauberts seuls ayant fait leur devoir. D'autres fois enfin, le sac est vide, et rien ne s'est attaché aux fauberts. C'est qu'alors la dérive a été trop rapide et n'a pas permis au chalut de traîner sur le fond, ou même que la longueur de câble filée n'a pas été suffisante.

Il peut arriver, en effet, que la profondeur ait augmenté brusquement pendant la marche du vaisseau, et rien ne saurait indiquer que la drague a atteint le fond. On fait bien un sondage immédiatement avant d'immerger le chalut; mais on peut se trouver sur le bord d'une brusque dépression, et alors la longueur de corde filée n'est plus suffisante pour permettre au chalut de traîner sur le fond de la mer. C'est ainsi que, le 27 août, le sondeur avait annoncé 3800 mètres. On fila 4600 mètres de câble, soit 800 mètres de plus que la profondeur indiquée. Le chalut revint sans rien rapporter; le coup était nul, et une sonde immergée aussitôt après indiquait 4975 mètres. Pendant la durée du coup de drague, c'est-à-dire trois heures environ, la profondeur avait donc augmenté de 1175 mètres. Ces échecs sont heureusement rares, et en général les naturalistes n'ont pas à chômer à bord.

Leur travail n'est pas terminé en effet quand ils ont recueilli les échantillons. Il faut encore les mettre dans des bocaux remplis d'alcool, ou les dessécher si l'on n'en veut garder que les parties solides, veiller à leur conservation pendant ce traitement en changeant l'alcool plusieurs fois, car l'eau dont les animaux sont imprégnés à leur sortie de la mer se dégorge constamment et affaiblit l'esprit-de-vin. Ces préparations demandent un temps considérable, en raison de la multitude même des objets. Ajoutez à cela la détermination au moins approchée des échantillons recueillis, le rangement préliminaire mais méthodique des collections, l'étiquetage de chaque échantillon qui doit porter le numéro du dragage dans lequel il a été pris, les notes à rédiger sur l'animal vivant, les dessins à faire, les indications spéciales à chaque opération et nécessaires pour rapporter chaque être aux conditions de vie où il se trouvait, et vous pourrez vous faire une idée du travail et des fatigues que comporte une expédition de trois mois, sous les tropiques, alors que l'on drague trois fois par jour.

Les hommes de science sont largement payés de toutes ces fatigues par la joie d'avoir fait des découvertes nouvelles, par le sentiment de gloire dont on ne peut se défendre quand on a contribué pour une part, si faible qu'elle soit, à soulever un des coins du voile qui nous cachait l'inconnu. Mais de ces fatigues les officiers, les marins, prennent leur part; ils sont constamment sur la brèche, toute la responsabilité leur incombe, et ils n'ont, pour les soutenir dans la rude tâche qu'ils accomplissent, que le sentiment du devoir. Qu'il nous soit donc permis de rendre ici l'hommage qui leur est dû, de donner le témoignage de reconnaissance et d'affection qu'ils ont si bien mérité à MM. les capitaines de frégate Richard, Parfait et Antoine, à MM. les lieutenants de vaisseau Jaquet, Villegente, Mahieux, Gibory, Bourget, aux docteurs Vincent, Rangé et Huas, au commissaire de la marine de Plas, qui, soit sur le *Travailleur*, soit sur le *Talisman*, secondés par un équipage dans lequel nous devons signaler le second maître de timonerie Gosselin, ont si largement payé de leur personne et mis au service de la science leur intelligence et leur dévouement.

CHAPITRE IV

LES CONDITIONS DE LA VIE DANS LES GRANDS FONDS.

Problèmes relatifs à l'eau de mer. — Mesure de la pression dans les grands fonds; compressibilité de l'eau de mer. — Influence de la pression sur les êtres vivants. — Moyen de recueillir l'eau de mer à une profondeur déterminée. — Variations de densité de l'eau de mer; distribution des densités à la surface des Océans. — Sels et gaz dissous dans l'eau de mer. — Mesure des températures à diverses profondeurs. — Les courants sous-marins. — Variété des conditions de la vie dans les grands fonds.

Le naturaliste Péron, le compagnon de Lesueur dans le célèbre voyage autour du monde du capitaine Baudin (1800-1805), a le premier indiqué la variété des sujets d'étude que peut fournir l'eau recueillie à des profondeurs diverses dans la mer. « Le météorologiste, disait-il, aussi bien que le physicien, le zoologiste ou le géologue ont intérêt à connaître les conditions physiques et chimiques de l'eau dans les grandes profondeurs, et peuvent en déduire la solution de bien des problèmes qui les préoccupent. »

Le rôle des explorateurs des fonds des mers n'est pas restreint en effet à de pures recherches zoologiques; il leur faut aussi déterminer avec la plus grande exactitude toutes les conditions du milieu sous-marin, mesurer la pression qui s'exerce dans les abîmes, rechercher jusqu'à quel point l'eau se laisse pénétrer par les rayons lumineux; étudier la distribution des températures sur une même verticale, et voir enfin comment varie cette distribution dans les différentes régions de l'Océan. En ce qui concerne la composition chimique de l'eau, on doit analyser les sels et les gaz qui y sont en dissolution. Tous ces résultats une fois acquis, les conditions d'existence des êtres vivant dans les grandes profondeurs de la mer peuvent en être déduites. Cependant, malgré le nombre déjà grand des données exactes qui ont été réunies jusqu'à ce jour, on ne peut se flatter encore d'avoir résolu tous les problèmes que soulève la présence de la vie dans les gouffres les plus profonds de l'Océan.

Si l'on songe un instant à l'immensité de la masse liquide contenue dans les bassins de l'Océan, on est naturellement porté à se demander tout d'abord quelle peut être exactement la pression effrayante que subit un objet sur lequel pèse une pareille colonne d'eau salée, haute de plusieurs kilomètres? La question semble facile à résoudre si l'on connaît la densité de l'eau aux différentes températures qui se rencontrent le long d'une même verticale, densité qu'il est aisé de mesurer. Mais l'eau de mer soumise à des pressions qui se chiffrent certainement par milliers de kilogrammes occupe-t-elle, pour une même température, un volume égal à celui qu'elle aurait à la surface? En d'autres termes, la compressibilité de l'eau est-elle toujours négligeable, comme elle l'est sous de faibles pressions? Il a suffi pour le savoir de faire descendre le long du fil de sonde un appareil fort simple, composé d'un tube rempli d'eau de mer, terminé en haut par une boule, et plongeant par son extrémité ouverte dans une sorte de cuvette contenant du mercure. La pression extérieure s'exerce ainsi librement sur l'eau qui occupe le tube et son ampoule. Deux causes pourront faire diminuer le volume de cette eau : d'abord la compression, si elle se produit en réalité, puis l'abaissement de température. Par suite, il est clair que si l'on détermine la température au moyen d'un thermomètre bien protégé, si d'autre part on effectue les corrections relatives à la compressibilité du verre et du mercure, on pourra connaître la diminution de volume de l'eau salée pour une pression déterminée. Or les observations faites à bord du *Challenger* ont montré que, pour des profondeurs variant de 900 à 4200 mètres, le coefficient de compressibilité de l'eau de mer, c'est-à-dire la diminution de volume que subissait le litre d'eau surmonté d'une couche liquide de 100 mètres représentant un poids de plus de 1000 kilogrammes, n'est que de $0^l,000\,491$ en moyenne. Les chiffres extrêmes atteints dans cette série d'observations sont 0,000 500 et 0,000 482. Il semble même que ce coefficient, déjà si faible, diminue encore lorsqu'on atteint des profondeurs plus considérables.

Il est bien évident que, par suite, le poids spécifique de l'eau n'augmente que d'une quantité négligeable jusqu'aux plus grandes profondeurs. On peut donc calculer la pression à une profondeur quelconque, comme si ce poids était constant, et l'on trouve que pour 1000 mètres de profondeur la pression qui s'exerce sur une surface de 1 décimètre carré est égale à 10 850 kilogrammes. On se demande souvent comment les animaux ne sont pas écrasés sous un poids aussi grand; mais il suffit qu'ils soient absolument imbibés d'eau pour que les actions qu'ils subissent s'équilibrent, comme cela finit toujours par arriver pour un corps homogène quelconque. Cet équilibre n'est pas atteint d'un seul coup pour les animaux. Brusquement soumis à une pression même peu énergique, les animaux de surface s'engourdissent d'abord, puis meurent, comme l'a montré M. Regnard; il faut une graduelle acclimatation pour que les organes puissent fonctionner sous les pressions énormes réalisées dans les abîmes de la mer.

Pour acquérir une connaissance exacte des variations que peut subir la composition de l'eau avec la profondeur, il faut absolument puiser à des niveaux divers des échantillons d'eau de mer que l'on analyse ensuite. On a imaginé de bonne heure différents appareils propres à cet usage; ils consistent tous en une bouteille munie de clapets qui restent ouverts pendant la descente, tandis qu'ils se ferment aussitôt que la bouteille commence à remonter. L'eau ne fait que traverser la bouteille tant que celle-ci descend; celle qui y demeure emprisonnée est donc de l'eau puisée au point même où la bouteille s'est arrêtée pour remonter ensuite. On peut varier à l'infini la forme de la bouteille et la disposition de ses clapets. Les bouteilles à eau employées sur le *Travailleur* et le *Talisman* étaient constituées par un cylindre métallique (fig. 58) terminé à chacune de ses extrémités par un cône A, lui permettant de fendre l'eau plus facilement pendant la descente. Au-dessous du cône A se trouvait une chambre D où l'eau pénétrait par une petite ouverture latérale correspondant à un canal coudé, percé dans un robinet B. De la chambre D l'eau passait dans le cylindre à travers un certain nombre d'orifices que pouvait boucher une soupape hémisphérique reliée à une tige dont l'extrémité libre était pressée par un ressort à boudin contre le robinet B. Quand ce robinet était ouvert, il abaissait la tige et maintenait la soupape ouverte. Quand il était fermé, la tige, cédant à la tension du ressort, se logeait dans une petite cavité pratiquée sur le pourtour du robinet; la soupape suivait son mouvement et venait fermer les orifices de communication entre le cylindre et la chambre D, tandis que le robinet fermait la communication entre cette chambre et l'extérieur. A chacun des robinets était adapté un manche C, qui demeurait horizontal pendant la descente quand le robinet était ouvert. Pour fermer le robinet, on laissait couler du navire, le long de la corde supportant les bouteilles, un lourd anneau de fonte enfilé à cette corde; l'anneau, en passant, abaissait les manches des robinets, qui se trouvaient ainsi fermés. On pouvait craindre que l'eau et les gaz ne vinssent à filtrer entre le robinet et sa surface d'ajustage à mesure que la pression extérieure diminuait pendant la montée. Les soupapes intérieures avaient pour but d'écarter cette chance d'erreur, la pression de l'eau contenue dans la bouteille ayant pour effet de les appliquer contre les orifices qu'elles devaient fermer d'autant plus exactement que la pression extérieure était plus faible.

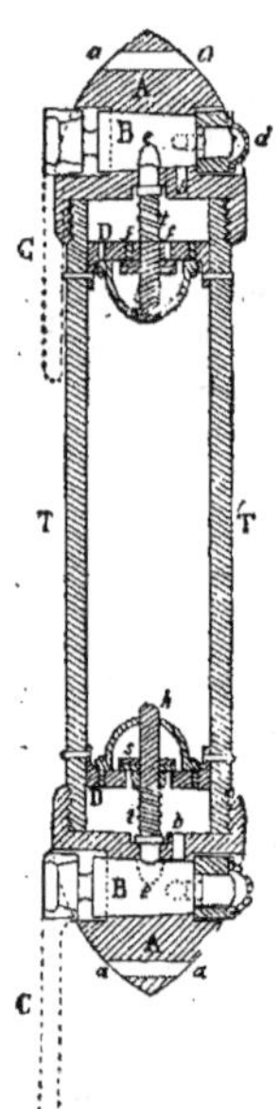

Fig. 58. — Bouteille à eau du *Talisman*.

Dès que l'eau arrive à bord, on en prend rapidement la densité à l'aide d'un aréomètre à poids constant, semblable au pèse-lait ou à l'alcoomètre dont on trouve la description dans tous les traités de physique. Cette opération est faite à la température du laboratoire et à la pression de l'atmosphère. Le coefficient de dilatation et celui de compressibilité de l'eau de mer étant connus d'une manière approchée, il est possible de ramener cette densité soit à la température et à la pression du fond, soit à une température et à une pression constantes, de manière à mettre nettement en évidence ses variations, qui correspondent aux variations de la quantité des sels dissous dans chaque échantillon.

On trouve dans le rapport du *Challenger* d'intéressantes indications sur ces variations de densité.

La densité de l'eau de mer à la surface de l'Océan et à zéro est en général 1,02818; elle diminue graduellement et d'une manière continue à mesure que la température s'élève, de manière qu'à 30° elle devient 1,02163. Mais, pour une même température, 15° par exemple, elle peut varier avec les localités, de 1,025 à 1,028, suivant la proportion des sels dissous. Cette proportion augmente dans les régions où l'évaporation est activée par l'échauffement de la surface ou par l'action des vents; elle augmente aussi dans celles où il se forme de la glace qui emprisonne peu de sels et détermine par là une concentration des substances salines dans l'eau restée liquide. Elle diminue, au contraire, dans les régions où les pluies sont abondantes, dans celles où les fleuves apportent une grande quantité d'eau douce.

Aux deux pôles se trouvent des aires de grande densité où l'eau est plus salée; puis viennent des régions encore froides, peu exposées à des vents réguliers, où la glace se forme en moins grande abondance : ce sont des régions où la densité est assez faible. Deux nouvelles zones où la concentration est plus grande encore que dans les régions polaires correspondent aux régions tempérées, où les vents alizés et les moussons déterminent une rapide évaporation, tandis que le long de l'équateur s'étend une zone de calme où tombent des pluies abondantes, zone où la densité est par suite bien moindre. Les plus fortes densités se rencontrent dans les mers fermées, soumises à une très vive évaporation, la Méditerranée, la mer Rouge, par exemple, où par une température de 15°,6 elles peuvent dépasser 1,0280. La Baltique, la mer Noire, la portion de l'océan Atlantique comprise entre Terre-Neuve et la côte du Canada, qui sont aussi des mers sans communications faciles avec l'Océan, mais soumises à un climat relativement froid, et recevant par les fleuves une grande quantité d'eau douce, nous offriront au contraire une chute considérable du poids spécifique de l'eau, qui y demeure inférieur à 1,0250.

Telle est dans son ensemble la distribution générale des densités à la surface des eaux marines. Les causes de variation dans la densité résidant surtout dans l'atmosphère, la densité des eaux

profondes est beaucoup plus constante. D'ailleurs, même pour
l'eau de la surface, les variations sont faibles; l'étude des températures nous expliquera pourquoi les différences entre les densités
à la surface ne sont pas plus considérables, étant donnée l'intensité
avec laquelle se font sentir les causes qui président à ces
variations.

Le résidu solide résultant de l'évaporation de l'eau de mer est,
en général, composé de la façon suivante :

Chlorure de sodium.	77,758
Chlorure de magnésium.	10,878
Sulfate de magnésie.	4,737
Sulfate de chaux.	3,600
Sulfate de potasse.	2,465
Bromure de magnésium.	0,217
Carbonate de chaux	0,345
	100,000

Ces sels entrent pour une forte proportion dans la composition
de l'eau de mer : leur poids total est de $30^{gr},469$ par litre à
$15^{o},56$ dans l'eau la moins concentrée que l'on ait rencontrée, et
il s'élève à $38^{gr},668$ quand la densité atteint $1,0280$[1].

Mais, si la quantité totale des sels pour un poids donné de liquide
est un nombre variable, il n'en est pas de même des proportions de
ces différents sels les uns par rapport aux autres, au moins tant
que l'on considère les océans ouverts. Les proportions exprimées
dans le tableau ci-dessus se retrouvent, à peu de chose près, dans
la composition de tous les résidus d'eau de mer analysés jusqu'ici.
Les substances dissoutes dans cette eau ne peuvent guère provenir
que des roches continentales désagrégées par les agents atmosphériques, et dont les éléments, entraînés par les cours d'eau, ont été
ensuite déversés dans les grands réservoirs maritimes. Il semblerait
donc que la composition des substances dissoutes dût varier suivant la région que l'on considère; l'eau devrait, par exemple,
présenter une réaction alcaline là où abondent les roches basiques,
se saturer de carbonate de chaux dans le voisinage des grandes
masses calcaires qui forment tant de rivages, et ainsi de suite.

---

1. Si l'on calcule, comme l'a fait Dittmar, le poids que peut atteindre toute la masse
des sels contenus dans l'Océan entier, on trouve un chiffre qui ne peut être inférieur
à 47 000 trillions de kilogrammes.

Puisque cela n'est pas, nous sommes en droit de conclure dès maintenant qu'il doit se faire incessamment, et depuis des siècles, entre toutes ces matières, un brassage continuel par suite duquel la proportion des substances dissoutes devient indépendante de la nature pétrographique des littoraux voisins. Le tableau précédent nous révèle encore un fait qui n'est pas sans présenter quelque intérêt. L'eau de mer tient en dissolution une quantité relativement considérable de carbonate de chaux; dans ce sel, la chaux, base énergique, n'est pas entièrement neutralisée par l'acide carbonique. Aussi l'eau de mer présente-t-elle une réaction légèrement alcaline, comme l'ont constaté M. Buchanan et plus tard le professeur Dittmar.

L'acide carbonique ne se trouve pas seulement, dans la mer, combiné avec la chaux, mais aussi à l'état libre, comme dans l'eau de rivière et l'eau de pluie. Si l'on veut recueillir ce gaz, suffit-il d'évaporer l'eau dans le vide, ou de la faire bouillir modérément, comme on le fait d'ordinaire pour extraire les gaz dissous dans un liquide? C'était ainsi que l'on procédait à l'origine, mais les résultats obtenus étaient peu concordants. On ne tarda pas à remarquer que, pour obtenir tout l'acide carbonique, il fallait évaporer presque à siccité. Mais alors on obtenait beaucoup trop d'acide pour qu'on pût supposer que ce gaz fût tout simplement dissous dans l'eau de mer, comme il l'est dans l'eau douce; les sels dissous devaient nécessairement en favoriser l'absorption, mais quels étaient ceux qu'on était en droit de faire intervenir? Des expériences diverses ont aujourd'hui démontré qu'une assez forte proportion de l'acide carbonique autrefois considéré comme dissous dans l'eau de mer est en réalité combinée avec le carbonate de chaux lui-même, de manière à former du bicarbonate de chaux. Le bicarbonate de chaux est un sel très soluble, mais si facilement décomposable, qu'il est, à la température ordinaire, toujours en état de *dissociation*, et que la quantité qui peut exister dissoute dans un certain volume d'eau varie sans cesse avec la tension de l'acide carbonique dans l'atmosphère au contact de laquelle se trouve la dissolution. C'est ce qui arrive pour le bicarbonate de chaux contenu dans l'eau de mer. Si, pour une cause quelconque, la tension de l'acide carbonique dans l'atmosphère vient à diminuer, aussitôt une certaine quantité de ce gaz s'échappe de la combinaison instable où il était retenu et vient rétablir l'équilibre; une quantité correspondante du bicarbonate dissous retourne à l'état de simple carbonate. Au contraire, si la tension de l'acide carbonique s'accroît, le phénomène inverse se manifeste, de telle sorte que, partout au-dessus de l'Océan, au-dessus même des continents, malgré les innombrables combustions qui sont le résultat de l'activité vitale et aussi d'un grand nombre de réactions entre les corps inorganiques, la proportion de l'acide carbonique contenu dans l'air demeure tellement constante grâce aux courants atmosphériques qui établissent une grande homogénéité dans les différentes régions, qu'elle oscille seulement entre 0,0004 et 0,0006. La mer se trouve ainsi le principal régulateur de la composition de l'atmosphère, que l'on représentait, depuis Priestley, comme tour à tour souillée d'acide carbonique par les animaux et purifiée par les végétaux, les deux règnes organiques étant ainsi indispensables l'un à l'autre. L'harmonie qui semblait résulter de l'expérience célèbre du savant anglais, faisant vivre côte à côte sous une cloche une Souris et un pied de Menthe, ne peut, du reste, s'établir dans les grands fonds, où manquent complètement les Végétaux verts qui devraient absorber l'acide carbonique résultant de la respiration des animaux.

L'oxygène et l'azote se laissent extraire simplement par l'ébullition, après avoir pris des précautions minutieuses pour que, en faisant passer l'eau des bouteilles où elle a été puisée dans le vase où on la fait bouillir, on ne laisse s'échapper ou s'introduire aucune bulle de gaz qui vienne troubler les résultats. Le tableau suivant indique les proportions d'oxygène et d'azote dissous à différentes températures sous la pression de 760 millimètres dans un litre d'eau de mer.

GAZ DISSOUS

en centimètres cubes.

Température.	Azote.	Oxygène.
0°	15,60	8,18
10°	12,47	6,45
20°	10,41	5,51
30°	8,36	4,17

Ces chiffres ne diffèrent pas notablement de ceux que fournissent soit l'eau courante, soit l'eau de pluie, chiffres qui sont d'ailleurs assez variables. Bien que la quantité de gaz dissous augmente à ce point, que l'eau recueillie à 2000 mètres mousse comme de l'eau de Seltz au moment où on l'extrait des bouteilles à eau, la composition de la masse gazeuse dissoute dans les eaux profondes varie assez peu. La proportion de l'oxygène diminue et celle de l'acide carbonique augmente avec la profondeur. Au fond même de l'Océan, il existe une nappe d'eau où, quelle que soit la profondeur, la quantité d'acide carbonique tenue en dissolution est considérable. Cet accroissement de la proportion d'acide carbonique au fond de la mer est manifestement due à la présence des animaux, car on a constaté que, partout où l'acide carbonique est en grande abondance, la vie est toujours très active et la faune très riche.

La détermination de la température des eaux profondes constitue l'un des problèmes les plus délicats qui se rattachent à l'étude que nous avons entreprise. On ne peut songer, on le comprend, à mesurer purement et simplement, comme le faisait en 1740 le capitaine Ellis, la température de l'eau que rapportaient les bouteilles. Cette eau, en traversant les couches supérieures, s'échauffe notablement, et ce n'est pas du tout la température abyssale que donnent les thermomètres ainsi employés.

On essaya de tourner la difficulté au moyen de thermomètres *à maxima* et *à minima*, qui indiquaient les températures extrêmes auxquelles ils avaient été soumis, et qui furent exclusivement employés par les expéditions anglaises. Le principe de la méthode reposait sur cette hypothèse, que la température décroît constamment à mesure qu'on descend le long d'une verticale. Malheureusement cette hypothèse n'a pas été vérifiée par l'expérience, et le *Challenger* lui-même montra que dans quelques cas, assez rares à la vérité, il existait à une certaine distance du fond un courant d'eau plus froide que l'eau voisine du sol. C'était la température de la couche la plus froide qu'indiquait alors l'appareil. Il fallait donc trouver un autre instrument donnant la température de l'eau *en un point déterminé*; le thermomètre de Negretti et Zambra, ingénieusement perfectionné par M. Alph. Milne Edwards, donna les meilleurs résultats à la commission française.

Qu'on imagine un thermomètre à mercure ordinaire, mais dont le tube a été coudé et légèrement étiré un peu au-dessus de la cuvette, de manière que son diamètre intérieur se rétrécisse en ce point. Si l'on vient à retourner brusquement l'instrument, la colonne de mercure se brise, au point rétréci, en deux parties, dont l'une demeure suspendue au-dessus de ce point, tandis que l'autre tombe au fond du tube. Il suffit de connaître la longueur de la colonne ainsi détachée pour mesurer la température, puisqu'elle représente tout le mercure qui s'est élevé au-dessus d'un point fixe. Il suffira donc, pour avoir la température à une profondeur donnée, de descendre un thermomètre à cette profondeur et d'en provoquer le retournement lorsqu'il l'aura atteinte. On pourra même échelonner un nombre aussi grand qu'on voudra de thermomètres le long d'un fil de sonde, et, si l'on arrive à les retourner tous à la fois, on déterminera en une seule opération la température d'un nombre égal de points situés sur une même verticale. Un mécanisme très simple permettait d'opérer le retournement des thermomètres. Pendant la descente ces instruments étaient maintenus chacun la cuvette en bas par un crochet terminé par un long manche horizontal (L, fig. 46, page 103); l'extrémité supérieure de leur tige buttait alors contre un ressort R qui tendait à la repousser. Au moment voulu, on laissait couler du navire un lourd anneau de fonte enfilé dans la corde soutenant les thermomètres. Cet anneau, en passant, abaissait le manche de tous les crochets, et les thermomètres, devenus libres, étaient brusquement refoulés par les ressorts; ils étaient maintenus par un cliquet dans leur nouvelle position. Dans les sondages un thermomètre précédait le sondeur; le manche de son crochet était attaché par un fil à l'anneau de soutien des poids, et le crochet était relevé au moment de la chute de ceux-ci par la traction du fil. C'est la disposition que représente la figure 46.

Il reste encore beaucoup à apprendre relativement à la température des mers à diverses profondeurs; un certain nombre de résultats importants ont cependant été acquis.

On est bien loin maintenant des idées de Péron, qui croyait en 1805 qu'il y avait un lit de glace au fond des mers; l'eau des grands fonds est toujours liquide; nous avons vu cependant, page 15, que sa température pouvait descendre au-dessous de zéro degré. Le *Lightning* découvrit en 1868, dans le canal large et profond qui sépare les îles Féroé du nord de l'Écosse, une région où la température était de — 1°,5 pour une profondeur de 900 mètres. On constata de plus, et non sans étonnement, qu'un peu plus à l'ouest, à la même profondeur, la moyenne des observations indiquait 7° au-dessus de zéro, sans qu'il y eût entre ces deux régions de crête sous-marine. On dut en conclure qu'un courant d'eau glacée pénétrait dans le canal, et y côtoyait un courant d'eau chaude venu du sud-ouest, courant qui s'étend en pleine mer jusqu'au fond de l'Océan, tandis que dans le canal il s'étale en une mince nappe sur la surface. On sut dès lors que des masses d'eau de densité et de température très différentes peuvent exister côte à côte sans se mélanger, pourvu que chacune d'elles soit constamment renouvelée. Ce fait était connu depuis longtemps pour ce qui concerne les courants super-ficiels, le Gulf-Stream par exemple : son extension aux masses d'eau profondes permit de conclure à l'existence de courants sous-marins, qu'on a retrouvés depuis dans un grand nombre de régions.

On apprit encore par cette croisière et par celle du *Porcupine* dans la même partie de l'Océan, que le minimum de température se trouve normalement au fond : « On peut admettre, dit Wyville Thomson, qu'une masse d'eau d'une épaisseur de 1200 à 1400 mè-tres, à température uniforme, sépare deux autres masses dans des conditions essentiellement différentes. Dans la masse supé-rieure, la distribution verticale des températures diffère beau-coup suivant les points considérés; dans la masse inférieure, la température va toujours en décroissant très lentement, mais là encore interviennent des courants qui amènent d'importantes variations. »

Laissons de côté le Gulf-Stream, et les courants équatoriaux, dont les mouvements, la masse et la direction sont bien connus : et considérons une section idéale faite à travers l'Atlantique, du nord au sud. Trois choses frappent au premier coup d'œil dans les tables de température qui ont été dressées. D'abord, quoique dans la région méridionale la profondeur soit inférieure, en moyenne, d'environ 1000 mètres à ce qu'elle est au nord de l'équateur, la température du fond, à latitude égale, est notablement plus basse : ainsi à 20° de latitude sud elle n'est que de 0°,9, tandis qu'elle atteint 2° à la même latitude dans l'hémisphère septentrional. En d'autres termes les lignes isothermes vont en se rapprochant de la surface quand on va du nord au sud. Un autre fait curieux se révèle quand on considère la région voisine de l'équateur. Contrai-rement à ce qu'on pourrait attendre, au-dessous de 300 mètres l'eau est sensiblement plus froide, à longitude égale, que sous les tropiques, de sorte qu'au-dessous de cette nappe tiède, dépassant souvent 26°, qui s'étend à la surface de la mer tout le long de l'équateur, le thermomètre descend partout à 7° avec la plus grande rapidité. En troisième lieu, à la surface, et pour des latitudes égales, mais peu élevées, l'eau est plus froide dans l'hémisphère antarctique que dans l'hémisphère arctique.

Ces simples remarques, qui résument les recherches faites par le *Challenger* dans l'océan Atlantique, nous révèlent un immense mouvement d'ensemble de toute l'eau contenue dans cette gigantesque cuvette : les masses liquides, incomparablement plus abondantes au voisinage du pôle austral qu'autour du pôle boréal, bordé de continents de tout côté, affluent constamment vers l'équateur pour combler les vides produits par l'évaporation, vides évalués à cent vingt trillions de mètres cubes par an. Passant par-dessous les eaux plus chaudes des tropiques, elles arrivent à l'équateur, où elles sont pour ainsi dire aspirées à la surface. Le même phénomène se produit pour les eaux arctiques, mais avec beaucoup moins d'intensité, à cause du peu de profondeur de la mer et de la faible proportion de la surface des eaux dans les régions septentrionales. Mais, s'il en est ainsi, la nappe profonde des régions équatoriales n'est autre chose que de l'eau polaire, qui, ne s'étant pas mélangée, doit avoir conservé intacte sa salinité. Effectivement, l'eau équatoriale prise au fond de la mer et l'eau des hautes latitudes, prise à la surface, ramenées toutes deux à la même température, présentent exactement la même proportion de sels dissous, proportion moindre que celle de l'eau de surface des régions tropicales et tempérées. Nous voilà donc en présence d'une circulation continuelle comparable de tous points à celle qui se manifeste à la surface de la mer par ce qu'on appelle ordinairement des courants ; mais les proportions des masses mises en mouvement sont bien autrement importantes, et, si les effets en sont plus lents, ils sont bien autrement puissants. Quoique moins nombreuses, les observations faites dans le Pacifique portent à penser que les phénomènes qui se passent dans cet océan sont sensiblement les mêmes. Mais il semble qu'il y ait deux foyers d'appels situés de part et d'autre de l'équateur et dont les centres seraient par 10° de latitude sud et 8° de latitude nord.

L'océan Glacial antarctique est de son côté le siège d'un mouvement de va-et-vient de même nature, mais dont la cause est un peu différente. Nous avons déjà signalé dans ces régions, à 100 mètres environ de profondeur, l'existence d'une nappe froide à la température de 1°,7, comprise entre deux couches de température plus élevées : la couche superficielle réchauffée par l'action solaire, et la couche la plus profonde également plus chaude. La présence de celle-ci est facile à expliquer si l'on se rappelle qu'elle a été observée en été, pendant l'expédition du *Challenger*; dans cette saison, l'eau provenant de la fusion de la glace s'étend pour ainsi dire à la surface, dans toutes les directions et chemine vers l'équateur, comme nous l'avons déjà indiqué. Mais entre 55° et 40° de latitude elle commence à s'enfoncer, le courant se divise en deux : une partie constitue cette masse importante que nous avons vue cheminer vers l'équateur; l'autre partie, réchauffée par son voyage vers des latitudes plus faibles, retourne vers le pôle en restant constamment au fond, et c'est elle qui vient constituer la nappe profonde relativement chaude de l'océan Antarctique.

C'est le premier exemple que nous ayons à signaler d'un contre-courant sous-marin; il en existe un autre d'une grande importance, dont la réalité a été longtemps niée, mais ne peut plus être discutée aujourd'hui. C'est celui qui, franchissant le détroit de Gibraltar en sens inverse du courant superficiel, c'est-à-dire de l'est à l'ouest, vient mêler les eaux chaudes de la Méditerranée aux eaux glacées du fond de l'Océan. Ce courant ne fait guère sentir son influence au-dessous de 200 mètres, et tout ce qui, dans la Méditerranée, est inférieur à ce niveau, n'est qu'une masse d'eau stagnante, à une température constante et égale à 13° dans toute son étendue.

De l'autre côté de l'isthme de Suez est une autre mer où l'action des courants se fait aussi bien peu sentir; c'est la mer Rouge, dont le fond est précisément aussi à la même température de 13°. Le caractère des mers fermées est donc de présenter, à partir d'un niveau relativement élevé, une masse d'eau qui paraît n'être jamais renouvelée. Un des meilleurs exemples peut être pris dans la mer de Banda, entre l'Australie et la partie occidentale de la Nouvelle-Guinée, où, à partir de 1200 mètres sur l'énorme profondeur de 2600 mètres, le thermomètre accuse constamment 3°,3. Les conditions de température ne sont donc pas aussi uniformes au fond de la mer qu'on s'était plu à le croire; l'eau n'y contient pas

toujours la même proportion de sels dissous et de gaz; la vase
elle-même n'y a pas une composition constante, et de vastes
étendues peuvent y être désolées par des éruptions volcaniques.
Cela explique une partie des variations qu'on observe dans la
composition de la faune. La vie ne trouve cependant pas dans
les grands fonds des éléments aussi favorables à la variété de ses
œuvres que ceux que lui offrent les rivages. On appréciera mieux
cette différence quand on aura jeté un coup d'œil sur la faune
littorale.

LIVRE IV

LE MONDE DES RIVAGES ET DE LA HAUTE MER

CHAPITRE I

LES ALGUES ET LES PROTOZOAIRES. — LES GRANDES CLASSES D'ANIMAUX MARINS.

Liens de la vie végétale et de la vie animale. — La couleur des Algues et leur distribution en profondeur. — Les zones littorales. — Les Protozoaires : Radiolaires et Foraminifères. — Les Animaux ramifiés et les Animaux segmentés.

La population de la mer n'est pas, comme celle de la terre ferme, composée d'organismes dont la physionomie soit connue de tout le monde. Il est nécessaire, pour bien apprécier la nature des notions nouvelles apportées à la zoologie par les grandes expéditions de dragage, de jeter un coup d'œil sur ce que l'observation journalière des littoraux avait pu nous apprendre.

Le monde végétal marin est demeuré à un degré tout à fait rudimentaire d'organisation si on le compare au monde végétal terrestre. Toutes les plantes connues se rattachent à quatre degrés d'organisation. A un premier degré, les diverses parties du corps ont sensiblement la même structure intérieure et souvent la même apparence ; à un second degré, le corps de la plante se divise en lames minces et élargies en *feuilles*, disposées sur des supports cylindriques, ramifiés, qui sont la première indication d'une *tige* ; à un degré plus élevé se différencie la *racine*, région destinée à fixer la plante dans le sol et à y puiser certaines catégories d'aliments, en même temps que des canaux conducteurs, les *vaisseaux*, se montrent dans les tissus ; enfin la plante se complète par l'apparition des *fleurs*. Au premier degré d'organisation appartiennent les *Champignons* et les *Algues*; au second, les *Hépatiques* et les *Mousses*; au troisième, les *Prèles*, les *Fougères* et les *Lycopodes*, qu'on appelle souvent les *Cryptogames vasculaires*; enfin, les *plantes à fleurs* ou *Phanérogames* sont toutes les herbes, les arbrisseaux et les arbres qui croissent autour de nous.

A proprement parler, de ces quatre degrés d'organisation, le premier seul est réalisé chez les végétaux marins, encore les Champignons ne sont-ils représentés dans les eaux de la mer que par des formes microscopiques, tout à fait infimes, tandis que les Algues atteignent, au contraire, une puissance de végétation hors de toute proportion avec celle que présentent les Algues d'eau douce. Il n'est pas rare de voir sur nos côtes certaines d'entre elles, les Laminaires par exemple, avoir cinq ou six mètres de long; les *Macrocystis* des côtes du Chili dépassent parfois deux cents mètres. Malgré ces colossales dimensions l'organisation reste simple : la vie dans l'eau ne nécessite pas pour les plantes la même organisation compliquée que la vie dans l'air.

Les Algues se distinguent des Champignons notamment en ce qu'elles contiennent en quantité la substance verte qui colore les feuilles des végétaux terrestres et leur permet de se nourrir aux dépens de l'acide carbonique de l'air. Sous l'action de la lumière solaire, cette substance, la *chlorophylle*, décompose l'acide carbonique : le végétal en retient le carbone et rejette tout ou partie de l'oxygène. Les Champignons et les animaux, dépourvus de chlorophylle, ne peuvent prendre à l'acide carbonique de l'air le carbone dont ils ont besoin; ils sont réduits à l'emprunter soit au corps des autres végétaux morts ou vivants, soit à celui d'animaux qui l'ont pris eux-mêmes à des végétaux. Les végétaux verts sont donc, en définitive, pour les animaux, la grande fabrique de matières alimentaires. Il semble que sans eux il ne saurait y avoir de vie animale. Eux-mêmes ne peuvent fixer le carbone qu'en présence de la lumière solaire. C'est donc, en définitive, à la coopération du soleil et de la substance verte des plantes, que nous devons d'exister.

Mais la lumière solaire ne pénètre l'eau que difficilement. A 400 mètres de profondeur, ce qui s'en propage encore dans les lacs comme dans la mer n'agit pas sur les plaques photographiques les plus sensibles et se trouve incapable de fournir à la chlorophylle la somme de radiations solaires nécessaire pour décomposer l'acide carbonique. Les végétaux verts ne peuvent plus se nourrir; ils disparaissent en totalité. Dès lors les conditions de l'existence sont bien changées pour les animaux : ils ne continuent à vivre qu'à la condition de devenir carnivores, en donnant à ce mot l'acception la plus large. Wallich a bien supposé qu'il existe dans les grands fonds d'autres êtres que les végétaux verts capables de se nourrir d'aliments exclusivement minéraux. Mais les substances qui prennent la plus grande part à la constitution soit d'un animal, soit d'un végétal, contiennent l'oxygène, l'hydrogène, l'azote et le carbone dans des proportions telles, qu'après avoir formé de l'eau ou de l'ammoniaque elles laissent encore, comme résidu, soit un excès de carbone, soit un excès d'hydrogène et de carbone. Le carbone, en particulier, ne peut être pris qu'à l'acide carbonique de l'air; or la décomposition d'un poids donné d'acide carbonique exige la consommation d'une quantité déterminée de chaleur. Cette chaleur est fournie aux végétaux verts par les radiations solaires qu'absorbe la chlorophylle et que rien de connu ne remplace au fond de la mer. Dans l'état actuel de la science, l'hypothèse de Wallich est donc insoutenable : il demeure probable que les aliments primitifs sont fabriqués par les végétaux dans la zone éclairée, et il faut bien admettre, jusqu'à plus ample informé, qu'ils descendent de cette zone jusque dans les plus grandes profondeurs de la mer, les uns emportés de proche en proche par des animaux tous carnivores, les autres tombant directement de la surface. Tels sont ces débris de *Coccosphères* et de *Rhabdosphères* connus sous le nom de *Coccolithes*, si communs dans la vase à Globigérines, et dont s'alimentent beaucoup d'êtres abyssaux.

La ligne où cesse la végétation verte marque donc un changement assez profond dans les conditions d'existence des animaux pour qu'on puisse la considérer comme séparant deux grandes régions, l'une qu'il serait tout simple d'appeler *région éclairée*, l'autre *région obscure*, si la diminution de lumière n'était pas graduelle. Nous appellerons simplement ces deux régions la *région littorale* et la *région profonde*. La température semblerait devoir permettre de diviser la région profonde en plusieurs *zones*, mais comme la température dépend en grande partie de la profondeur, qu'elle peut être elle-même modifiée par les courants, autant vaut prendre tout de suite la profondeur comme caractère des zones de la région profonde. Quant à la région littorale, les Algues permettent encore d'y distinguer plusieurs zones. Beaucoup de ces plantes produisent en effet des pigments de diverses couleurs qui, mélangés plus ou moins à la chorophylle, leur donnent une couleur bleue, verte, brune ou rouge. On sait, d'autre part, qu'un rayon de lumière blanche résulte de la superposition de rayons de diverses couleurs

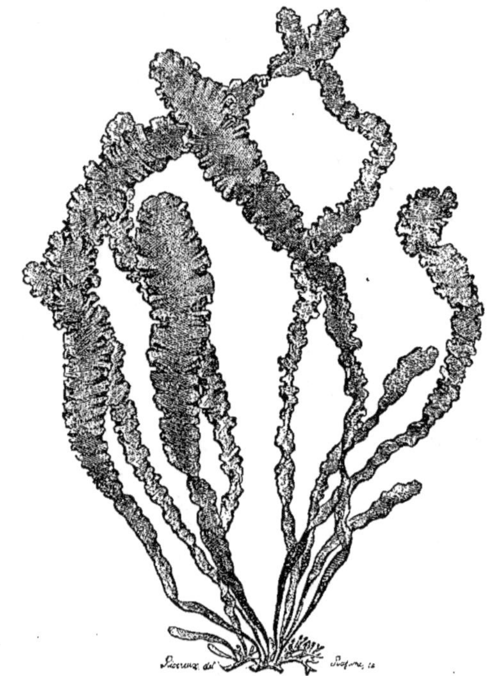

Fig. 59. — Algue verte, *Ulva linza*, Linné. — 1/5 de grandeur naturelle.

séparées dans l'arc-en-ciel et qui s'échelonnent dans l'ordre suivant :

Violet, indigo, bleu, vert, jaune, orangé, rouge.

Les Algues bleues renvoyant à l'œil les rayons de cette couleur ont besoin de rayons rouges pour décomposer l'acide carbonique; les Algues vertes exigent une certaine intensité de tous les rayons; les Algues brunes n'emploient que des rayons compris entre le

jaune et le violet; les Algues rouges, que des rayons bleus. Or, à
mesure qu'un rayon blanc pénètre dans l'eau, il perd successivement la plus grande partie de ses rayons, en commençant par le
rouge, et c'est pourquoi les eaux les plus limpides, quand elles

Fig. 60. — Algue brune, *Alaria fistulosa*, Postels et Ruprecht.
1/75 de grandeur naturelle.

sont suffisamment profondes, nous paraissent toujours colorées en
indigo. Il suit de là que les Algues bleues et vertes ne peuvent vivre
que dans la zone la plus superficielle; viennent ensuite les Algues
brunes, enfin les Algues rouges. Les Algues, mesurant en quelque
sorte la qualité de la lumière qui pénètre dans l'eau, permettent de
diviser la région littorale en zones correspondant à autant d'états

physiques déterminés, et pour chacune desquelles se pose la question de savoir dans quel rapport la vie végétale et la vie animale se trouvent avec cet état physique.

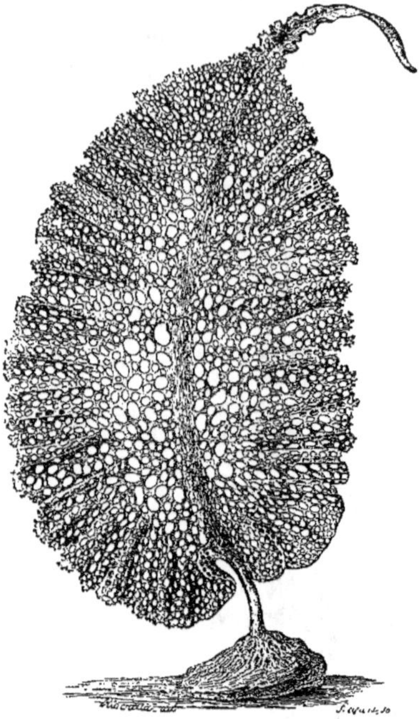

C'est ainsi qu'on distinguera nettement trois zones :

1° La zone des Algues bleues (Oscillaires) ou vertes (Ulves, fig. 59).

2° La zone des Algues brunes (Fucus et Laminaires, fig. 60 et 61).

3° La zone des Algues rouges (Floridées, fig. 62 et 63, et Algues calcaires).

Chaque zone se termine là où cessent de croître les Algues qui lui correspondent, Algues qui peuvent du reste empiéter plus ou moins dans la zone précédente. Ces divisions s'appliquent à toutes les côtes, mais mille autres conditions font varier en chaque localité la population animale qui correspond à chacune d'elles, population que nous avons maintenant à faire connaître dans son ensemble et que nous allons voir s'élever peu à peu depuis des formes tout à fait infimes jusqu'aux Poissons.

La vie n'a pas besoin, pour se manifester, d'organes et d'appareils compliqués. Les *Protozoaires*, les plus simples des êtres vivants, sont uniquement constitués par un grumeau presque microscopique d'une

Fig. 61. — Algue brune, *Agarum Gmelini*, Mertens.

Fig. 62. — Algue rouge *Delesseria sanguinea*, Lamouroux. — 1/6 de grandeur naturelle.

sorte de gelée qu'on appelle le *protoplasme* et qui est la *substance vivante* par excellence. Cette gelée se meut, se nourrit, se reproduit; elle est sensible, se découpe sur ses bords en lobes temporaires (fig. 64) ou s'étire en longs filaments qui peuvent se souder entre eux, se confondre, se séparer, disparaître en rentrant dans la masse commune, pour être ensuite remplacés par d'autres. Ces filaments, sans cesse en quête d'une proie qu'ils puissent capturer, sont ce qu'on nomme des *pseudopodes*. On appelle *Rhizopodes* les Protozoaires dont le protoplasme est nu; *Infusoires*. ceux dont le protoplasme est enfermé dans une membrane.

Fig. 63. — Algue rouge, *Callithamnium graniferum*, Meneghini.

Les Rhizopodes sont pour nous particulièrement intéressants parce qu'ils vivent en nombre immense dans toutes les mers. Le proto-

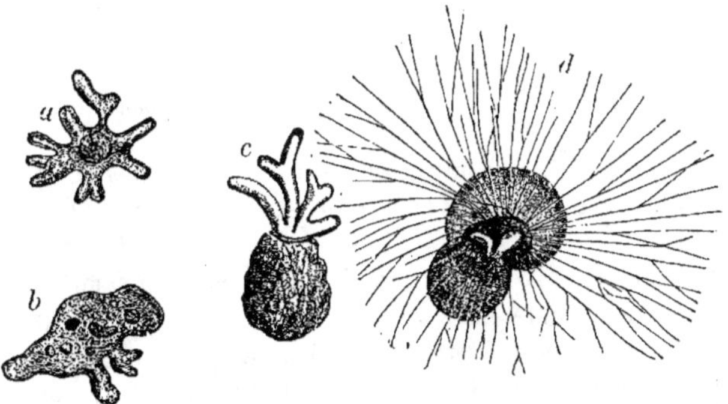

Fig. 64. — Rhizopodes. — *a* et *b*, le même Amibe dessiné à quelques minutes d'intervalle; — *c*, Gromie dont le corps, enfermé dans une bourse, ne laisse sortir les pseudopodes que par un orifice; — *d*, Foraminifère (Globigérine) avec ses fins pseudopodes étalés.

plasme des espèces marines, tout informe qu'il est, a la singulière propriété de produire soit des squelettes siliceux, soit des coquilles calcaires d'une extraordinaire élégance et d'une telle variété de forme que c'est par nombreux milliers qu'on les compte. Les Rhizopodes à squelette siliceux forment la classe des *Radiolaires* (fig. 65), ainsi nommés à cause des aiguilles rayonnantes de cristal de roche qui sont la base de leur squelette. Les Rhizopodes à coquille calcaire constituent la classe des *Foraminifères*. Leur coquille, cloisonnée à l'intérieur (fig. 66) est, en effet, percée de *foramens* ou petits trous par lesquels sortent les pseudopodes. Ces coquilles presque microscopiques ont pris de tout temps, comme de nos jours, une part importante à la formation des dépôts sous-marins. La pierre

A   B

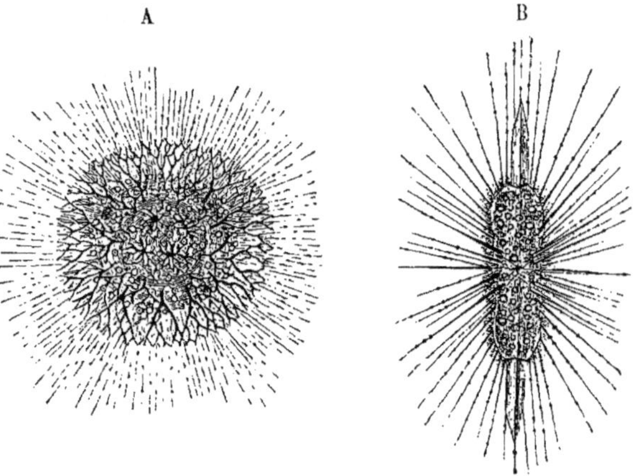

Fig. 65. — Radiolaires.
A, *Cladococcus cervicornis*, et B, *Amphilonche heteracantha*, très grossis.

à bâtir de Paris (fig. 66) et de Berlin, celle qui a servi à faire les pyramides d'Égypte sont en grande partie formées de débris de Foraminifères.

L'étude attentive des Protozoaires a eu pour la science une importance considérable. Elle a permis de comprendre en quoi consiste ce qu'on nomme l'*organisation* chez les animaux supérieurs.

Tous ces animaux ne sont autre chose que des agglomérations de petites masses de protoplasme, qu'on nomme des *cellules* ou *éléments anatomiques*, et dont chacune, vivant pour son compte, est de tous points comparable à un Protozoaire. Plus les cellules ainsi associées sont nombreuses et variées, plus est élevée la place de l'animal qu'elles constituent dans l'échelle de l'organisation. Toutes les cellules constituant un même organisme proviennent de la division d'une cellule unique primitive, l'*œuf*; leur nombre étant ordinairement très considérable, les animaux supérieurs ont, en général, une taille bien plus grande que celle des Protozoaires.

Nous sommes habitués à voir les animaux terrestres se mouvoir librement autour de nous, et cette aptitude à se mouvoir est pour presque tout le monde le caractère distinctif par excellence des Animaux, les Végétaux étant au contraire fixés au sol. Ce caractère n'a plus une pareille valeur pour les animaux marins. Un grand nombre d'entre eux demeurent attachés au

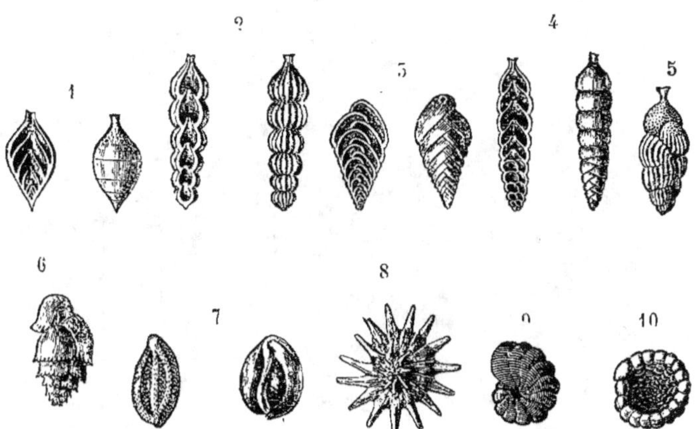

Fig. 66. — Coquilles très grossies de Foraminifères. — 1, Glanduline. — 2, Nodosaire. — 3, Textulaire. — 4, Bigénérine. — 5, Uvigérine. — 6, Bulimine. — 7, Triloculine. — 8, Calcarine. — 9, Planorbuline. — 10, Cristellaire.

sol pendant une partie plus ou moins longue de leur existence; leur corps peut être ramifié comme celui d'une plante ou formé de parties disposées en rayons comme les pétales d'une fleur; dans ce dernier cas il est assez souvent libre. On donne à ces êtres, dont la forme rappelle celle du corps ou des fleurs des végétaux, le nom de *Zoophytes* ou de *Phytozoaires*, qui veut dire *Animaux-plantes*.

Tous les animaux marins doués d'une grande activité de locomotion ont, au contraire, un corps formé de deux moitiés symétriques, l'une droite, l'autre gauche; ils marchent dans la direction de leur bouche et ressemblent, dans tous leurs traits généraux, aux animaux terrestres. Ils forment avec eux le sous-règne des *Artiozoaires*, mot qui veut dire *Animaux pairs, Animaux symétriques*.

La ressemblance extérieure des Phytozoaires avec les végétaux

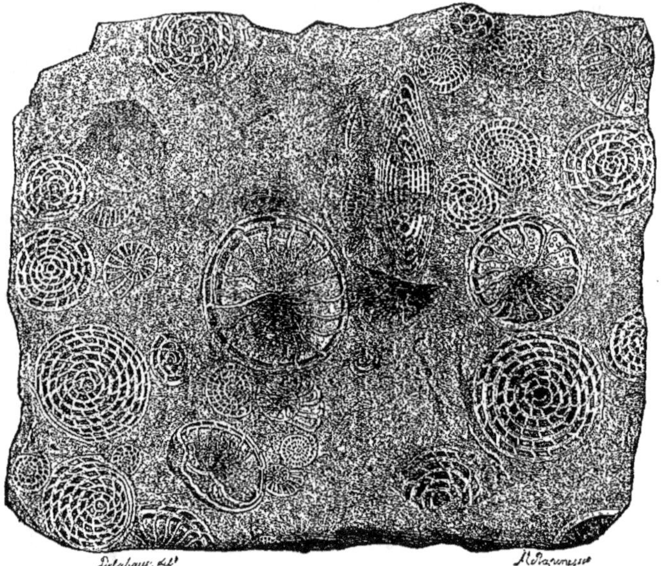

Fig. 67. — Morceau de pierre à bâtir, calcaire grossier, montrant de nombreux Foraminifères, notamment des *Nummulites Rouaulti*. — Grandeur naturelle.

est telle, qu'on les a réellement pris pour des plantes jusqu'à la fin du siècle dernier. Cette ressemblance n'est pas seulement superficielle : elle s'accuse nettement dans un grand nombre de particularités qui ont frappé d'étonnement les naturalistes familiarisés seulement avec l'étude des animaux terrestres, mais qui perdent tout ce qu'elles ont de merveilleux et d'incompréhensible dès que l'on compare les Animaux-plantes aux Végétaux.

CHAPITRE II

LES ANIMAUX RAMIFIÉS OU PHYTOZOAIRES

Les Éponges; leurs principales formes; leur genre de vie. — Les Polypes : Hydres, Méduses, Actinies. — Les Méduses sont des fleurs animales. — Ressemblance des Actinies et des Méduses. — Les Madrépores; le Corail.

Les ANIMAUX-PLANTES[1] se rattachent tous à trois formes bien connues : les *Éponges*, les *Polypes* et les *Échinodermes*, animaux rayonnés à peau épineuse dont les Oursins et les Étoiles de mer sont le type.

Les Éponges sont presque aussi complètement immobiles que les plantes. Elles abondent partout, surtout parmi les Algues et les galets, sous les rochers, dans les grottes sous-marines. Elles constellent tous les objets auxquels elles adhèrent de taches aux couleurs souvent éclatantes : blanches, jaunes, rouges ou bleues. La substance charnue de leur corps est creusée d'une multitude de cavités sphériques (fig. 68, B) tapissées de cellules munies chacune d'un filament grêle, d'une sorte de fouet sans cesse vibrant (fig. 69). Ces cavités ou *corbeilles vibratiles* communiquent chacune avec l'extérieur par deux canaux; les fouets vibrants qu'elles contiennent déterminent par leur mouvement un appel de l'eau ambiante, qui arrive dans la corbeille par un des canaux et sort par l'autre. L'un des canaux est donc *afférent*, l'autre *efférent*. Les canaux afférents, après s'être plus ou moins unis entre eux, s'ouvrent au dehors par de petits trous, les *pores inhalants*; les autres amènent l'eau qui les traverse dans une chambre assez vaste s'ouvrant à l'extérieur par un grand trou qu'on nomme *l'oscule*. L'Éponge prend incessamment l'oxygène et les aliments qui lui sont nécessaires dans le courant d'eau qui la traverse, entre par les pores inhalants et sort par l'oscule. Ses aliments

---

1. On les appelle souvent *Zoophytes* ou *Phytozoaires*, ce qui n'est que la traduction en grec des mots *Animaux-plantes*; Cuvier les appelait des *Rayonnés*.

sont représentés par les myriades de petits organismes que l'eau de mer entraîne avec elle.

La substance vivante des Éponges est ordinairement soutenue par un squelette solide, et ce squelette peut être *calcaire, siliceux*

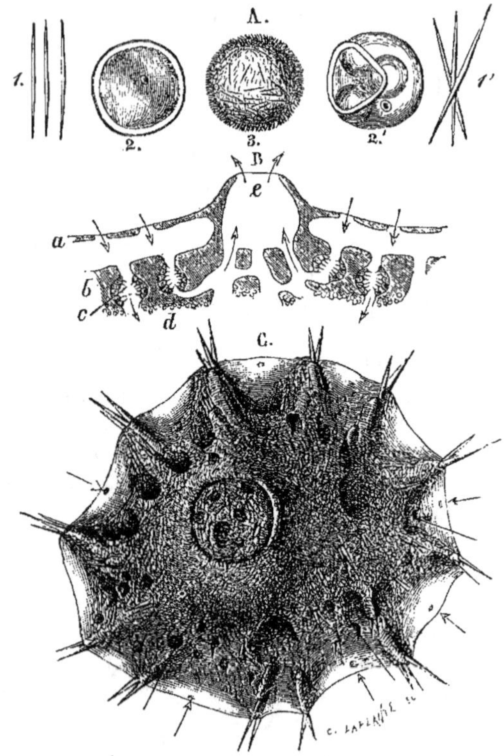

Fig. 68. — Spongille ou Éponge d'eau douce. — A. — 1, 1'; Spicules siliceux de la *Spongilla fluviatiles*; 2, 2', 3, ses œufs. — B. coupe d'un jeune Spongille. — *a*, pores inhalants, *b*, substance de l'Éponge, *c*, corbeilles vibratiles. — *d*, corps reproducteur. — *e*, oscules. — C, jeune Spongille.

ou *corné*. De là trois grands groupes d'Éponges, auxquels on en ajoute parfois un quatrième pour les Éponges sans squelette ou *Éponges charnues*.

Chez les *Éponges calcaires* et les *Éponges siliceuses* le squelette n'est pas continu : il est formé de corpuscules, souvent microscopiques, qui ont les formes les plus variées; ce sont des aiguilles pointues aux deux bouts (fig. 68 et fig. 69), des épingles pourvues de leur tête, des clous à tête souvent très large et profondément découpée, des ancres à plusieurs crochets, des étoiles à trois branches, de minuscules boutons doubles, etc. Toutes ces productions solides portent le nom de *spicules*, elles ont des usages divers auxquels leurs formes sont appropriées : les unes maintiennent solidement unies les diverses parties de l'Éponge; les autres amarrent l'Éponge aux corps qui l'environnent; d'autres la défendent contre les animaux carnassiers qui pourraient être tentés de l'attaquer. Chaque espèce d'Éponge est d'ailleurs reconnaissable à la forme et à l'arrangement de ses spicules.

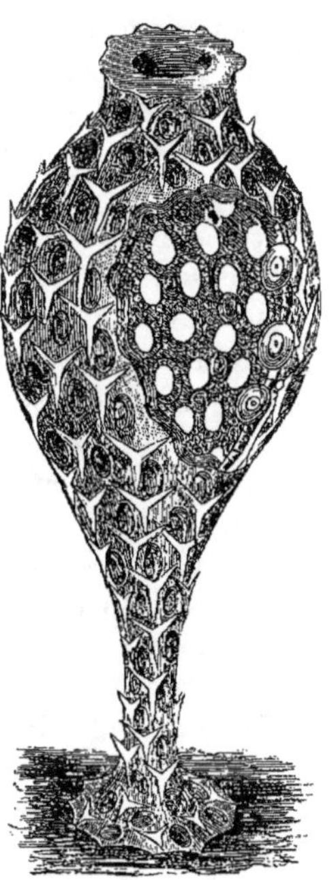

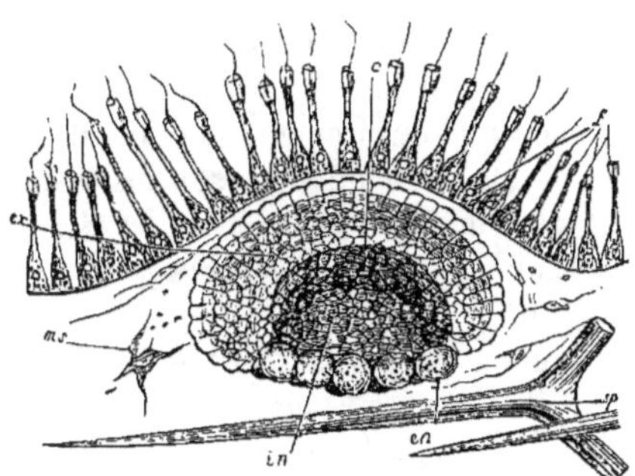

Fig. 69. — Coupe à travers une Éponge calcaire, montrant les cellules à fouet vibrant *f*, les éléments du tissu sous-jacent *ms*, les spicules calcaires *sp* et une jeune larve prête à éclore *c*, *in*, *ex*.

Fig. 70. — *Olynthus primordialis*, Hæckel, la plus simple des Éponges calcaires.

De toutes les Éponges les plus instructives à étudier sont les Éponges calcaires. La plus simple, l'*Olynthus primordialis* (fig. 70), est une petite urne percée de trous, servant à l'entrée de l'eau, qui sort par l'ouverture supérieure de l'urne. Les parois de l'urne sont soutenues par des spicules à trois branches, et sa cavité est couverte de fouets vibratiles. Les *Olynthus* restent isolés, mais chez d'autres espèces, les *Ascandra* par exemple, la première urne, une fois formée, bourgeonne, comme le ferait une jeune plante et en produit d'autres toutes semblables qui finissent par former un élégant arbrisseau dont chaque branche se termine par un oscule. Quand les branches d'un semblable arbrisseau sont très serrées, elles forment une masse compacte dans laquelle les dernières branches ne sont séparées les unes des autres que par d'étroits espaces. L'eau ne pénétrant plus l'Éponge que par ces espaces, chaque urne y puise celle qui lui est nécessaire par un canal unique et renvoie cette eau par un canal également unique dans les espaces qui s'ouvrent au dehors par les oscules. L'urne ainsi transformée est devenue une corbeille vibratile. Chaque corbeille représente donc un *Olynthus*, et toute Éponge peut être considérée comme une somme d'*Olynthus* disposés de façons si diverses et parfois si compliquées qu'à première vue rien ne ferait supposer chez une Éponge usuelle une semblable constitution. Chaque *Olynthus* étant un organisme complet, on peut dire qu'une Éponge est un *organisme composé*. Ces organismes composés portent le nom de *colonies* quand on peut distinguer les individus qui les composent; mais nous verrons bientôt qu'il n'existe aucune démarcation entre les colonies et les organismes supérieurs, tous formés d'organismes plus simples devenus étroitement solidaires.

Les Éponges calcaires sont très abondantes sur les rivages de nos mers; on peut citer parmi les plus communes les *Sycon*, qui ont l'apparence de petits radis blancs, et les *Leucosolenia*, véritable dentelle vivante.

Les Éponges siliceuses commencent par des formes aussi simples, mais de bien plus grande taille que les Éponges calcaires, et atteignent un degré plus grand de complication. Leurs spicules dominants sont à une, quatre ou six branches, deux des branches étant dans ce dernier cas perpendiculaires au plan des quatre autres. On répartit donc les Éponges siliceuses, de beaucoup les plus communes sur nos côtes, en trois groupes : les *Monactinellidæ*, les *Tetractinallidæ* et les *Hexactinellidæ*. La plupart des Éponges qui vivent sur notre littoral appartiennent aux deux premiers groupes, et c'est au premier que se rattachent les Éponges d'eau douce, bien connues sous le nom de Spongilles (fig. 68, C). Beaucoup de *Monactinellidæ* ont leurs spicules associés à des fibres cornées. Les fibres peuvent, dans certaines espèces, prendre la prédominance; les spicules siliceux se réduisent alors de plus en plus et finissent par disparaître.

Ainsi se constituent les *Éponges cornées*, dont le type bien connu est l'*Euspongia usitatissima* ou Éponge usuelle (fig. 71). Enfin, les fibres elles-mêmes manquent dans les *Éponges charnues*, telles que

Fig. 71. — L'Éponge usuelle.

les *Halisarca*, qui recouvrent les rochers de nos côtes d'incrustations d'un beau violet, comme font les lichens pour les roches exposées à l'air libre.

Les *Polypes* sont tout aussi communs sur nos côtes et peut-être

11

plus encore que les Éponges. Ils sont fixés comme elles, et quelques-uns couvrent les Algues, les galets et jusqu'aux coquilles de Mollusques et aux carapaces des Crustacés d'arborescences délicates, semblables à une fine mousse transparente, de couleur brune. Chaque branche de la mousse se termine par une petite urne au-dessus de laquelle s'épanouit le polype (fig. 72).

Malgré quelques ressemblances générales, l'histoire des Polypes diffère beaucoup de celle des Éponges; elle est aussi bien autrement intéressante. Nous distinguerons tout de suite trois sortes de Polypes, intimement liées d'ailleurs l'une à l'autre : les *Hydres*, les *Méduses* et les *Actinies*.

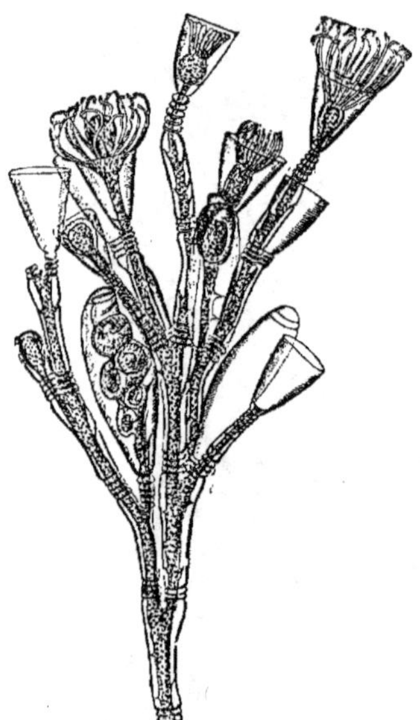

Fig. 72. — Rameau de Campanulaire (*Campanularia Johnstoni*, Alder) dont une des loges est remplie de Méduses.

Les *Hydres* ont la forme d'un petit cornet charnu assez semblable à un *Olynthus* dont la paroi serait continue et qui n'aurait par conséquent qu'un orifice supérieur. Ce cornet porte de longs tentacules, ordinairement pleins, tantôt disposés en couronne, un peu au-dessous de la bouche (fig. 72), tantôt irrégulièrement placés sur sa surface (fig. 74).

Ses parois ne contiennent jamais de spicules, et sa cavité, parfois couverte de filaments vibratiles, paraît à l'œil nu absolument lisse. Les unes vivent isolées, à la façon des *Olynthus* : telle est l'espèce, célèbre par les expériences de Trembley, qui habite les eaux douces (fig. 73)[1]. Mais la plupart bourgeonnent et se ramifient comme l'*Ascandra pinus*. Elles forment alors des colonies, qui demeurent toujours très légères et ressemblent à de minuscules arbrisseaux. Chaque colonie est ordinairement soutenue et protégée par un étui corné qui se ramifie avec elle (fig. 72 et 74).

---

1. Voir pour l'histoire détaillée des Éponges et des Polypes notre livre : *Les colonies animales et la formation des organismes*, G. Masson, éditeur.

Les *Méduses* ont une forme bien différente de celle des Hydres et sont aussi plus compliquées. Leur corps a tantôt la forme d'une cloche (fig. 79, C), tantôt celle d'un champignon (fig. 85), ce qui permet de distinguer les Méduses en deux grandes catégories, que nous appellerons tout simplement les *Méduses en cloche* et les *Méduses en champignon*. La bouche est située à l'extrémité libre du battant de la cloche ou du pied du champignon. L'un et l'autre sont creux, et peuvent être respectivement considérés

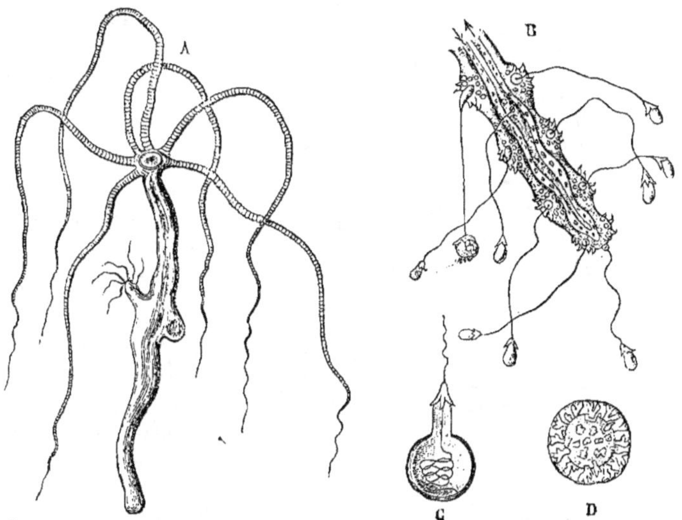

Fig. 75. — A, Hydre d'eau douce. — B, Extrémité d'un de ses bras d'où une compression artificielle a fait jaillir les capsules urticantes. — C, capsule urticante. — D, œuf.

comme un *sac stomacal*. On est convenu de désigner sous le nom d'*ombrelle* la cloche elle-même ou le chapeau du champignon. Du fond de la cavité stomacale partent quatre canaux qui parcourent l'ombrelle le long de quatre de ses méridiens; ils aboutissent chez les Méduses en cloche à un canal circulaire courant le long du bord libre de l'ombrelle; chez les Méduses en champignon ils se ramifient après un trajet plus ou moins long et forment au bord de l'ombrelle un réseau à mailles plus ou moins serrées. Le bord de l'ombrelle porte ordinairement de longs filaments, les tentacules de la Méduse, et des organes spéciaux dans lesquels sont réunis tout à la fois les éléments d'un œil et d'une oreille.

On pourrait comparer une Méduse à une fleur monopétale, telle qu'un Liseron ou une Campanule, dont l'ombrelle serait la corolle et le sac stomacal le pistil. De même les *Actinies* (fig. 75) peuvent être comparées à des fleurs polypétales. Elles ont en effet un corps cylindrique surmonté de tentacules, souvent très nombreux, disposés autour de la bouche comme les pétales d'une rose autour du pistil. Ces tentacules (fig. 76) n'ont, malgré les apparences, aucun rapport avec ceux des Hydres. Ils sont toujours creux et, au lieu d'être de simples pro-

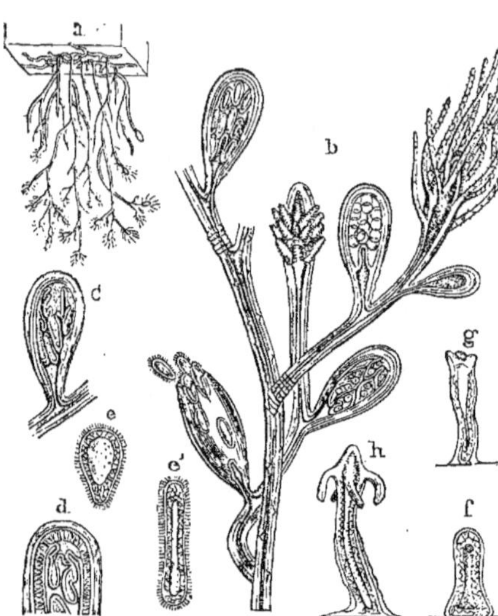

Fig. 74. — Colonie d'un Polype d'eau douce, le *Cordylophora lacustris*, Allmann. — *a*, grandeur naturelle; — *b*, rameau grossi; — *c*, *d*, individus reproducteurs; — *e*, *e'*, larves; — *f*, *g*, *h*, jeunes individus.

longements de la paroi du corps, ils constituent par leur soudure le corps tout entier. Tous sont, en outre, soudés à un tube central qui fait suite à la bouche et qui correspond au sac stomacal de la Méduse ; au-dessous de ce tube ils sont fendus dans toute leur longueur et s'ouvrent, ainsi que le tube lui-même, dans une cavité centrale, autour de laquelle leurs parois, soudées à celles des tentacules voisins, découpent autant de *loges* qu'il y a de tentacules. Ces loges sont disposées autour de la cavité centrale comme les loges d'une salle de spectacle autour de la salle. La cavité

Fig. 75. — Actinie œillet.

centrale des Actinies n'a donc pas ses parois unies comme celle des Hydres, et nous verrons qu'elle ne lui correspond en rien.

A la différence des Hydres et des Méduses, les Actinies produisent très fréquemment dans l'épaisseur de leurs tissus des corpuscules calcaires qui tantôt demeurent isolés à l'état de spicules, tantôt s'unissent tous ensemble de manière à former à l'animal un squelette *intérieur*, qu'on nomme son *polypier*. Les Actinies peuvent vivre à l'état isolé, comme l'*Olynthus*, l'Hydre d'eau douce et la plupart des Méduses. Le plus souvent cependant elles bourgeonnent, se ramifient et peuvent former, exactement comme les Éponges, soit des colonies arborescentes (fig. 77), soit des colonies compactes. Dans ces dernières il peut devenir impossible de tracer la limite de chaque Actinie et de ses voisines, mais les tentacules et les loges qui leur correspondent demeurent toujours distincts.

Les colonies des Actinies à squelette calcaire peuvent acquérir une très grande taille; on les désigne sous le nom général de *Madrépores*. Dans les mers chaudes la croissance de ces Madrépores est tellement active qu'ils forment ces vastes îles, presque toujours de forme annulaire, qu'on

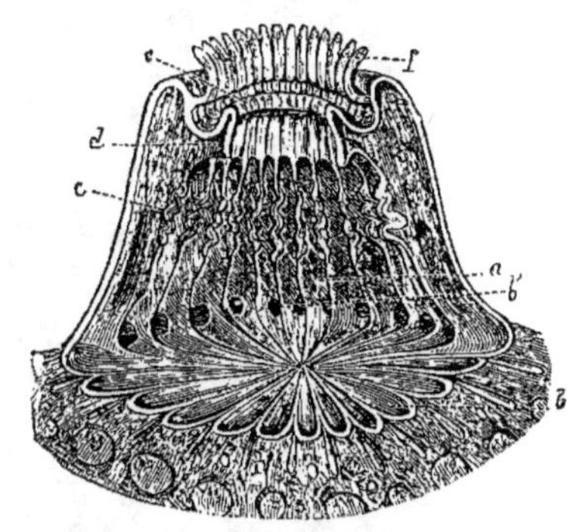

Fig. 76. — Coupe d'un polype du groupe des Actinies (*Gerardia Lamarcki*, Lacaze-Duthiers). — *a*, loges; — *b*, *b'*, canaux de communication entre les divers polypes de la colonie; — *c*, cloisons; — *d*, tube stomacal; — *e*, bouche; — *f*, tentacules.

nomme *atolls*. Un grand nombre d'archipels du Pacifique ne sont, nous l'avons vu, que des groupes d'atolls (fig. 14, page 57).

Les Hydres, les Méduses et les Actinies sont des animaux carnassiers pouvant dévorer jusqu'à des poissons. Un même procédé leur sert pour capturer leur proie. La couche externe de leur corps, y compris celle des tentacules, est bourrée de vésicules cornées, ovoïdes, remplies d'un liquide corrosif (fig. 73, C); le sommet extérieur de ces vésicules se replie à leur intérieur en un long tube enroulé en spirale; au moindre contact, ce tube se retourne, se déroule brusquement, sort de la vésicule, s'enfonce dans les téguments de l'animal qui a frôlé le polype et y verse le liquide corrosif. Il produit exactement sur les parties délicates de notre peau l'effet d'une piqûre d'ortie, d'où le nom de *capsules*

urticantes qu'on a donné à ces singuliers organes, celui d'*Orties*
sous lequel on désignait autrefois les grandes Actinies, et celui
d'*Acalèphes* qui n'est que le nom grec de l'Ortie, attribué par Cuvier
aux Méduses. L'effet du venin issu des capsules urticantes est
foudroyant sur les petits animaux; les polypes les saisissent alors
facilement à l'aide de leurs tentacules, les portent à leur bouche

Fig. 77. — Un polypier arborescent, la *Dendrophyllia ramea*, H. Milne Edwards, de nos mers.

et les avalent. Le genre de vie de ces chasseurs à l'affût est,
comme on voit, bien différent de celui des Éponges.

Jusqu'au voyage du *Challenger* on ne connaissait aucun lien
direct entre les Actinies et les Hydres; au contraire les liens des
Hydres et des Méduses sont connus depuis un demi-siècle environ.
Quoique très simples, ils ont excité lors de leur découverte le plus
vif étonnement, et sont encore assez mal compris de beaucoup de
naturalistes, dominés par une conception de l'animal trop étroite,

exclusivement tirée de l'étude des animaux terrestres et de ceux qui leur ressemblent. La plupart des Méduses en forme de cloche naissent en effet sur des colonies d'Hydres exactement comme les fleurs naissent sur les plantes (fig. 79). L'arbrisseau animal fleurit tout comme l'arbrisseau végétal, et sa fleur est, comme la fleur des plantes, chargée d'assurer la reproduction. Le phénomène de la floraison, tout inattendu qu'il a pu être, n'est pas plus étonnant chez un animal ramifié dont chaque branche porte des Hydres que chez un végétal ramifié dont chaque branche porte des feuilles; les procédés par lesquels il est réalisé sont d'ailleurs très analogues dans les deux règnes.

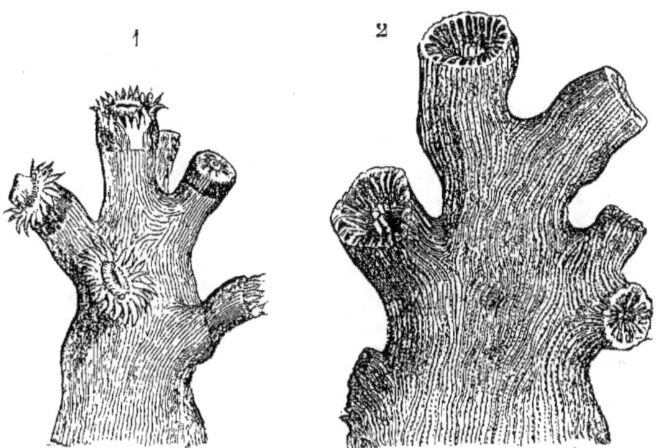

Fig. 78. — Un rameau de la Dendrophyllie représentée dans la figure précédente. — En 1 les polypes sont épanouis; — en 2 ils sont enlevés et l'on voit les chambres du calice.

On sait que sur une même plante toutes les feuilles ne se ressemblent pas : les *cotylédons* diffèrent presque toujours des premières feuilles; celles-ci diffèrent fréquemment des suivantes; les feuilles qui protègent les bourgeons, celles qui apparaissent quand le bourgeon s'ouvre, ont souvent une forme spéciale; au voisinage de la fleur, les feuilles prennent encore une forme différente des feuilles de la tige, on les nomme des *bractées*, et ce sont encore des feuilles qui, subissant des modifications nouvelles, deviennent les sépales du calice, les pétales de la corolle, les carpelles du pistil, forment en un mot la fleur tout entière. Les feuilles, en se différenciant les unes des autres, prennent, en général, une fonction particulière en rapport avec leur forme nouvelle. Les cotylédons accumulent dans leurs tissus les aliments qui doivent nourrir la jeune plante; les premières feuilles participent à ce rôle et souvent, plus entières que les suivantes, sont pour les parties jeunes de la plante des organes efficaces de protection; pour mieux remplir ce rôle, les feuilles extérieures des bourgeons deviennent ligneuses et se transforment en *écailles*; d'autres, réduites à leur nervure médiane, constituent de robustes épines défensives, ou,

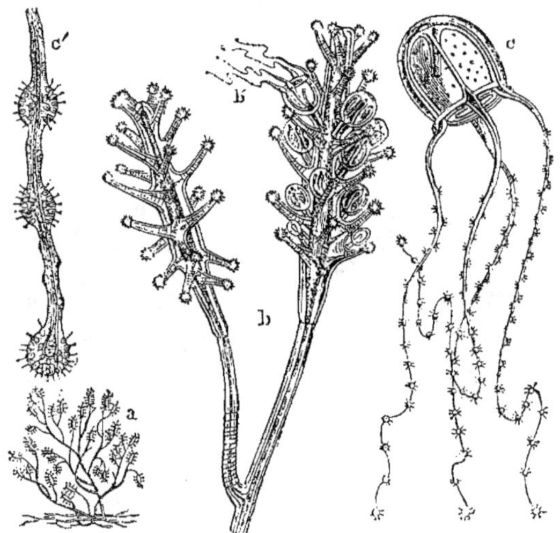

Fig. 79. — Une colonie de polypes hydraires (*Syncoryne pusilla*) en floraison. — *a*, la colonie grandeur naturelle; — *b*, *b'*, deux polypes grossis dont l'un porte des Méduses; — *c*, Méduse libre et grossie; — *c'*, bras grossi avec ses capsules urticantes développées.

s'enroulant en vrille, accrochent aux tiges plus robustes la tige plus faible qui les produit; les feuilles ordinaires absorbent l'oxygène qui brûle le protoplasme de la plante, et l'acide carbonique d'où elles extraient le carbone que s'assimile ce protoplasme; les bractées protègent le rameau floral; les sépales abritent entre eux la base délicate des pétales; l'odeur et les vives couleurs de ceux-ci, les matières sucrées qu'exsudent leurs nectaires, attirent les Insectes qui doivent porter le pollen sur le pistil; les étamines produisent ce pollen; les carpelles forment le berceau dans lequel leurs propres lobes, en se développant, fourniront les ovules. Ainsi

chaque sorte de feuilles a son rôle déterminé; elles se partagent
le travail nécessaire pour assurer l'existence de la plante et sa
reproduction. Cette *division du travail*, M. Henri Milne Edwards
l'a brillamment montré, est la condition du perfectionnement
organique, comme elle est la condition du progrès industriel,
comme elle est la condition du progrès social. Dans le corps
arborescent des colonies d'Hydres la division du travail s'accomplit

comme dans le corps
arborescent du végétal
et, comme les feuilles,
les Hydres changent de
forme en même temps
que de fonction. Ces phé-
nomènes sont particu-
lièrement remarquables
chez les *Hydractinies*
(fig. 80). Ce sont des
Hydres dont les colonies
se développent à la sur-
face des coquilles habi-
tées par ces singuliers
Crabes bien connus
sous le nom de *Ber-
nards-l'Ermite*. Dans
les colonies d'Hydracti-
nies, M. de Quatrefages
a compté jusqu'à sept
formes différentes de
polypes. Les polypes qui
gardent la forme nor-
male (fig. 80, *a*) sont

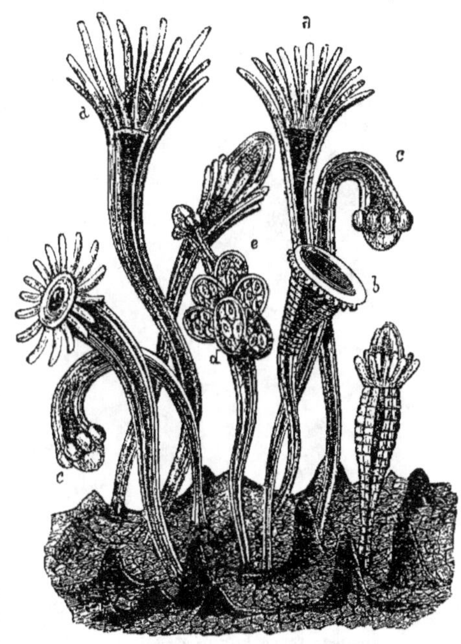

Fig. 80. — Portion de colonie d'*Hydractinia echinata*,
van Beneden, montrant les diverses sortes de polypes.

surtout chargés de nourrir la colonie, nous les appellerons les *polypes nourriciers*; les autres perdent, en général, leur bouche, et
remplissent les rôles les plus divers; le seul nom qui leur convienne
à tous est celui de *polypes astomes* (fig. 80, *c*, *d*, *e*).

Une fleur n'est autre chose qu'un rameau très raccourci, sur
lequel les feuilles modifiées, rayonnant en tous sens, sont amenées
à se grouper en une série de couronnes superposées. De même une
Méduse en cloche n'est autre chose qu'un rameau de la colonie

d'Hydres, formé d'un polype nourricier qui devient le sac stomacal de la Méduse, et de quatre polypes sans bouche disposés en couronne autour de sa base, nés séparément, se soudant peu à peu à mesure que la Méduse approche de son éclosion, et formant finalement son ombrelle. Les quatre canaux de l'ombrelle sont les cavités du corps de ces polypes.

De même que les différents végétaux présentent des fleurs plus ou moins complètes, de même les colonies d'Hydraires portent des Méduses dont l'ombrelle est plus ou moins rudimentaire et qui peuvent même se réduire à un polype sans bouche dont les parois du corps sont bourrées d'œufs. C'est ce que l'on voit chez le *Cordylophora lacustris* (fig. 74, *c*, *d*) et chez les Hydractinies (fig. 80, *d*). Ces Méduses imparfaites demeurent toujours attachées à la colonie qui les a produites. Cela peut aussi arriver pour les Méduses parfaites, mais ordinairement — et c'est ici qu'apparaît la différence originelle entre la plante et l'animal — les Méduses parfaites se détachent et nagent désormais librement à l'aide des contractions de leur ombrelle (fig. 79, *c*).

On connaît un assez grand nombre de plantes aquatiques qui ne s'enracinent jamais et demeurent flottantes. Il y a aussi des colonies d'Hydres flottantes. Les unes, telles que les

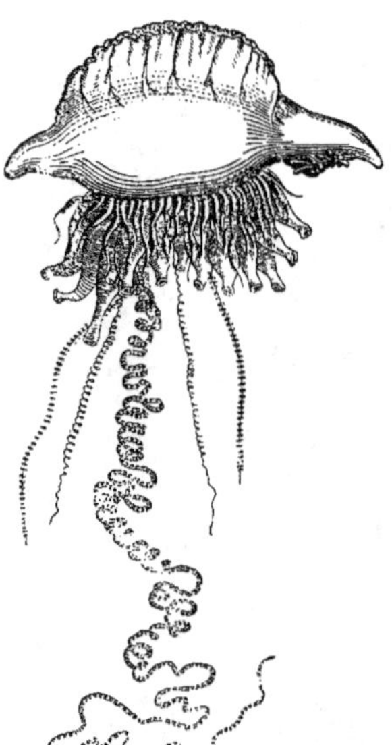

Fig. 81. — Une Physalie. — Au-dessous de son flotteur volumineux pendent les polypes. — 1/5 de grandeur naturelle.

Physalies (fig. 81), se laissent simplement ballotter par les flots et sont maintenues au voisinage de la surface de l'eau par un de leurs polypes rempli d'air et transformé en flotteur; celles-là ne produisent que de petites Méduses, qui les abandonnent comme d'habitude. D'autres, les *Apolémies* par exemple (fig. 82), plus parfaites et parfois de plusieurs mètres de long, utilisent leurs Méduses comme des rameurs qui finissent par se disposer à l'une des extrémités de la colonie en équipes parfaitement ordonnées. Ces

étonnants animaux ramifiés, où des Hydres et des Méduses combinent leur activité physiologique pour le bien commun, forment
la classe des *Siphonophores*.

Il y a des végétaux qui produisent hâtivement des fleurs et
dont l'appareil végétatif rabougri cesse de croître et meurt après
sa précoce floraison. Il y a aussi des colonies d'Hydres dont les

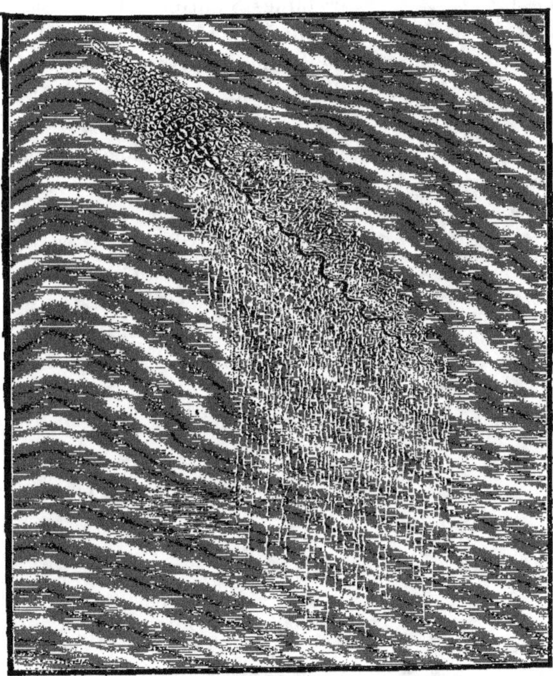

Fig. 82. — Apolémie contournée, M. Edwards. — Siphonophore pourvu
de Méduses nageuses. — 1/5 de grandeur naturelle.

Méduses naissent lorsque la colonie ne comprend encore qu'un petit
nombre de polypes ou qu'un seul polype; les Méduses peuvent
apparaître sur le premier polype avant son complet développement; enfin le polype peut même n'être qu'ébauché dans l'œuf;
les Méduses rentrent alors dans la règle commune aux animaux
supérieurs : elles pondent des œufs qui ne produisent plus de
colonies d'Hydres, mais forment d'un coup des Méduses, semblables

à leur mère. Ces Méduses, d'ailleurs semblables aux Méduses en cloche, sont les *Trachyméduses*. Que, dans les Trachyméduses, les quatre canaux de l'ombrelle s'élargissent de plus en plus, ils finiront par envahir toute l'ombrelle, en laissant seulement entre eux quatre cloisons disposées en croix; c'est ce qui caractérise les *Strauroméduses*. Dans certaines Strauroméduses le sac stomacal se réduit beaucoup; en même temps la paroi de l'ombrelle se soulève de manière à s'étendre comme un voile sur l'ancienne ouverture de la cloche; au centre de ce voile le sac stomacal ne forme plus qu'un léger mufle saillant, portant la bouche à son sommet. La Méduse a repris à peu près la forme d'une Hydre; mais sa nature est encore trahie par quatre cordons saillants, représentant les cloisons de l'ombrelle des Strauroméduses, et qui courent le long des parois de cette ombrelle transformée. Les Méduses ainsi simplifiées ne peuvent plus nager; elles se fixent par le dos à la façon des Hydres dont elles sont issues : ce sont les *Lucernaires* (fig. 83).

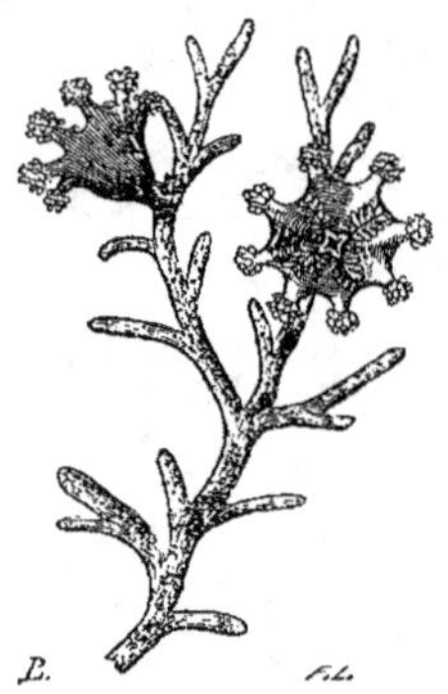

Fig. 83. — Lucernaire. (*Lucernaria auricula*, Fab.).

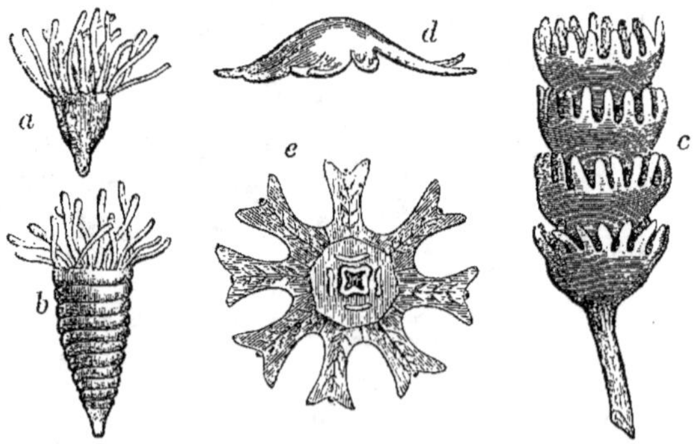

Fig. 84. — *a*, Scyphistome; — *b* et *c*, Strobiles; — *d*, *e*, Éphyres d'une grande Méduse, l'*Aurelia aurita*, Linné.

Un degré de plus de simplification en fait des *Scyphistomes* (fig. 84, *a*); mais ici apparaît un phénomène nouveau d'un haut intérêt, et qui est comme le couronnement de la série de modifications des Méduses que nous venons d'exposer.

N'étaient les quatre cordons de leur cavité gastrique, on prendrait ces Scyphistomes pour des Hydres, et c'est encore ce que font trop de naturalistes, trompés par leur physionomie extérieure. Ces Scyphistomes s'allongent beaucoup; puis, quand ils ont acquis une certaine longueur, leur corps se divise par des étranglements en une série de tronçons superposés (fig. 84, *b*). Le Scyphistome porte alors le nom de *Strobile*. Les tronçons du Strobile se dé-

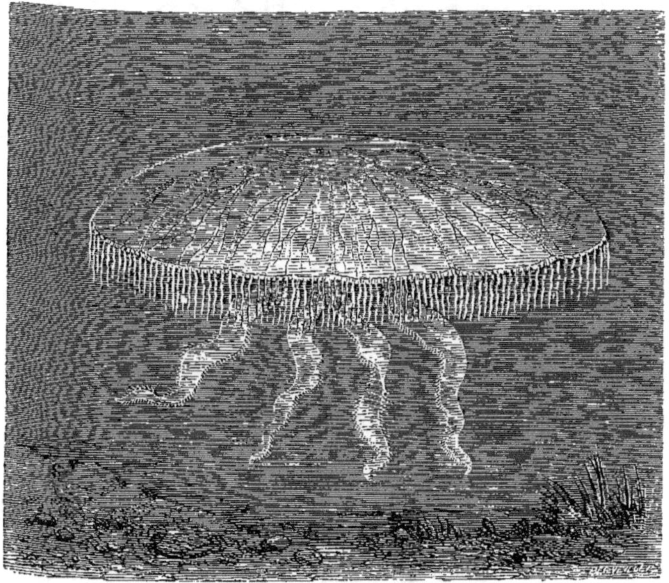

Fig. 85. — *Aurelia aurita*, Linné.

tachent successivement en commençant par le tronçon supérieur (fig. 84. *c, d, e*), et chacun d'eux, après quelques modifications de forme, devient une de ces grandes Méduses en forme de champignon que nous avons distinguées tout d'abord, une Pélagie, une Aurélie (fig. 85) ou un Rhizostome. Ainsi se trouvent reliées entre elles toutes les formes d'Hydres et de Méduses; ainsi par un long détour les grandes *Méduses en champignon*, qui ont parfois plusieurs décimètres de diamètre, se rattachent aux *Méduses en cloche*.

Un dernier groupe de Méduses à développement direct manque

de sac stomacal, digère au moyen de la cavité intérieure de son ombrelle devenue cartilagineuse, et nage au moyen de palettes déchiquetées, disposées transversalement les unes au-dessous des

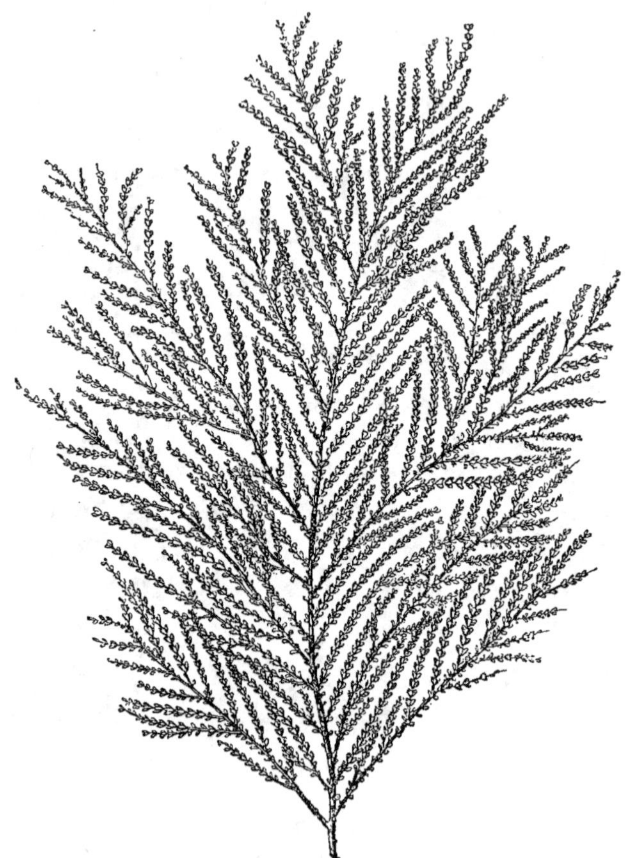

Fig. 86. — Une Gorgone (*Primnoa verticillata*, Ehrenberg). —Grandeur naturelle.

autres le long d'un même méridien. Ces palettes en se mouvant reflètent toutes les couleurs de l'arc-en-ciel. Les Méduses aux formes bizarres qui sont ainsi conformées constituent la classe des *Cténophores*.

Si les Méduses peuvent être comparées à des fleurs gamopétales,

les Actinies correspondent de la même façon à des fleurs
dialypétales. Ces Actinies forment trois séries. Dans la
première, celle des *Tétracoralliaires*, les tentacules sont
au nombre de quatre; dans la seconde, celle des *Hexa-
coralliaires* ou *Zoanthaires*, leur nombre est toujours
un multiple de six; dans la troisième, celle des *Octo-
coralliaires* ou *Alcyonnaires*, il est strictement de huit,
et ces tentacules sont régulièrement barbelés sur leurs
bords. Les Tétracoralliaires abondaient à l'époque primaire. Les Zoanthaires comprennent, outre les Anémones de mer et les Caryophyllies à polypier solitaire,
la foule immense des Polypiers calcaires arborescents,
tels que les Dendrophyllies (fig. 77). Le type des Alcyonnaires est le Corail, dont le corps ramifié est soutenu
par un axe calcaire. Cet axe est mi-parti calcaire,
mi-parti corné chez les *Isis*;
il est entièrement corné chez
les Gorgones (fig. 86). Mais,
chose singulière, certaines colonies de Coralliaires demeurent libres et se comportent
alors comme des organismes
autonomes, dont les polypes
ne seraient que des parties
constituantes, obéissant à une
direction unique. Cette unité
de volonté apparaît, par

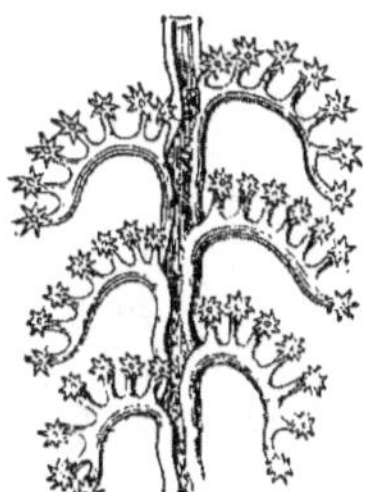

Fig. 87.— Virgulaire admirable (*Virgularia
mirabilis*, Lamarck).

Fig. 83. — Vérétille (*Veretillum
cynomorium*, Lamarck. — Demi-
grandeur.

exemple, lorsqu'une de ces colonies, à la moindre alerte, se terre dans le sable comme le ferait un Ver. Aussi Cuvier appelait-il ces remarquables associations, des animaux à plusieurs bouches. On peut citer parmi elles : les *Virgulaires* (fig. 87), pourvues d'un axe calcaire, et dépassant un mètre de long ; les *Vérétilles* (fig. 88), dont le corps volumineux, simplement soutenu par des spicules, porte sur ses deux tiers supérieurs de longs polypes non rétractiles ; les *Rénilles*, dont les polypes, d'un jaune soufre, sont implantés sur l'une des faces d'une palette d'un beau violet portée par un court pédoncule ; les *Pennatules* (fig. 89), dont les polypes sont disposés sur le bord tranchant de larges expansions latérales de la tige.

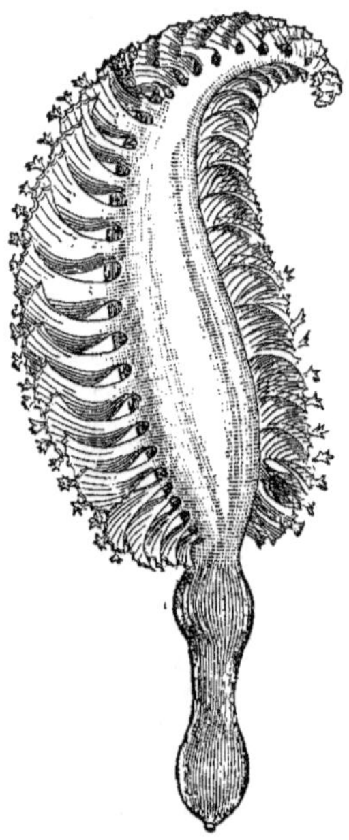

Fig. 89. — Pennatule grise (*Pennatula grisea*, Esper). —Réduite au tiers.

Dans ces associations de polypes coralliaires on ne trouve pas une solidarité des parties aussi étroite que celle qui existe entre les cinq hydres constituant une Méduse. Les polypes coralliaires d'une Pennatule demeurent toujours facilement reconnaissables ; mais ces polypes, soumis à une même discipline, n'en constituent pas moins un seul et même organisme, et sont encore plus étroitement liés entre eux que les feuilles et les fleurs d'un arbre. La Pennatule est donc bien, comme le voulait Cuvier, un animal formé par l'association d'autres animaux ; mais il n'est pas pour cela une exception, comme on le croyait autrefois. Le procédé employé pour faire la Pennatule à l'aide de polypes coralliaires est le même qui a été employé pour faire les Éponges à l'aide d'*Olynthus* ; les Siphonophores, les Méduses, les polypes coralliaires eux-mêmes à l'aide de polypes hydraires, et nous le verrons encore mis en œuvre pour constituer les Animaux articulés, les Vers et jusqu'aux Vertébrés par la combinaison d'organismes plus simples, disposés en série linéaire.

CHAPITRE III

LES ANIMAUX RAMIFIÉS (SUITE).

Les Échinodermes : les Étoiles de mer et les Ophiures. — Les Échinodermes fixés ou Crinoïdes. — Les Oursins et les Holothuries. — Comment des animaux rayonnés se transforment en animaux pairs.

De même qu'il n'existe, quoi qu'on en ait pu dire, aucune forme intermédiaire entre les Éponges et les Polypes : de même il n'y a pas d'intermédiaire entre les Polypes et les Échinodermes, qui forment une nouvelle et dernière série de Phytozoaires. Toutes les Éponges sont fixées; parmi les Polypes, les Siphonophores, beaucoup de Méduses et les Cténophores sont libres; tous les Échinodermes qui vivent sur nos côtes, quoique doués de très faibles moyens de locomotion, sont cependant en état de se déplacer. Une disposition rayonnée des parties du corps n'apparaît, parmi les Polypes, que dans les formes *Méduse* et *Actinie*; tous les Échinodermes ont un corps rayonné, et le nombre des rayons est ordinairement de cinq. Tous ont aussi, comme les animaux supérieurs, la paroi de leur cavité digestive séparée de la paroi du corps par un espace vide, la *cavité générale*, dans laquelle se développent divers organes. Chez tous l'eau de mer pénètre sans cesse par un ou plusieurs orifices, parfois 1500, dans un système de canaux en nombre égal aux rayons du corps dont ils occupent la ligne médiane, et portant de chaque côté des tentacules diversement groupés. Ces tentacules sont souvent terminés par des ventouses et deviennent alors les organes de locomotion, les pieds de l'animal. On les appelle les *tubes ambulacraires*. Dans l'épaisseur des parois du corps des Échinodermes se forment toujours des dépôts calcaires, constituant une dentelle pierreuse pénétrée et complètement recouverte, comme chez les Madrépores, par des tissus vivants. Cette dentelle se décompose ordinairement en plaques régulièrement disposées, qui forment le *test* de l'animal; elle présente presque toujours du côté extérieur des prolongements en forme de piquants qui justifient le nom d'*Echinodermes*, ou *Animaux à peau épineuse*, donné à ces Phytozoaires.

La forme rayonnée du corps est si apparente chez certaines espèces d'Échinodermes, que tout le monde les connaît sous le nom d'*Étoiles de mer* (fig. 90) ; ce sont d'ailleurs les plus simples de ces Zoophytes : leur sac digestif n'a souvent qu'un orifice, comme chez les Polypes ; tous sont carnassiers et se nourrissent principa-

Fig. 90. — L'Étoile de mer commune de nos côtes (*Asterias rubens*, Linné).

lement de Mollusques, qu'ils avalent avec leur coquille. On en trouve jusque dans la zone des Algues vertes. Elles appartiennent à deux classes : les *Stellérides* et les *Ophiurides*.

Les *Stellérides* ou Étoiles de mer proprement dites (fig. 90) ont des bras volumineux, soudés entre eux à angle vif ou se raccordant l'un à l'autre par un arc de cercle concave vers l'extérieur. Ces bras, très peu mobiles, contiennent une paire de prolongements du tube digestif et les glandes reproductrices. Leurs tubes ambulacraires sont lisses et terminés par des ventouses qui leur servent

à ramper. Leur forme varie de celle d'une étoile à celle d'un
pentagone à côtés rectilignes.

Les *Ophiurides* ont des bras extrêmement grêles, souvent très
mobiles, fixés à un disque très distinct parfaitement circulaire,
dont ils semblent n'être que les membres. Tous les organes sont

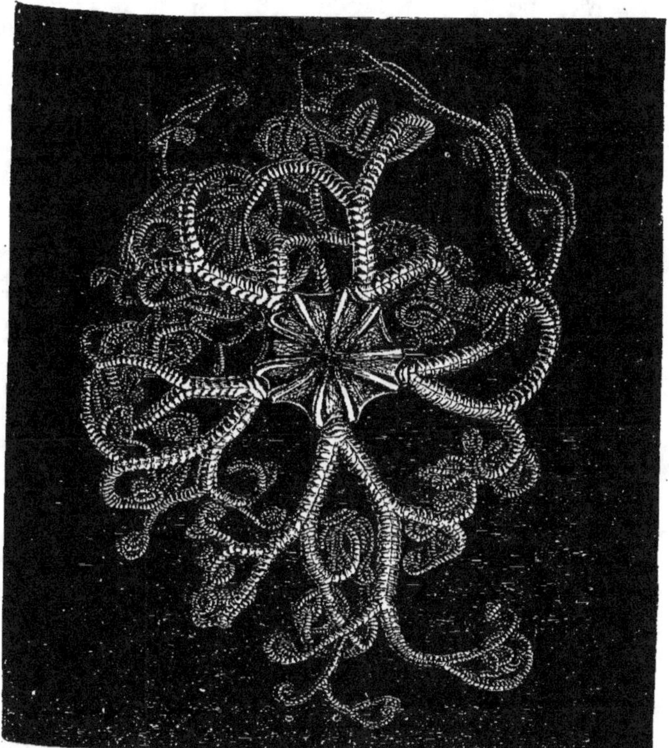

Fig. 91. — *Astrophyton Linckii*, Müller et Troschel jeune. — Demi-grandeur.

exclusivement contenus dans ce disque. Les tubes ambulacraires,
garnis de papilles, n'ont pas de ventouses, et l'animal se meut en
faisant onduler ses bras, comme des Serpents, dans un plan horizontal. Les Ophiurides du groupe des Euryalidés enroulent leurs
bras autour des tiges d'Encrine (fig. 190) ou de Gorgones; ces bras

sont souvent ramifiés et atteignent leur maximum de complication dans le genre *Astrophyton* (fig. 91).

Les *Crinoïdes*, les *Échinides* et les *Holothurides* forment un second groupe d'Échinodermes, d'organisation bien plus compliquée que les précédents. Aux canaux d'où dépendent les tubes ambulacraires s'ajoute chez eux un système de canaux qui se ramifient sur le tube digestif, toujours pourvu de deux orifices, et se mettent ensuite en rapport avec le système des canaux ambulacraires. L'eau appelée de l'extérieur par ces derniers coule d'une manière continue dans les deux systèmes, apportant avec elle de l'oxygène, se chargeant de matières nutritives dans les parois de l'appareil digestif, circulant partout comme le fait le sang des animaux supérieurs qu'elle remplace, portant partout l'oxygène et les aliments.

Les *Crinoïdes* ne sont représentés sur les côtes de tous les pays du monde que par les *Comatules* (fig. 92), et l'on est assuré de rencontrer à peu près partout quelqu'une de leurs nombreuses espèces. Ces élégants animaux, généralement d'un beau rouge, ont aussi la forme d'étoiles. Leur corps est un sac sphérique présentant deux orifices tournés vers le haut. Il est supporté par une sorte de *calice* calcaire, duquel partent des bras généralement au nombre de dix, mais pouvant dépasser le nombre de cent. Chacun d'eux présente des ramifications latérales, ou *pinnules*, alternant d'un côté à l'autre, régulièrement disposées, et qui le font ressembler à une plume. Les bras peuvent se rapprocher, s'écarter, s'enrouler en spirale ou s'étendre en ligne droite, donnant ainsi à l'animal des aspects variés qui simulent toutes les phases de l'épanouissement d'une fleur. La partie inférieure du calice calcaire est munie de plusieurs rangs de tiges, terminées par des crochets et auxquelles leurs nombreux articles donnent une assez grande mobilité. Ce sont les *cirres*, à l'aide desquels le gracieux animal se fixe aux rochers ou s'accroche aux Gorgones et aux Algues dont il paraît être la fleur. Inquiétée, la Comatule se détache et vogue en faisant onduler verticalement ses bras; en toute autre circonstance elle demeure immobile. La face supérieure de ses dix bras et de leurs pinnules est parcourue par les canaux qui portent les tubes ambulacraires. Ceux-ci, toujours divisés en trois branches, sont garnis de papilles tactiles; ils ne jouent aucun rôle ni dans la locomotion, ni dans la préhension des aliments. Mais,

tout le long des canaux qui les supportent, le tégument des bras
est garni de fins cils vibratiles qui dirigent vers le disque un rapide courant d'eau. De ce courant il est fait deux parts : l'une
pénètre directement dans la bouche et y entraîne tous les petits
organismes qu'il contient et qui deviennent la proie de la Comatule.
L'autre se précipite dans une foule de petits entonnoirs qui
perforent les téguments et la conduisent dans le double système
de canaux que nous connaissons. Ce singulier mode de nutri-

Fig. 92. — La Comatule de nos côtes (*Antedon rosacea*, Linck). — Un peu réduite.

tion, analogue à celui que nous avons déjà rencontré chez les Éponges, est tout à fait celui d'un animal sédentaire. Effectivement les
Crinoïdes anciens, qui ont présenté jusqu'à la fin de la période secondaire un si magnifique développement, étaient presque tous fixés
(fig. 93). Les Comatules elles-mêmes n'ont qu'une demi-liberté,
qu'elles conquièrent même d'une façon tardive. Elles naissent
sous la forme d'une sorte de petit Ver, qui nage à l'aide de trois
bandes de cils vibratiles dont il est pourvu, mais ne tarde pas à
s'attacher aux Algues ou aux autres corps sous-marins. Il se trans-

forme alors en un organisme ressemblant à un bouton de fleur
porté au sommet d'un long pédoncule (fig. 94, *a*). Cet organisme
manque de bras et rappelle par sa forme les Cystidés qui vivaient
à l'époque silurienne. Bientôt les bras apparaissent, et le jeune

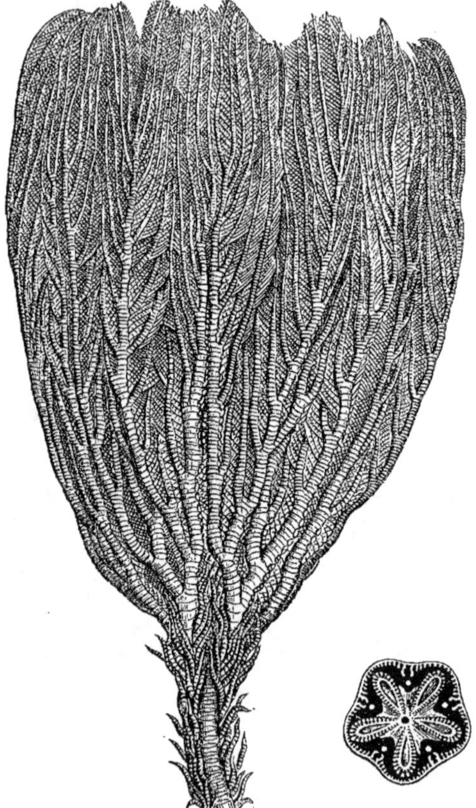

Fig. 93. — *Pentacrinus fasciculosus*, Crinoïde fixé du Lias. — Réduit de moitié.

animal (fig. 94, *b*, *b'* et *c*,) rappelle alors les Crinoïdes fixés des
périodes suivantes; puis les cirres se montrent au-dessous du
calice, le pédoncule se rompt au-dessous d'eux, et la jeune
Comatule, mise en liberté, va se suspendre aux Algues voisines.

Bien que tous les Échinodermes subissent des métamorphoses extraordinairement compliquées, les Comatules sont les seules qui traversent une phase de fixation à d'autres corps que leur mère.

Supposons que le bouton qui termine la jeune larve fixée de la Comatule grandisse beaucoup, et que les bras, de même longueur que ce bouton, se soudent exactement à lui dans toute leur étendue, comme cela arrivait jadis chez les *Eucalyptocrinus*, nous aurons un Oursin régulier, type de la classe des Échinides. Les cinq fuseaux du test de l'animal qui représentent les bras soudés se nomment les *ambulacres*; ils sont percés de trous disposés sur leur bord en rangées régulières et livrant passage aux tubes ambulacraires, terminés par des ventouses. Chaque ambulacre est formé de deux rangées de plaques polygonales alternes, celles de droite logées dans les angles rentrants formés par celles de gauche. Les fuseaux non perforés qui séparent les ambulacres sont constitués chacun par

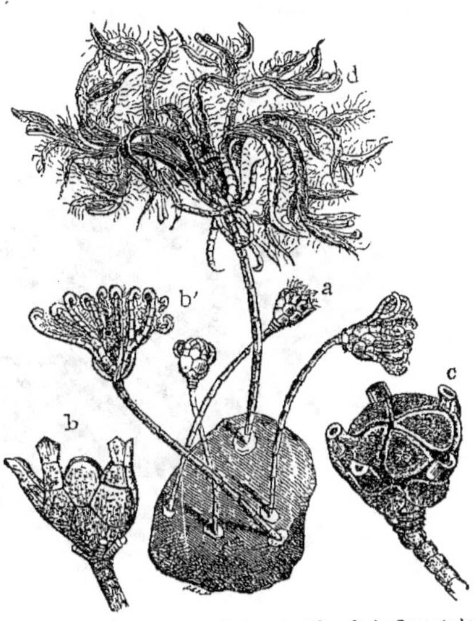

Fig. 94. — Jeunes larves phytocrinoïdes de la Comatule de nos côtes (*Antedon rosacea*, Linck). — Grandies six fois.

deux rangées de plaques semblables. Le test de l'Oursin comprend donc vingt rangées verticales de plaques étroitement engrenées et qui lui donnent une grande rigidité.

On nomme *Oursins réguliers* (fig. 95) ceux dont le test est sensiblement sphérique et chez qui les orifices du tube digestif sont situés aux deux extrémités de l'axe vertical de l'animal. Ces Oursins sont herbivores et broutent les Algues à l'aide de cinq dents calcaires supportées par un appareil masticatoire très compliqué, que les anatomistes appellent la *lanterne d'Aristote*. Ils se creusent souvent dans les rochers des trous qu'ils ha-

bitent et que chacun sait retrouver après avoir erré à la recherche
de sa nourriture. Mais tous les Oursins n'ont pas cette structure régulièrement rayonnée. Chez les *Clypéastres* le corps s'aplatit
et présente une face dorsale et une face ventrale; les ambulacres,
élargis en forme de pétales, se limitent à la face supérieure du corps
(fig. 96); la lanterne d'Aristote se simplifie, l'anus quitte le sommet du test et descend sur la face ventrale, dont il indique l'extrémité postérieure; le corps s'allonge dans la direction de l'axe
antéro-postérieur; l'Oursin est maintenant symétrique comme les

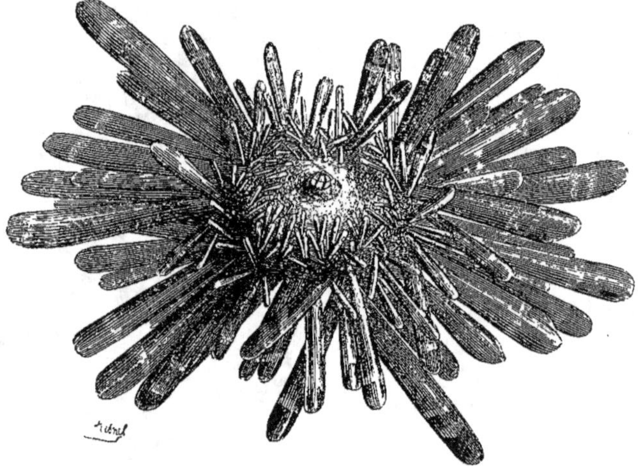

Fig. 95. — Oursin régulier à longues baguettes, placé sur le dos (*Heterocentrotus mamillatus*
L. Agassiz). — Demi-grandeur.

Artiozoaires. Certains Clypéastroïdes ont la forme d'un disque aplati,
parfois perforé de part en part en plusieurs endroits, ou découpé
sur une partie de son pourtour.

Chez les Spatangoïdes le test présente la même symétri bilatérale; mais il est très aminci, la bouche quitte le milieu de la face
inférieure du corps qu'elle occupait encore chez les Clypéastroïdes,
pour se porter en avant; elle ne présente plus ni dents ni lanterne
d'Aristote; elle s'allonge transversalement, et sa lèvre postérieure
s'avance au-dessous d'elle comme une sorte de cuiller. Cette
disposition est en rapport avec le genre de vie tout particulier de

ces animaux. Ils s'enfoncent dans le sable en le creusant à l'aide de leur lèvre postérieure, et en avalent de grandes quantités. Ils se nourrissent des animalcules et des débris organiques contenus dans le sable.

Les formes des Oursins sont donc assez variées et s'échelonnent de la forme presque exactement sphérique de l'Oursin ordinaire à

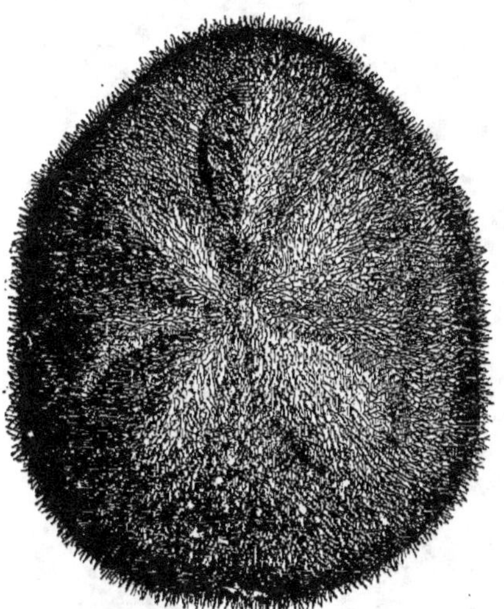

Fig. 96. — Le Clypéastre rosacé (*Clypeaster rosaceus*), Oursin à symétrie bilatérale et à ambulacres de la face dorsale pétaloïdes. — Demi-grandeur, vu en dessus.

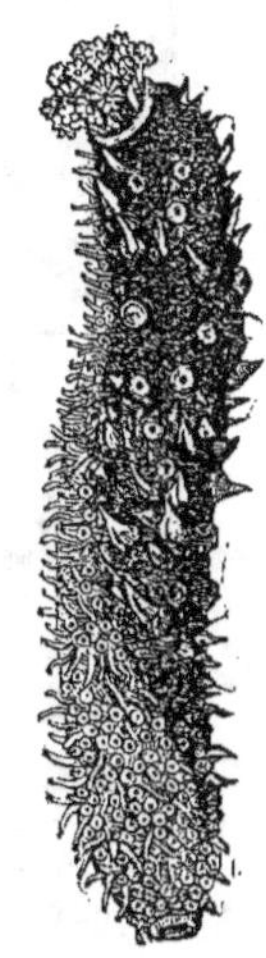

Fig. 97. — Une Holothurie à face ventrale différenciée (*Psolus phantapus*, Stuessenfeld). — Demi-grandeur.

une forme aplatie et exactement symétrique par rapport à un plan.

Les *Holothuries* d'eaux peu profondes connues jusqu'ici sont loin de présenter une aussi grande variété de forme. On peut les comparer à des Oursins dont le corps, allongé suivant son axe vertical, aurait pris la forme d'un cylindre et dont le test serait remplacé par des spicules calcaires isolées, contenues dans l'épaisseur des téguments. Leur bouche est entourée de tentacules dont la forme et la grandeur varient suivant les espèces. Les Holothuries ne peuvent conserver vertical leur corps trop allongé que lorsqu'elles rampent à l'aide de leurs tubes ambulacraires, terminés par des ventouses, parmi les Algues ou entre les galets, dans l'intervalle desquels elles aiment à s'abriter. Sur le sol elles demeurent couchées sur le côté, et si ce côté ne change pas, il finit par constituer une face ventrale. Cela est rare parmi les Holothuries de rivage, mais arrive cependant chez les *Mulleria* et les *Psolus* (fig. 97). Ces der-

Fig. 98. — Holothurie transparente et sans pieds (*Synapta Duvernœa*, de Quatrefages) vivant dans le sable de nos côtes. — Grandeur naturelle.

niers s'attachent aux pierres; leur bouche est dorsale et ils se nourrissent probablement à la façon des Comatules. Les autres Holothuries sont carnassières. Parmi les formes remarquables d'Holothuries, il faut encore citer les *Synaptes*, qui vivent enfouies dans le sable (fig. 98). Leur corps est transparent; elles n'ont plus de tubes ambulacraires et se meuvent à l'aide de singuliers organes calcaires qui hérissent leur peau et ont exactement la forme d'ancres de navire.

CHAPITRE IV

LES ANIMAUX SEGMENTÉS. — LES CRUSTACÉS.

La division du travail entre les segments d'un Crustacé. — Les métamorphoses des Crustacés. — Transformation des pattes en organes du tact, en organes de mastication et de préhension. — Les pattes respiratoires. — Progrès successifs de l'organisation des Crustacés. — Les Crustacés parasites et les Crustacés fixés. — L'art de se cacher chez les Crustacés : le Bernard-l'Ermite, le Crabe porte-faix et le Crabe honteux. — Les Crabes coureurs.

Il est impossible de promener quelque temps à la surface de la mer un de ces filets de gaze dont se servent les amateurs de Papillons, ou d'agiter dans un vase quelques frondes d'Algues, sans recueillir une multitude de petits organismes pourvus de pattes articulées ayant l'aspect de petits Insectes. Ce sont là les plus humbles représentants d'une des plus riches classes du règne animal, celle des Crustacés, dont les espèces les plus connues sont la *Langouste*, la *Crevette* et le *Homard*. Tous ces animaux ont le corps divisé en segments placés bout à bout, mobiles les uns sur les autres et ordinairement protégés par des téguments solides et résistants, presque toujours imprégnés de calcaire. Ces segments portent chacun une paire de membres articulés, de sorte que, même quand ils sont plus ou moins confondus, ce qui arrive souvent, il est facile de les compter, leur nombre étant égal à celui des paires de membres que possède l'animal. Nous disons *membres*, mais le mot ne doit pas être entendu ici dans le sens de membre servant à marcher. En effet, de même que la division du travail a profondément modifié les divers polypes constituant le corps ramifié d'une colonie d'Hydres, de même elle a modifié les différents segments d'un Crustacé, et dans certains d'entre eux, dont le développement s'accomplit presque entièrement après l'éclosion, ces modifications peuvent être suivies pas à pas, à mesure que l'animal grandit.

Un vernis coriace protège les téguments des Crustacés. Ce vernis ne peut suivre les progrès de la croissance; aussi est-il rejeté périodiquement; l'animal semble alors changer de peau, et l'on appelle *mue* l'acte par lequel il se débarrasse de son étui protecteur. C'est au moment des mues que se montrent, brusquement en apparence, les modifications successives que présentent les organes du jeune Crustacé.

Lorsque le développement s'accomplit hors de l'œuf, le Crustacé naissant est un petit organisme ovale ou triangulaire, ayant son extrémité large tournée en avant et possédant un œil impair et *trois paires de membres bifurqués*. Ces membres servent surtout à nager, à ramper ou à s'accrocher; ce sont des *pattes* en un mot; occasionnellement des crochets des deuxième et troisième paires de pattes sont employés à maintenir les aliments auprès de la bouche. Ce Crustacé naissant s'appelle un *nauplius* (fig. 99, A).

Le nauplius grandit en général par l'adjonction de segments immédiatement en avant de son extrémité postérieure. Ces segments portent chacun une paire de membres identiques aux autres, dans les cas les plus simples. Mais, à mesure que des membres nouveaux apparaissent, les membres anciens changent de fonctions et en même temps de forme. Les deux premières paires de pattes ne servent plus qu'à explorer les alentours de l'animal; elles s'allongent, s'effilent et deviennent ces membres tactiles bifurqués que l'on appelle vulgairement les *cornes*, chez l'Écrevisse ou la Langouste par exemple, et que les naturalistes appellent des *antennes*. La troisième paire de pattes n'est plus employée qu'à mâcher; elle se raccourcit et s'épaissit pour devenir capable de broyer les corps durs, et forme alors les *mandibules*; elle est aidée dans son rôle tantôt par une, tantôt par deux des paires suivantes des membres, qui deviennent ainsi des *mâchoires*; enfin, tout en demeurant plus ou moins aptes à palper, à saisir ou même à marcher, les deux ou trois paires de membres qui suivent les mâchoires jouent aussi d'ordinaire un certain rôle dans la préhension et la trituration des aliments; ce sont les *pattes-mâchoires*, intermédiaires par leur forme comme par leur fonction entre les mâchoires véritables et les pattes qui les suivent.

L'ensemble des membres dont nous venons de parler caractérise une première région du corps des *Crustacés* qu'on peut comparer à la *tête* des animaux supérieurs; mais cette tête n'est pas nettement séparée de la région suivante qui porte les pattes servant à la marche, les *pattes ambulatoires*, et qu'on nomme le *thorax* quand elle est tout à fait distincte des autres régions du corps, comme cela arrive chez les Insectes. Aussi considère-t-on la tête et le thorax

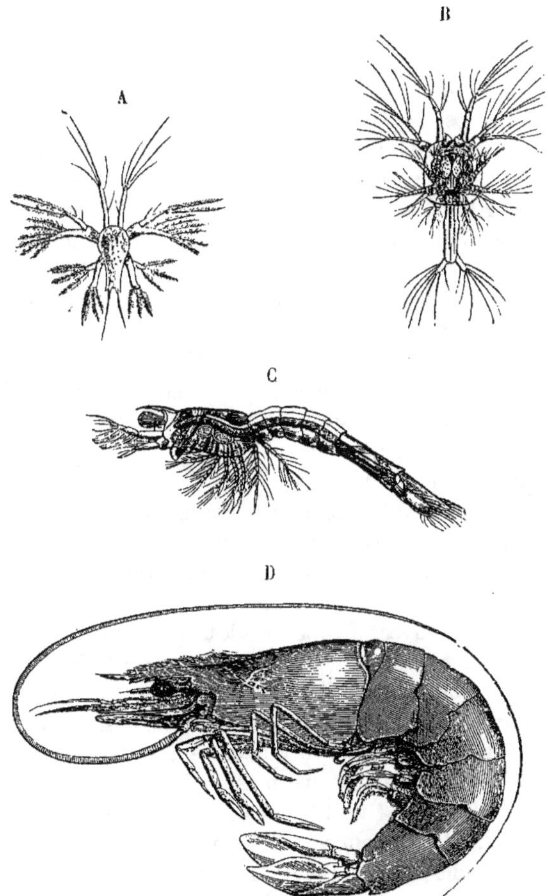

Fig. 99. — A, larve *nauplius*; B, larve *Protozoé*, et C, larve *Zoé* d'un *Penæus semisulcatus*. D, *Penæus semisulcatus*, de Haan. — Grandeur naturelle.

comme ne formant chez les Crustacés qu'une seule région du corps, le *céphalothorax*. Souvent un repli des téguments s'étend d'avant en arrière sur toute cette région du corps dont elle masque les anneaux ; c'est ce repli qu'on appelle la *carapace*.

Les membres des anneaux qui suivent le céphalothorax peuvent être employés à des usages très divers ; tantôt ils sont aplatis, garnis de poils sur leurs bords et servent à nager. Très souvent ceux de la dernière paire, plus large et plus forts que les autres, viennent placer leurs deux rames, l'une à droite, l'autre à gauche du dernier article du corps, dépourvu de pattes, et constituent avec lui le large éventail qui termine le corps des Écrevisses, des Homards, des Crevettes, des Langoustes, etc. Lorsque les *pattes natatoires* sont minces et très élargies, elles peuvent servir d'organes de respiration ; quand elles conservent plus ou moins la forme de pattes, comme chez l'Écrevisse, elles servent souvent à porter les œufs. La région du corps dont les appendices sont aptes à tant de fonctions s'appelle *l'abdomen*.

Tous les Crustacés ont deux paires d'antennes et une paire de mandibules ; les autres catégories de membres sont sujettes à de nombreuses variations, qui servent en grande partie à distinguer les différents groupes les uns des autres.

Les plus simples et peut-être les plus singuliers des Crustacés sont les *Ostracodes*. La carapace a chez eux un développement énorme ; elle enveloppe le corps tout entier, et se divise en deux valves mobiles l'une sur l'autre comme les deux valves d'une Huître. Les Ostracodes remontent à la plus haute antiquité ; leurs carapaces fossiles ont été trouvées jusque dans le terrain silurien ; elles abondent encore dans une foule de dépôts actuels. Ces petits Crustacés, dont les espèces d'eau douce sont bien connues des pêcheurs sous le nom de *Poux d'eau*, se nourrissent de matières animales, mais se contentent souvent de corps morts, qu'ils rencontrent facilement près des côtes. Leurs segments ne sont pas distincts, mais, à en juger par le nombre des membres, qui est seulement de sept, ils n'en ont pas plus de huit ou neuf. Les antennes sont demeurées des organes de natation, de marche ou de préhension ; il n'y a qu'une paire de mâchoires et deux paires de pattes-mâchoires, encore la seconde conserve-t-elle souvent la forme de pattes normales que présente toujours la septième et dernière paire de membres.

Chez les innombrables Crustacés de petite taille qui forment l'ordre des *Copépodes*, le corps est formé au maximum de seize segments, et le céphalothorax n'est qu'exceptionnellement recouvert par une carapace. Il n'y a qu'une seule paire de mâchoires, deux paires de pattes-mâchoires et quatre ou cinq paires de pattes thoraciques bifurquées; l'abdomen, formé de cinq articles, ne présente pas de membres; il est toujours bifurqué en arrière, et ses deux fourches, supportant un certain nombre de soies, donnent à l'animal un aspect caractéristique. De chaque côté de leur abdomen les femelles possèdent un sac rempli d'œufs (fig. 100, *a*, *e*). Les Copépodes grouillent littéralement dans la mer, aussi bien au voisinage des côtes qu'en pleine mer; beaucoup d'entre eux, après avoir mené

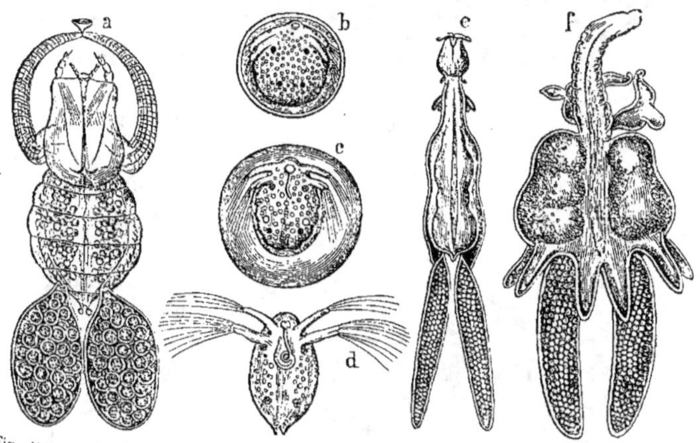

Fig. 100. — Copépodes parasites ou Lernées après leur déformation. — *a*, Achthère de la Perche; *b. c, d*, son nauplius avant et après l'éclosion; — *e*, Condracanthe cornue; — *f*, Brachiolle impudique.

quelque temps une existence vagabonde, s'accrochent aux Poissons, notamment à leurs branchies; ils se nourrissent de leur sang, et leurs organes de mastication se transforment en stylets aigus, comme chez les Insectes parasites, dont ils jouent le rôle dans le monde de la mer. Cette existence parasite amène souvent chez leurs femelles d'étranges déformations, qui les rendent méconnaissables; elles ne sont plus qu'un gros sac à œufs, sur lequel les mâles s'attachent comme des poux. Tels sont les *Lernées* (fig. 100) et les animaux voisins.

Les *Argulus*, parasites des Carpes et d'une foule d'autres Poissons, sont les seuls Copépodes normaux pourvus d'une carapace. Mais une carapace comparable par sa forme et son développement à celle des Ostracodes se retrouve chez des Copépodes destinés à subir une étrange métamorphose. A peine arrivés à la forme caractéristique des animaux de leur groupe, ils se fixent, par une plaque de leurs antennes antérieures, soit aux rochers, soit aux corps flottants, soit même à d'autres animaux, dont ils deviennent les parasites. Ceux qui se fixent à des corps inanimés s'enveloppent, après leur fixation, d'un ensemble compliqué de

Fig. 101. — Coronule, sorte de Balane qui se fixe sur la tête des Baleines.

pièces calcaires, entre lesquelles ils s'abritent et dont deux forment un opercule bivalve. Tantôt ils sont fixés directement : telles sont les *Balanes* ou *Glands de mer* (fig. 101), si communes sur tous les rochers à fleur d'eau; tantôt ils sont portés au sommet d'un long pédoncule mou et pendant au-dessous des bois flottants : tels sont les *Anatifes* (fig. 102). Leurs six paires de pattes thoraciques bifurquées s'allongent alors en un panache recourbé que l'animal fait incessamment saillir hors de sa coquille pour le rentrer aussitôt, comme s'il jouait à cache-cache.

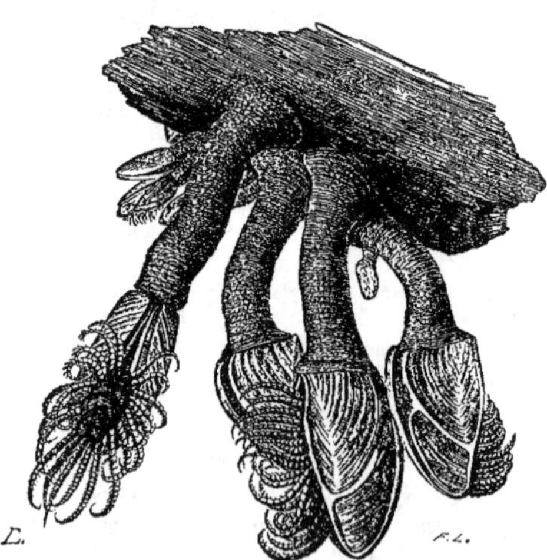

Fig. 102. — Anatife lisse (*Anatifa lævis*), Crustacé fixé.

Cet incessant mouvement de va-et-vient a pour but de déterminer un courant d'eau qui apporte à l'animal fixé l'air et les aliments dont il a besoin. Ces pattes allongées en forme de cirres ont valu aux singuliers Crustacés qui nous occupent le nom de Cirripèdes. Beaucoup de Crabes portent entre leur queue et leur thorax un Cirripède parasite dépourvu de membres, dont on ne voit que l'énorme sac à œufs, c'est la *Sacculine*.

Les Phyllopodes partagent avec les Ostracodes le privilège de l'ancienneté. La plupart de leurs membres sont bilobés, larges et aplatis comme des feuilles, de manière à servir à la respiration. Leurs formes les plus simples constituent le groupe des *Cladocères*, auquel appartiennent les *Daphnies* de nos eaux douces. Ce sont de petits Crustacés à corps comprimé, enfermé dans une carapace bivalve à la façon de celui des *Cypris*. Les *Daphnies* se distinguent aisément des *Cypris* : elles nagent par soubresauts, tandis que ceux-ci semblent tourbillonner dans l'eau. D'ailleurs les deux valves de leur carapace ne sont pas mobiles ; elles laissent en dehors d'elles la tête, au lieu de la dépasser comme chez les *Cypris* ; la première paire d'antennes est rudimentaire ; la seconde constitue une paire de longues nageoires bifurquées ; il y a des mandibules, deux paires de mâchoires et six paires de pattes lamelleuses, ce qui fait onze paires d'appendices, au lieu de sept, que présentent les *Cypris*. Certains Phyllopodes atteignant une bien plus grande taille peuvent avoir une large carapace ou en manquer tout à fait. Mais la plupart de ces animaux ne vivent que dans les eaux douces ou dans les eaux saumâtres des rivages. Ils terminent la liste des Entomostracés ou Crustacés inférieurs naissant à l'état de nauplius et ayant au corps un nombre de segments inférieur ou supérieur à vingt.

Un curieux genre marin, celui des *Nebalia*, relie les Entomostracés aux Crustacés supérieurs. Les *Nebalia* ont un corps à vingt-deux segments, enveloppé d'une carapace bivalve prolongée en avant par une pointe en forme de rostre, de chaque côté de laquelle sont les yeux pédonculés. Viennent ensuite deux paires d'antennes, une paire de mandibules, deux paires de mâchoires, huit paires de pattes toutes semblables entre elles, aplaties comme celles des Phyllopodes et représentant des pattes thoraciques. L'abdomen commence alors, portant six paires de membres, les quatre premières longues et bifurquées, les deux suivantes rudimentaires. Les deux derniers segments abdominaux n'ont pas de membres, et le dernier porte deux appendices divergents, comme chez beaucoup d'autres Crustacés inférieurs.

Ces anneaux sans pattes disparaissent chez tous les autres Crustacés supérieurs, dans lesquels le corps n'a plus jamais que vingt segments toujours répartis de la même manière. Une première série de ces animaux, celle des *Edriophthalmes*, rappelle par l'absence de carapace les Copépodes et les Phyllopodes à corps nu, tels que les Branchipes ; la seconde série, que les Nébalies rattachent aux Phyllopodes pourvus de carapace, est celle des *Podophthalmes* ; elle comprend les plus grands et les plus vigoureux Crustacés : toute la partie antérieure de leur corps est revêtue d'une solide cuirasse défensive.

La *Crevettine des ruisseaux* et le *Cloporte*, l'habitant si connu des lieux humides, donneront une idée des Crustacés de la première série. Presque tous sont petits ; tout le monde a cependant remarqué la taille des Lygies, ces grands Cloportes qui vivent au bord de la mer presque à découvert. L'*Eurytenes magellanicus*, proche parent de la Crevettine des ruisseaux, atteint sur les côtes de la Terre de Feu plus de quatre centimètres de long.

Ces divers Crustacés, dont les segments sont à nu et nettement distincts dans toutes les régions du corps, ont encore d'autres caractères communs : leur tête est assez apparente : elle porte de gros yeux enchâssés dans ses téguments ; derrière les deux paires de mâchoires il n'y a qu'une paire de pattes mâchoires soudées de manière à former une lèvre inférieure ; le thorax et l'abdomen sont presque toujours respectivement formés de sept anneaux. Mais des différences de détail divisent les Edriophthalmes en deux ordres : les *Amphipodes* et les *Isopodes*.

Le corps des *Amphipodes* est ordinairement comprimé, comme celui de la Crevettine, qui nage presque toujours sur le côté. Leurs pattes thoraciques portent des sacs respiratoires ; quatre d'entre elles sont dirigées en avant et trois en arrière ; deux des quatre pattes antérieures prennent souvent une forme spéciale qui permet de les comparer à des pattes mâchoires ; elles se terminent, par exemple, soit par une griffe, soit par un crochet préhenseur analogue à celui de la première patte des Langoustes et des Crevettes grises. Les *Chelura* se logent dans les bois submergés par la mer, et dont elles se nourrissent ; les *Talitres* se tiennent sur les plages sablonneuses presque à découvert, et exécutent à la moindre alerte les bonds qui leur ont valu le nom de *Puces de mer*. Quelques espèces du groupe des *Hypérines*, absolument transparentes, vivent en parasite dans le corps de.. Méduses et d'autres animaux marins transparents comme elles. Les *Caprelles* ou *Chevrolles* sont des Amphipodes aberrants de l'aspect le plus singulier (fig. 103). Leurs deux premières paires de pattes thoraciques sont longues, très rapprochées de la tête et terminées par des crochets préhenseurs; les deux suivantes manquent, et l'animal, redressant la partie antérieure de son corps, se fixe verticalement par ses pattes postérieures aux polypiers d'Hydres. L'abdomen des Caprelles est presque nul.

Fig. 103. — *Ca prelle.*—Grossie deux fois.

Les Crustacés de l'ordre des *Isopodes* sont plutôt aplatis que comprimés comme les Amphipodes; ils n'ont pas de sacs respiratoires sur le thorax; leurs pattes abdominales servent souvent à la respiration, et leurs pattes thoraciques sont ordinairement peu différentes les unes des autres. Les *Cloportes*, les *Aselles* des eaux douces (fig. 104), les *Lygies* sont bien connus de tout le monde. La plupart de ces animaux sont marcheurs; mais les *Olga* nagent avec agilité. Un grand nombre d'espèces sont parasites des Poissons ou même des Crustacés; toutes les personnes qui ont mangé des Crevettes ont vu

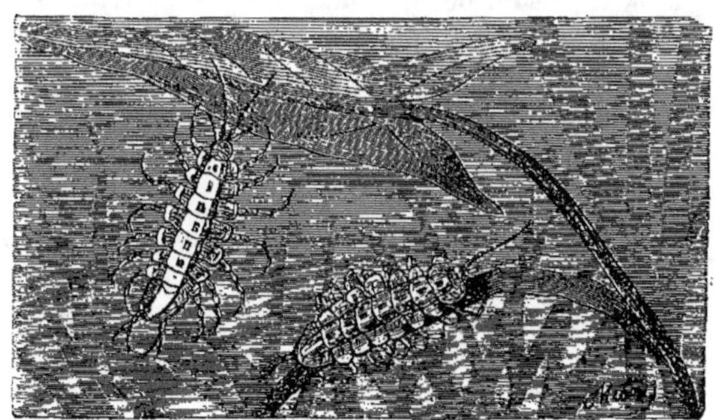

Fig. 104. — *Asellus aquaticus*, Linné, des eaux douces, Crustacé isopode. Légèrement grossi.

le *Bopyre* qui se loge sous leur carapace, qu'ils rendent bossue d'un côté.

Nous arrivons enfin à l'aristocratie des Crustacés, aux Crustacés à carapace que l'on désigne sous le nom de *Podophthalmes* parce que leurs yeux sont portés à l'extrémité de deux pédoncules

mobiles, parfois d'une grande longueur. Leur forme est bien connue :
suivant que l'abdomen est long ou très réduit et caché sur le céphalothorax, c'est celle des Écrevisses ou celle des Crabes. Ces différences de formes, si grandes en apparence, n'ont cependant pas
une haute importance, et l'usage que fait l'animal des huit paires
de pattes qui suivent les mâchoires mérite une bien plus grande
attention. Ces huit paires de pattes peuvent demeurer toutes semblables entre elles, comme chez les Nébalies, et servir à la natation.
Elles sont alors toutes bifurquées; c'est là le caractère des *Schizopodes*, animaux intéressants parce que les formes jeunes de la plupart des Crustacés plus élevés ont avec eux une grande ressemblance. Plusieurs Schizopodes naissent, comme les Entomostracés,
sous une forme voisine de celle de nauplius. Transparents et de
petite taille, ils nagent habituellement en pleine mer. Les *Mysis*
n'ont pas de branchies; les *Euphausia* ont des branchies libres
suspendues à leurs pattes thoraciques; les *Lophogaster* ont leurs
branchies cachées sous la carapace.

Déjà chez les *Mysis* les deux paires de pattes antérieures sont un
peu plus courtes que les suivantes; elles prennent tout à fait le caractère de pattes mâchoires chez les *Cumacés*, qui méritent de former
un ordre à part. Ce sont des Crustacés nocturnes vivant dans la vase
des rivages, et dont les yeux, au lieu d'être pédonculés, sont rapprochés l'un de l'autre et enchâssés dans la carapace. Leur courte carapace laisse à découvert quatre ou cinq des anneaux thoraciques,
et leurs deux premières pattes au moins ressemblent à celle des
Schizopodes.

Les Squilles, type de l'ordre des *Stomatopodes*, ont un aspect
plus étrange encore (fig. 105). Derrière leur tête, presque libre et
mobile comme celle des Insectes les mieux doués sous ce rapport,
s'étend la région recouverte par la carapace et à laquelle sont suspendues cinq pattes mâchoires terminées par un très fort crochet
préhenseur. Les trois anneaux suivants sont à découvert et portent
chacun une paire de pattes grêles et bifurquées : les pattes abdominales servent à la natation. Les Squilles nagent très bien en
haute mer et sont très carnassières.

Chez tous les autres Crustacés la division du travail entre les
membres thoraciques s'établit d'une manière constante : il y a trois
paires de pattes-mâchoires et cinq paires de pattes-marcheuses, d'où
le nom de *Décapodes* donné à ces animaux. Suivant que les pattes

abdominales sont très développées ou faibles, les Décapodes sont nageurs ou marcheurs. Il est facile de reconnaître parmi eux sept formes essentielles autour desquelles toutes les autres viennent facilement se ranger : les *Crevettes* (fig. 106), les *Langoustes*, les *Écrevisses*, les *Pagures*, les *Galathées*, les *Dromies*, les *Crabes*.

Les Crevettes préfèrent manifestement l'allure de la natation à celle de la marche. Tous les autres Décapodes sont essentiellement marcheurs, car

Fig. 105. — *Squilla mantis*, Rondelet, Crustacé stomatopode. — Réduite au cinquième de la grandeur.

on ne peut considérer comme une allure normale les brusques bonds qu'exécutent les Écrevisses et les Langoustes en fouettant l'eau de leur abdomen lorsqu'elles sont effrayées.

Fig. 106. — Crevette grise (*Crangon vulgaris*, Fabricius) et Crevette rose (*Palæmon serratus*, Leach), de nos côtes. — Grandeur naturelle.

Les pattes-marcheuses des Crevettes sont grêles, leur carapace se prolonge en avant en rostre souvent denté. C'est parmi elles seulement qu'on trouve encore quelques Décapodes, tels que les *Penæus*, qui naissent à l'état de nauplius. La plupart des autres, les Crabes, par exemple, possèdent en naissant une forme qui n'est pas sans analogie avec celle de Copépodes dont le thorax serait couvert par une carapace. Cette larve, pourvue de sept paires de membres en tout, a sa carapace armée en avant et en arrière d'une très longue pointe. Elle porte le nom de *Zoë* (fig. 107, *a*, *b*, *c*). La pointe frontale des Zoës devient le rostre des Crevettes. La Zoë des Crevettes se transforme en une larve nouvelle qui a la plus grande analogie avec une *Mysis*; enfin cette larve schizopode prend l'aspect d'une Cre-

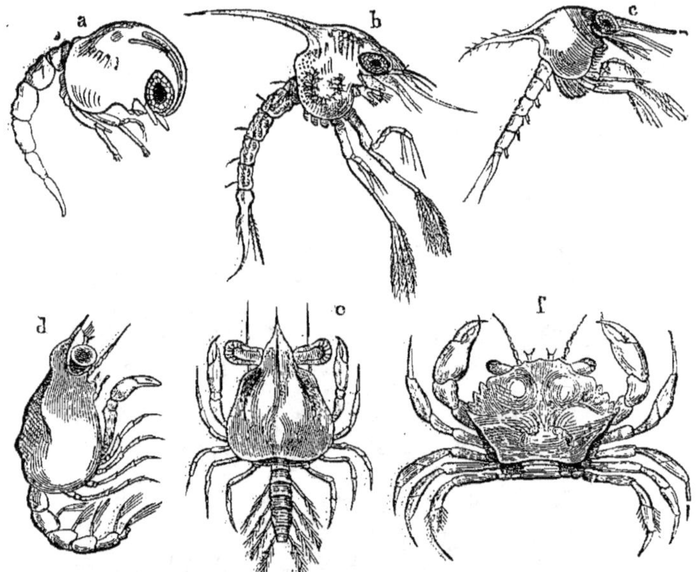

Fig. 107. — Formes successives du Crabe commun (*Cancer mœnas*, L.) — *a*, *b*, *c*, larve Zoë; *d*, *e*, larve *mégalope*; *f*, jeune Crabe.

vette. Les Langoustes sont plus avancées en naissant que les Crevettes; leurs larves, grandes, transparentes, aplaties, sont connues sous le nom de *Phyllosomes*. Les Écrevisses naissent sous leur forme définitive.

La forme des pattes, le nombre et le rang de celles qui se terminent en pinces fournissent les principaux caractères distinctifs des Crevettes, dont les genres les plus importants sont : les *Penæus* (fig. 99, p. 189), *Palæmon* (fig. 106), *Hippolyte* (fig. 32, p. 81), *Pasiphaë*, *Crangon* (fig. 106).

Les *Langoustes* et les *Scyllares*, qu'on appelait jadis *Cigales de mer*, se distinguent par leur solide carapace et leur première paire de pattes non terminées en pince. Ils forment la famille des *Cuirassés*. Les Scyllares doivent un aspect tout particulier à leurs larges antennes externes dépassant à peine la tête.

Au groupe des Écrevisses se rattachent, parmi les espèces marines, les *Nephrops* aux pinces prismatiques, et les *Homards*, dont les mœurs sont bien connues.

Les *Pagures* méritent une grande attention. Ces animaux sont

Fig. 108. — Bernara-l'Ermite (*Eupagurus Bernhardus*, Linné), dans une coquille de Buccin ondé. — Grandeur naturelle.

extrêmement communs sur la plupart des littoraux. Les *Callianasses* peuvent être considérées comme les rattachant aux Crustacés ordinaires. Ce sont d'étranges Décapodes, à carapace molle, de couleur blanche, comme une Écrevisse qui vient de muer. Elles se tiennent cachées dans le sable, guettant au fond de trous en forme d'entonnoir les animaux qui viennent imprudemment rouler dans le précipice en miniature qu'elles ont construit. Les Pagures proprement dits)fig. 108) sont, de plus, hardis chasseurs. Une partie au moins de leur carapace est en général très dure; en revanche leur abdomen est toujours mou et recourbé vers la gauche; ils l'abritent dans la coquille de l'un des nombreux Mollusques qu'ils dévorent, et s'en vont, traînant leur maison après eux, en quête d'une proie, qu'ils approchent en employant mille ruses pour se dissimuler. Leur dernière ou leurs deux dernières paires de pattes thoraciques sont ordinairement plus courtes que les autres.

Ce caractère est aussi l'un de ceux qui distinguent les *Galathées*, dont plusieurs espèces logent aussi leur abdomen dans des coquilles. Mais cet abdomen est coriace, normalement conformé, large, aplati, comme le corps même de la Galathée, dont la carapace brune est ordinairement striée en travers. Les *Munida* (fig. 109), voisines des Galathées et répandues partout, ont leur carapace terminée en avant par trois pointes.

Fig. 109. — *Munida forceps*, A. Milne Edwards.

Par les Porcellanes, qui replient sous leur carapace, comme des Crabes, un abdomen terminé par une nageoire presque aussi développée que celle des Galathées, on passe insensiblement de ces dernières aux Crustacés, qui constituent les familles des Dromies et des Dorippes. Ces animaux ont reçu la dénomination générale de *Notopodes* parce que leur dernière ou leurs deux dernières paires de pattes, plus courtes que les autres, semblent insérées sur le dos. Cette disposition n'est nullement, comme on l'aurait peut-être dit autrefois, une bizarrerie de la nature. Elle est en rapport avec une singulière habitude. Les Dromies, à pattes antérieures courtes, aussi bien que les Éthuses, à pattes longues, sont mauvaises marcheuses. Incapables d'une course rapide, elles ne peuvent atteindre leur proie ou échapper à la poursuite de leurs ennemis qu'à la condition de se dissimuler : leurs pattes dorsales sont les instruments qui leur servent à se déguiser. Grâce à elles, elles s'emparent prestement de tous les objets qui les avoisinent : Algues, coquilles d'huîtres, Éponges, colonies de polypes encore vivants, etc., les jettent sur leur dos, et les y maintiennent à l'aide des crochets dont leurs pattes sont armées. Ainsi revêtues, elles ont absolument l'air d'inoffensifs galets sur lesquels aurait poussé une abondante végétation. Le déguisement est d'autant plus complet que les Dromies cachent leurs pattes dans des cavités de la face ventrale du corps ménagées à cet effet. Même sans leur habit d'emprunt, avec leur carapace bosselée, rugueuse, elles ont alors tout à fait l'air d'un caillou roulé.

Un impérieux besoin de se cacher, une sorte de timidité, moitié poltronnerie, moitié hypocrisie, est donc le trait éminemment caractéristique de la psychologie de la longue série d'animaux qui, partant des Callianasses, arrive par les Pagures, les Galathées et les Porcellanes jusqu'aux Dromies. Quelques espèces, les Lithodes par exemple, trouvent d'ailleurs une défense naturelle dans les épines dont leur carapace est armée.

Cette tendance à se cacher se retrouve aussi chez les Crabes proprement dits, dont la cinquième paire de pattes est normalement développée. On connaît la fameuse ruse du renard qui consiste à faire le mort quand il est surpris dans quelque expédition aventureuse, sauf à détaler au plus vite dès qu'il suppose que l'attention n'est plus fixée sur lui. Cette ruse ne lui est pas particulière : elle est pratiquée à l'occasion par beaucoup d'autres animaux, et c'est l'artifice ordinaire auquel ont recours une foule d'Insectes. Parmi les Crabes, il semble que les Calappes et les Crustacés voisins soient spécialement construits pour mettre en pratique ce moyen de défense. Leurs pattes s'emboîtent exactement dans des cavités disposées pour cela; leurs pinces peuvent se rapprocher en avant et s'appliquer contre la carapace, de manière à dissimuler tous les appendices buccaux de l'animal. Le Crabe semble alors se voiler la face. Cette attitude défensive est si frappante que les pêcheurs l'ont parfaitement remarquée et désignent les Calappes sous le nom de *Crabes honteux*. Ces Crabes honteux sont le type de la tribu des *Oxystomes*. Les gros Crabes que l'on mange sur nos côtes sous le nom d'*Araignées de mer* (fig. 110) appartiennent à une autre famille, celle des *Oxyrrhynques* ou *Crabes à bec pointu*, ainsi nommés parce que leur carapace triangulaire se prolonge en avant en une sorte de rostre plus ou moins pointu, parfois bifurqué. Eux aussi sont des dissimulateurs par excellence. Lents et timides, ils se tiennent cachés tant qu'ils le peuvent; mais en outre leur carapace rugueuse, hérissée de pointes ou de poils est un lieu d'élection sur lequel viennent se fixer et se développer des Algues, des Éponges, des colonies d'Hydraires, des Vers fixés de toutes sortes et jusqu'à des Cirripèdes. Transformés en une sorte de musée vivant, ils échappent complètement à la vue; il arrive bien souvent qu'on marche sur eux sans les reconnaître. Ces diverses observations auront leur importance lorsque nous voudrons expliquer la composition de la faune des grandes profondeurs.

Tous les Crabes ne recherchent pas aussi complètement l'effacement. Parmi les Oxystomes certaines espèces s'aventurent fréquemment hors de l'eau, et les Ranines aux Indes vont jusqu'à grimper sur les toits des maisons. Parmi les Crabes proprement dits, à cara-

Fig. 110. — Araignée de mer (*Maïa squinado*, Herbst) de nos côtes.
Réduite au cinquième.

pace rétrécie en arrière et sans rostre en avant ou *Cyclométopes*, tout le monde connaît l'impudence avec laquelle le *Crabe enragé*, ou Crabe commun de nos côtes (fig. 110), vaque sans souci de personne à sa besogne d'équarisseur. Dans cette même tribu le Crabe étrille (*Portunus puber*, Linné) est un excellent nageur et se reconnaît à ses pattes postérieures aplaties, transformées en rames natatoires (fig. 111).

Enfin la dernière tribu des Crustacés à abdomen caché, celle des *Catométopes* à carapace carrée ou ovale, comprend l'un des plus rapides coureurs du règne animal : l'*Ocypus ippeus*, commun sur les plages sablonneuses des îles du Cap-Vert. On ne peut oublier l'étrange impression que fait la course de cet animal qui glisse sous les yeux, rapide et léger comme un fétu balayé par un coup de vent, et disparaît au loin avant qu'on ait eu le temps de faire un mouvement pour le saisir. Mais ces rapides coureurs eux-mêmes portent la trace de la préoccupation instinctive qui semble hanter l'esprit de tant de Crustacés; n'est-ce pas à cette préoccupation que se rattache l'habitude de dissimuler sous la carapace leur abdomen très réduit, et dès lors le Crabe ne semble-t-il pas un

Fig. 111. — Étrille (*Portunus puber*, Linné), Crabe nageur. — Demi-grandeur.

animal dont toute l'organisation extérieure se résume dans cette formule : Occuper le moindre volume possible?

On appelle quelquefois *Crabe des Moluques* un animal singulier, le Limule (fig. 112), qui pouvait justifier l'espérance de retrouver au fond des mers quelqu'un de ces vieux représentants de la faune primitive qu'on appelle les *Trilobites*. Comme les Trilobites, les Limules ont autour de la bouche de vraies pattes, dont les talons leur servent de mâchoires. Chez ces animaux à l'aspect primitif, les curieuses adaptations des membres que nous avons étudiées au commencement de ce chapitre ne se sont pas produites; une même patte marche par un bout et mâche par l'autre. Les Limules et les animaux voisins, qui, aux temps primitifs, dépassaient deux mètres de long, semblent faire le passage des Crustacés au plus ancien des animaux terrestres fossiles connus jusqu'ici : le Scorpion.

C'est peut-être aussi près des Araignées qu'il faut placer de petits

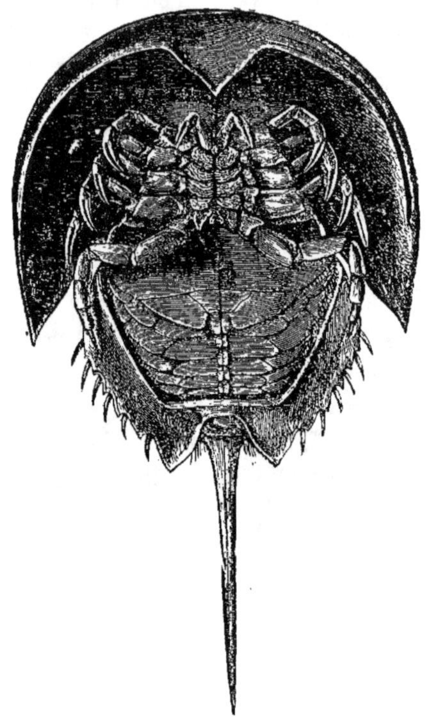

Fig. 112. — *Limulus polyphemus*, Linné, vu en dessous. — 1/5 de grandeur naturelle.

animaux sans branchies, sans abdomen, à longues pattes et à mouvements lents qu'on appelle les *Pycnogonides*. Nous avons déjà signalé un de leurs représentants, le *Nymphon robustum*, Bell (fig. 5, p. 17); nous les retrouverons, avec des aspects imprévus, dans les grandes profondeurs.

CHAPITRE V

LES VERS, LES MOLLUSQUES ET LES ASCIDIES.

Les Planaires et les Némertes. — Les Rotifères et la larve trochosphère. — Les Bryozoaires. — Les métamorphoses des Annélides et leur bourgeonnement. — Les Annélides errantes. — Les mœurs des Annélides sédentaires et leur physionomie. — Les Annélides sans anneaux ou Géphyriens. — Les Mollusques et leurs métamorphoses. — Les plus anciens Gastéropodes. — Les Gastéropodes herbivores et les Gastéropodes carnassiers. — Les Gastéropodes sans coquille. — Les Bivalves et leurs différents genres de vie. — Les Ascidies simples et composées. — Les Brachiopodes.

Nous arrivons à une nouvelle série d'organismes, la série des Vers, qui n'a aucun rapport avec celle dont nous venons d'esquisser l'histoire, et qui, nous ramenant à des formes d'une extrême simplicité, va nous permettre de nous élever cependant par une voie nouvelle jusqu'aux types les plus parfaits du Règne animal. Les Vers sont le menu peuple de la mer; il y en a partout, et le sol sous-marin, sable, vase ou prairies d'Algues et de Zostères, en contient plus encore que les eaux elles-mêmes.

Voici d'abord une lame de gelée qui se moule étroitement sur tous les corps, se meut en ondulant à leur surface, se cache parmi les Éponges, dont elle emprunte la couleur, et qu'elle broute du reste sans relâche. C'est une *Planaire*, et il y en a une multitude d'espèces, dont les couleurs sont parfois d'une étonnante élégance; les unes sont microscopiques, les autres de la grandeur d'une feuille de noisetier. Leur organisation est souvent fort compliquée. Leurs formes les plus élevées sont étroitement alliées aux vers parasites formant la classe des Trématodes et celle des Cestoïdes ou Ténias. Leur parenté zoologique soulève bien des problèmes. Mais ils sont d'un autre ordre que ceux dont nous avons à nous occuper ici.

Voilà maintenant un long cordon noir, cylindrique, de la grosseur d'une plume d'oie, élastique comme du caoutchouc, pelotonné sur lui-même d'une façon inextricable. Il n'a ni pattes, ni antennes, ni appendices quelconques, mais possède une bouche

et au-dessous d'elle un orifice par lequel peut faire saillie une longue
trompe : c'est la *Borlasie anglaise* (fig. 113) qui peut dépasser vingt
mètres de long. Au-dessous de ce chef de file s'étagent, jusqu'à des
dimensions de quelques millimètres, tous les Vers sans membres
et sans segments du corps apparents qui composent la classe des
Némertes. Les Némertes subissent de si étranges métamorphoses,
qu'on a voulu, en raison de la forme de leurs larves, les rapprocher des Échinodermes. D'assez nombreux naturalistes classent
encore ainsi un de leurs proches parents, le *Balanoglossus*, qui
vit enterré dans le sable sur les côtes d'Italie, de France, de

Fig. 113. — Borlasie anglaise, réduite.

Norvège et des États-Unis, et rampe à l'aide d'une trompe de
forme ovale dont est munie l'extrémité antérieure de son corps;
d'autres savants se sont demandé s'il ne fallait pas le placer
sur l'arbre généalogique des Vertébrés. Les anciens naturalistes
voyaient enfin dans les Planaires et les Némertes des animaux assez voisins pour être réunis dans une même classe, celle
des *Turbellariés*. Tous se meuvent uniquement, en effet, à l'aide des
ondulations de leur corps et des fins cils vibratiles dont toute sa surface est couverte. Vivant sous les pierres, ils ne tiennent pas une
grande place dans le monde de la mer.

Moins grande encore est la place des *Rotifères*, presque microscopiques, qui nagent à l'aide de cils vibratiles disposés sur des

appendices de leur tête et se mouvant de manière à donner l'illusion d'une roue qui tourne. Quelquefois les cils sont implantés sur une ligne qui divise le corps en deux moitiés, comme dans la *Trochosphère équatoriale* de Semper. Ce remarquable Rotifère est particulièrement important. Il conserve, en effet, à l'état adulte une forme qui est celle d'une larve commune aux animaux qui constituent les classes des *Bryozoaires*, des *Vers annelés*, des *Géphy-*

Fig 114. — *Flustra foliacea*, Bryozoaire de grandeur naturelle.

riens et des *Mollusques*, comme la forme larvaire connue sous le nom de nauplius est commune à tous les Crustacés. La communauté de la forme larvaire implique entre tous ces animaux, si différents d'aspect à l'état adulte, une réelle parenté.

Au moins dans les traits généraux de leur structure, les Bryozoaires peuvent d'ailleurs être assimilés de très près à des Rotifères. Comme ils vivent en nombreuses colonies, qu'ils abondent partout, ils ne peuvent manquer de fixer l'attention de quiconque examine même superficiellement les produits de la mer[1].

1. On trouvera une histoire détaillée de ces étonnants animaux dans mon précédent ouvrage : *Les colonies animales et la formation des organismes.*

Leurs colonies (fig. 114) ressemblent souvent à celles des Hydres, et l'animal lui-même a l'apparence générale d'un Polype. Mais un examen aux plus faibles grossissements du microscope permet de constater de profondes différences. D'abord chaque Bryozoaire a sa loge séparée par une cloison de celle des Bryozoaires voisins; il s'épanouit ou se rétracte dans sa loge avec une vivacité qu'on n'observe pas chez les Hydres; il manque de capsules urticantes; il a bien des tentacules disposés en cercle autour de la bouche ou portés le long des bords d'une pièce découpée en fer à cheval (fig. 115), mais ces tentacules ont une apparence de raideur qu'on n'observe pas chez les Hydres, et ils sont couverts de cils vibratiles puissants. Fait beaucoup plus important : la bouche conduit dans un sac digestif suspendu à l'intérieur de la cavité du corps et duquel s'élève un tube parallèle à l'œsophage s'ouvrant au dehors au-dessous de la bouche; le tube digestif est donc complet et indépendant des parois du corps, auxquelles il est, au contraire, soudé chez les Hydres. Souvent un tube cilié, s'ouvrant dans la cavité du corps,

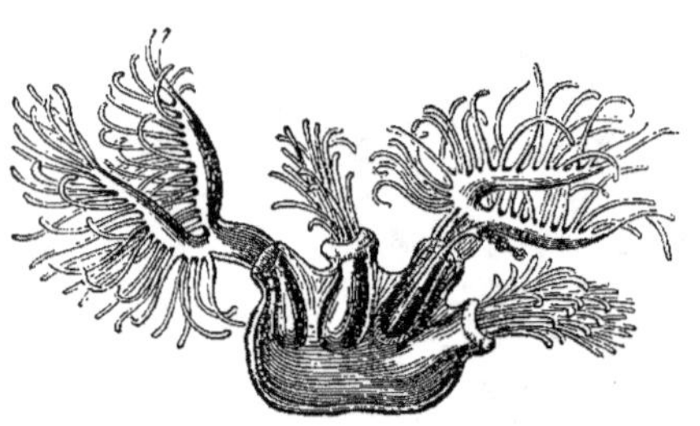

Fig. 115. — Très jeune colonie de *Cristatella mucedo*, Cuvier, n'ayant encore que quatre polypes (très grossie).

conduit au dehors les liquides inutiles, c'est un rein ou, comme disent les anatomistes, pour ne pas trop se compromettre, une *néphridie*. Tous ces traits qui éloignent les Bryozoaires des Hydres les rapprochent des Rotifères.

Les colonies de Bryozoaires, souvent incrustées de calcaire, affectent les formes les plus diverses. Bien souvent elles sont dressées et ramifiées comme des colonies d'Hydres; d'autres fois elles sont plus ou moins encroûtantes : les *Membranipores* brodent d'un tulle léger la surface des Algues; les *Flustres* (fig. 114) forment une dentelle flexible découpée en frondes à la façon des Varechs; les *Cellépores* couvrent de leurs innombrables cellules pierreuses tous les corps solides; les *Eschares* se groupent en lames solides capricieusement anastomosées, et les *Rétépores* combinent leurs loges en un réseau si régulier et si élégant qu'on les désigne sur nos côtes sous le nom de *Manchettes de Neptune*. Ces Bryozoaires à polypier calcaire abondent dans la partie inférieure de la zone des Algues

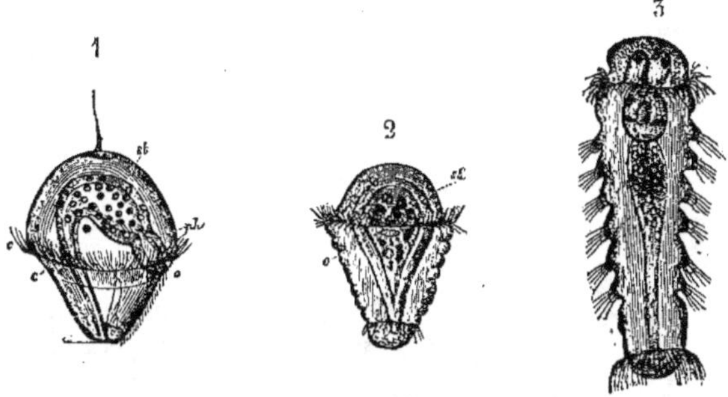

Fig. 116. — 1, larve trochosphère d'une Annélide (*Nephthys margaritacea*). 2, larve plus âgée de la même *Nephthys*. — 3, larve de *Nephthys* présentant déjà plusieurs anneaux.

roses et forment la plus grande partie des produits de dragage provenant de ce qu'on appelle les *fonds coralligènes*.

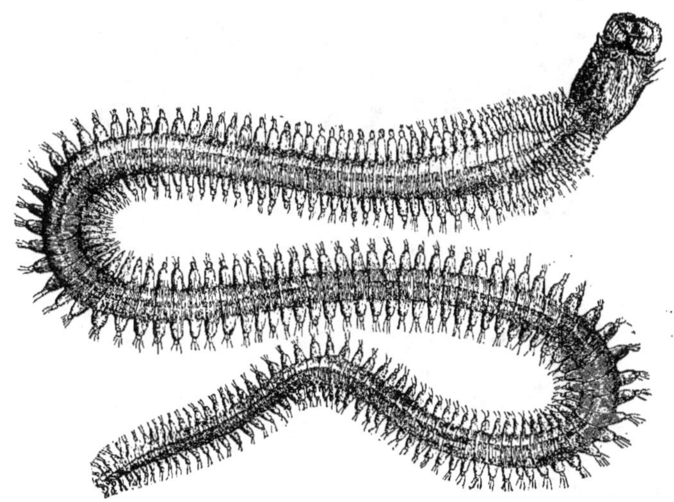

Fig. 117. — *Nephthys margaritacea*, Annélide errante. — Grandeur naturelle.

Au lieu de se fixer de bonne heure, comme le font celles des Bryozoaires, les trochosphères qui doivent devenir des Vers an-

14

nelés demeurent mobiles et bourgeonnent de nouvelles trochosphères, toujours en ligne droite, immédiatement en avant de l'extrémité postérieure de leur corps (fig. 116); elles produisent ainsi
une chaîne d'organismes, tous semblables entre eux, sauf le premier et le dernier, restes de la trochosphère primitive. Cette chaîne
est ce qu'on nomme une Annélide (fig. 117 à 125); son premier
segment, pourvu d'antennes, muni d'yeux et portant la bouche, est
la *tête* de l'Annélide. Dans certaines espèces, la chaîne se rompt
spontanément en différents points, au-devant d'un anneau qui s'est

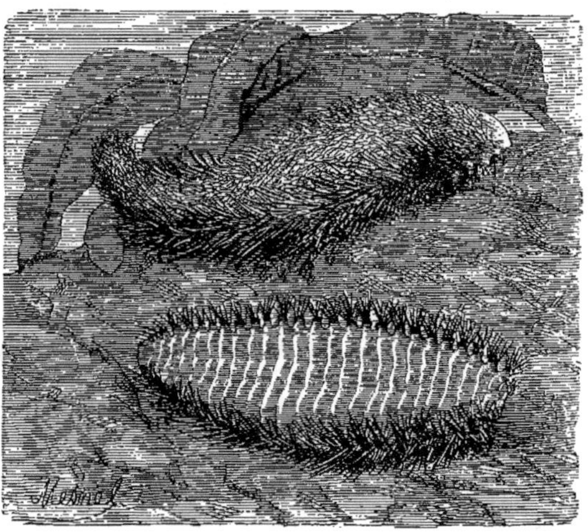

Fig. 118. — *Aphrodite aculeata*, Linné. — Réduite de moitié.

transformé en tête (fig. 119). Chaque tronçon, en se détachant, est
déjà une Annélide complète, qui, si elle a un rôle spécial à jouer,
comme celui de mener les œufs à maturité, peut ne pas ressembler
à l'Annélide primitive (fig. 120). C'est un phénomène de même
nature que celui qui aboutit chez les Hydres à la formation des
Méduses. Il est d'ailleurs assez rare et n'a guère été observé que
dans la famille des *Syllidiens*.

Les Annélides se meuvent avec agilité en serpentant dans l'eau;
elles marchent en s'accrochant aux objets environnants à l'aide de
faisceaux de *soies* chitineuses (fig. 117), souvent fort compliquées,
que portent sur chaque anneau deux paires de mamelons latéraux,

les *parapodes*. Au-dessus des parapodes dorsaux s'épanouissent souvent d'élégants panaches branchiaux (fig. 121); chaque parapode porte en outre une sorte de tentacule ou de *cirre*, qui peut atteindre à une grande longueur et qui ressemble parfois à un Ver

Fig. 119. — *Myrianis villata*, M. Edw., en train de se diviser en sept individus. — Chaque anneau porte sur ses côtés un long cirre en forme de Ver.

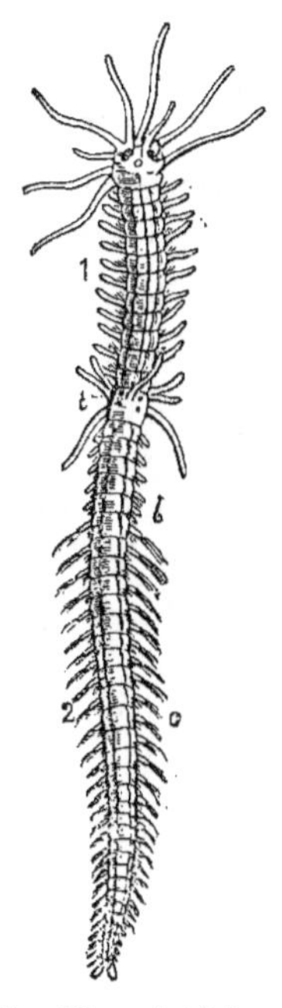

Fig. 120. — *Autolytus prolifer*, O. F. Müller, grossi, en train de se diviser en deux autres. — 1, individu primitif — t, tête du second individu, 2, dont le corps est divisé en deux régions, b, c.

Fig. 121. — Annélide sédentaire (*Arenicola piscatorum*, Lamarck), habitant un tube, recourbé en U, creusé dans le sable, et présentant des branchies dans la région moyenne de son corps.—Demi-grandeur.

(fig. 119). Quelques espèces, l'*Eunice géante* par exemple, approchent de deux mètres de long.

Les Annélides qui demeurent libres toute leur vie, nageant ou circulant dans les prairies d'Algues, les *Annélides errantes*, comme on les appelle, ont toutes leurs anneaux semblables entre eux. Les unes, telles que les *Syllis*, les *Néréides*, les *Nephthys*, ont un corps très allongé, à la façon de celui des Mille-pattes, d'autres l'ont, au contraire, épais et ramassé, comme les *Aphrodites* (fig. 118).

Beaucoup d'Annélides se logent dans des tubes qu'elles sécrètent ou qu'elles construisent elles-mêmes; leur aspect peut alors changer complètement. Un premier groupe, qui a de nombreux représentants dans la zone que découvre chaque marée, est composé d'Annélides habitant des tubes souterrains recourbés en forme d'U. Quand la mer se retire, de l'eau continue à baigner, au fond de l'U, le Ver, qui reste dans son élément. Les Annélides

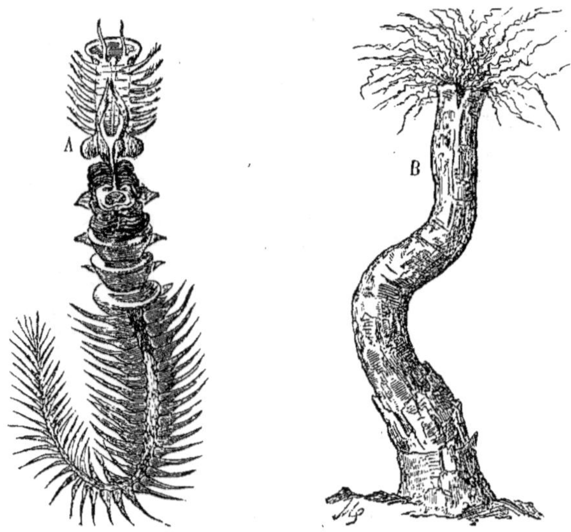

Fig. 122. — Chétoptère de Valenciennes. — A, Annélide sédentaire habitant un tube B, en forme d'U, dont la figure ne montre que l'extrémité antérieure. — Demi-grandeur.

qui habitent de pareilles demeures se reconnaissent à ce que la région moyenne de leur corps présente des modifications diverses, et souvent porte seule des branchies. L'*Arénicole des pêcheurs* (fig. 121), si commun sur toutes les côtes sablonneuses, en est un exemple bien connu; mais la région moyenne de son corps est loin d'être aussi différenciée que celle des grands et étranges *Chétoptères* (fig. 122, A) qui habitent des tubes formés d'une substance analogue à du parchemin (fig. 122, B).

D'autres Annélides sédentaires construisent des tubes droits qu'elles fixent au-dessous des pierres ; telles sont les *Clymènes*, qui ont un peu l'aspect des Vers de terre, et surtout les *Térébelles*, dont la tête porte d'innombrables tentacules très longs et très déliés, en arrière desquels se trouvent, sur trois anneaux thoraciques, trois paires de branchies ramifiées. Ces branchies manquent aux *Apneumées* (fig. 123). Les Térébelles se servent de leurs tentacules pour saisir autour d'elles les menus objets dont elles doivent faire leur tube : ce sont des grains de sable, de petites coquilles de Mollusques et surtout de Foraminifères, en si grand nombre que l'un des procédés familiers aux naturalistes pour collectionner ces

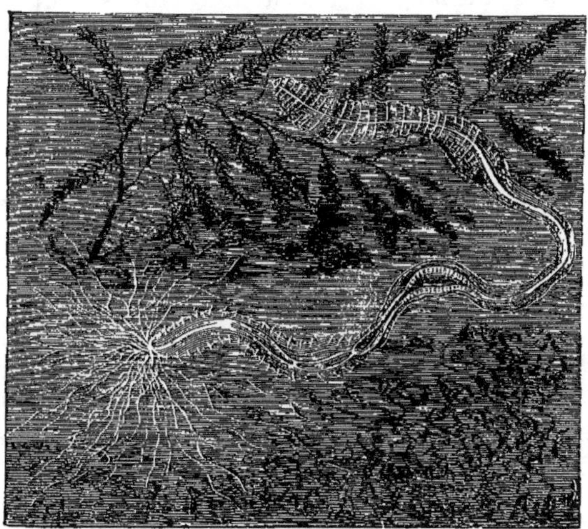

Fig. 123. — *Apneumea pellucida*, de Quatrefages.

derniers animaux consiste à examiner les tubes de la *Térébelle coquillière*. Certaines espèces surmontent d'une élégante collerette leur tube qu'elles enfoncent dans le sol. Les Térébelles ne sont pas cependant d'aussi minutieuses mosaïstes que les *Pectinaires*, dont le corps se termine en avant par un magnifique peigne de soies dorées ; ces habiles artistes choisissent, pour faire leur tube très régulièrement conique, des grains de sable de même dimension ; elles les agglutinent en un tissu serré, sur lequel les grains de diverses couleurs dessinent de bizarres figures. Le tube a bien l'aspect d'une mosaïque ; il n'est pas fixé, et la Pectinaire le transporte avec elle à la façon des larves de Phryganes. Au contraire le tube droit des Sabelles et des animaux voisins est implanté verticalement dans le sable. Gélatineux et très épais chez les Myxicoles, il est construit, chez les Sabelles, par l'animal lui-même au moyen de petits paquets de vase fine qu'il agglutine et superpose régulièrement. Enfin les *Spirorbes* (fig. 124), les *Serpules* (fig. 125), les

Filigranes, produisent des tubes calcaires qu'elles fixent aux objets environnants et qu'elles ferment, lorsqu'elles se rétractent, au moyen d'un opercule porté par un appendice de leur tête. Ce sont là des Annélides vraiment sédentaires et qui ne sont mises en rapport avec le monde extérieur que par leur région céphalique; aussi les branchies, organes de la respiration, viennent-elles s'y rassembler de manière à former un magnifique panache dont les rameaux plumeux sont placés sur un

Fig. 124. — Annélide sédentaire (Spirorbe) habitant un tube enroulé en spirale. — Grossie trois fois.

support enroulé en une élégante spirale chez les *Spirographes*. Les Annélides des autres groupes doivent aller à la recherche de leur nourriture : les Annélides errantes sont carnassières; beaucoup d'Annélides sédentaires et fouisseuses se nourrissent des innombrables particules organiques que contient la vase ambiante; au contraire, les Annélides dont les branchies sont situées sur la tête demeurent en place et, comme les Éponges, les Comatules, les Bryozoaires, attirent à elles, au moyen des cils sans cesse vibrants de leur panache respiratoire, l'eau qui leur apporte l'oxygène et les aliments.

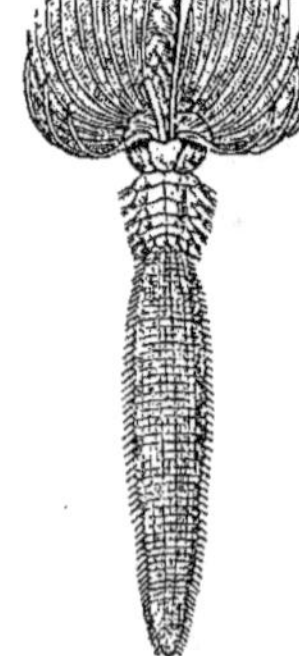

D'autres Vers qui se logent exclusivement dans des trous du sol ou dans les coquilles de Mollusques dont nous allons bientôt parler, les Dentales, ont une apparence qui semblerait tout d'abord les rapprocher beaucoup plus des Holothuries que des Vers annelés. Si l'on en jugeait seulement par leur forme générale, on pourrait

Fig. 125. — Annélide sédentaire (Serpule) habitant un tube calcaire droit.

croire qu'ils établissent un lien entre les Animaux rayonnés et les Animaux segmentés : c'est pourquoi M. de Quatrefages les a nommés Géphyriens, d'un mot grec qui veut dire *pont*. Leur corps cylindrique ou ovoïde se termine par une sorte de cou, tantôt portant à son sommet la bouche entourée d'une couronne de tentacules, tantôt placé au-dessus d'elle comme une lèvre supérieure démesurément allongée. Dans ce dernier cas, qui est celui des *Échiures* et des *Bonellies* de la Méditerranée, il existe sur le corps une ou deux paires de soies ; et la larve, d'abord simple trochosphère, peut présenter jusqu'à treize segments, qui disparaissent plus tard ; dans le premier cas, présenté par les *Siponcles* et les *Phascolosomes*, à aucun âge l'animal ne présente de trace de segmentation du corps ; c'est en quelque sorte une Annélide non annelée. Le fait que les segments du corps peuvent ainsi disparaître n'est pas isolé : les Crustacés, les Arachnides en présentent de nombreux exemples. Des naturalistes éminents, Gegenbaur,

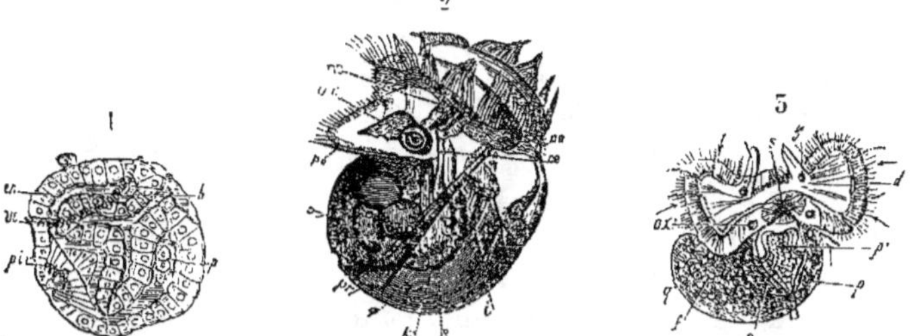

Fig. 126. — Larves de Mollusques Gastéropodes. — 1, jeune larve peu éloignée de l'état de trochosphère ; *b*, bouche ; *en*, paroi extérieure du corps ; *ve*, couronne ciliée ; *p*, région où se formera le pied ; *pir*, glande coquillière. — 2, la même larve plus âgée ; *ne*, voile vibratile ; *ns*, ganglion nerveux ; *œe*, œsophage ; *s*, estomac ; *po*, pied portant l'opercule ; *w*, otocystes. — 3, larve de Vermet ; *s.* bouche ; *y*, yeux ; *ox*, otocystes ; *p, p*, pied ; *o*, opercule ; *d*, voile.

Claus, von Jehring, Giard, pensent, non sans raison, qu'il y a lieu d'examiner si les Mollusques dont nous avons maintenant à parler ne sont pas, eux aussi, une modification d'Annélides tubicoles chez qui la segmentation normale du corps avorterait, comme elle le fait chez les Siponcles.

Les Mollusques sont des animaux qui produisent et habitent les coquillages, comme les Serpules produisent et habitent un tube calcaire. Il y a cependant des Mollusques sans coquille : la Limace en est un ; parmi les Algues marines il s'en trouve un grand nombre d'autres aux formes extraordinairement élégantes et variées. Mais la coquille fait tellement partie intégrante de l'organisation des Mollusques, que l'un des premiers organes que présente la larve trochosphère de tous ces animaux est la glande productrice de la coquille primitive (fig. 126, 1, *pir*), et que presque tous ceux qui sont nus à l'état adulte ont, quand ils sont jeunes, leur corps enfermé dans une délicate coquille. Au-dessus de la région du corps enfermée dans la coquille s'élève, séparée de lui par une sorte de cou, une autre région libre quand nage la larve, mais qui, à la moindre alerte, s'abrite, elle aussi, sous la coquille : c'est la *tête* (fig. 126, 2 et 3). Cette tête présente une partie supérieure, le *voile* (fig. 126, 2, *ne*), organe de natation richement cilié sur ses bords, et une partie inférieure, le *pied* (ibid., *po*). Ce dernier est d'abord uniquement destiné à porter sur sa face inférieure l'opercule à l'aide duquel la larve clôt sa coquille, quand elle se rétracte, à la manière des Serpules.

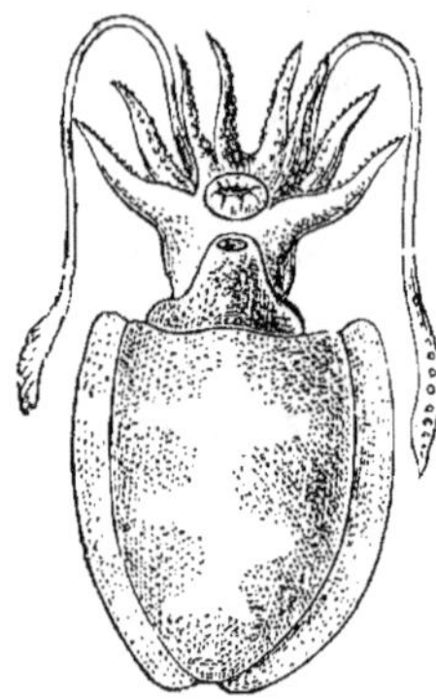

Fig. 127. — Seiche commune. Réduite au quart.

Le pied prend chez les Mollusques un développement très variable, qui a servi de base à la division de ces animaux en classes. Il a, quand sa forme fondamentale n'a pas été altérée, la forme d'un trèfle, dont la feuille médiane porte l'opercule. Dans un premier groupe, cette dernière feuille s'applique autour de la bouche et se découpe soit en lobes garnis de tentacules nombreux, soit en huit ou dix longs bras garnis de ventouses; les feuilles latérales, de leur côté, se rapprochent au-dessous du lobe médian, et s'unissent de manière à former un entonnoir, dont la partie élargie s'enfonce dans la poche qui contient les branchies : cela caractérise la classe des Céphalopodes, qui comprend les *Nautiles* (fig. 13, page 34), les *Spirules*, les *Seiches* (fig. 127), les *Calmars* et les *Poulpes* ou *Pieuvres*.

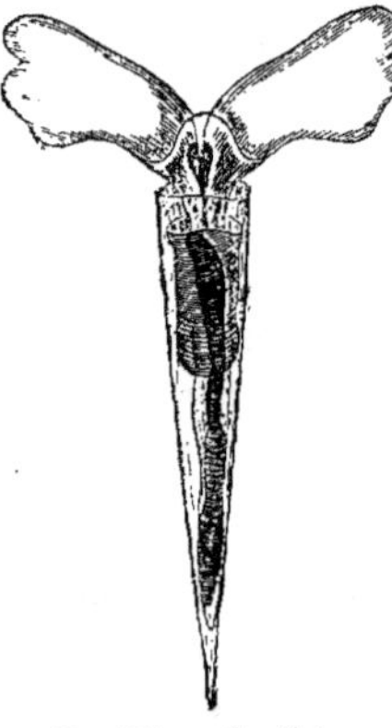

Fig. 128. — Cuviérie.

Dans un second groupe, la feuille médiane disparaît presque entièrement; les feuilles latérales forment deux ailes symétriques, placées de chaque côté de la tête, et à l'aide desquelles l'animal nage dans l'eau avec l'allure qui caractérise le vol des papillons dans l'air. Ces Mollusques ailés, toujours de petite taille, forment la classe des Ptéropodes (fig. 128). De même que les Nautiles, les Spirules et les Calmars, ils habitent la haute mer.

Au contraire les Mollusques de la classe des Gastéropodes sont des plus abondants sur les rivages. Ici ce sont les feuilles latérales du pied primitif qui avortent, tandis que la feuille centrale prend un développement énorme, s'aplatit et dirige en arrière sa

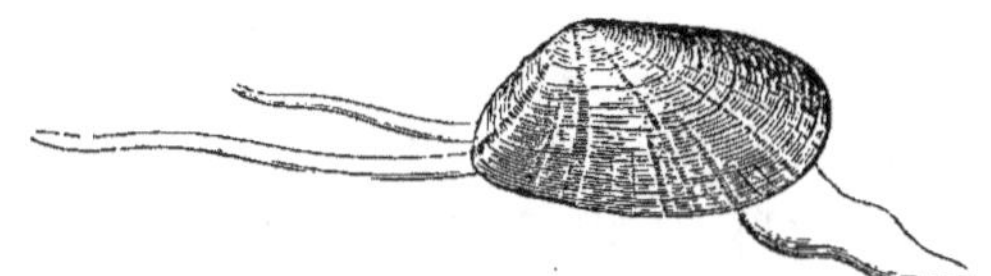

Fig. 129. — *Tellina donacina*, Linné. Mollusque bivalve dont les siphons et le pied sont épanouis.

face tournée vers la bouche, face sur laquelle l'animal va maintenant ramper; l'opercule se place alors en haut et en arrière. Le corps, allongé comme celui d'un Ver, demeure ordinairement enfermé dans une de ces longues coquilles enroulées en spirale, dont la coquille de l'Escargot est le type.

Une fois formé, le pied volumineux des Gastéropodes contient

Fig. 130. — *Pleurotomaria santonensis*, du terrain crétacé. — Demi-grandeur.

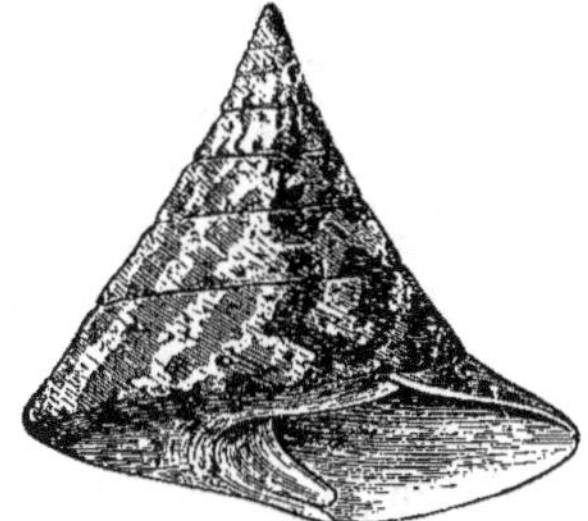

Fig. 131. — *Trochus niloticus*, Linné.

une cavité énorme dans laquelle les viscères peuvent facilement pénétrer. Le corps logé dans la coquille peut, dans ce cas, disparaître, comme cela arrive chez la Limace, et l'animal, réduit en réalité à sa tête, semble alors ramper sur son ventre. C'est à l'illusion ainsi produite sur l'esprit des naturalistes que les Mollusques à coquille spirale doivent leur nom de Gastéropodes.

Enfin, au lieu de s'aplatir, le pied, réduit à sa feuille médiane, peut se comprimer comme une lame de couteau, par suite d'une déformation analogue subie par le corps tout entier. Dans ce cas la coquille cesse d'être spirale, elle est formée de deux valves qui se rabattent l'une sur l'autre comme les deux moitiés de la couverture d'un livre (fig. 129). De là le nom de BIVALVES donné, avec beaucoup d'autres, à ces Mollusques dont l'Huître est le type.

Les premières formes de Gastéropodes qui aient apparu dans nos mers ont, en général, des coquilles présentant de nombreux tours de spires : ce sont les *Pleurotomaires* (fig. 130), qu'on a cru longtemps disparues, les *Troques* (fig. 131), les *Turbo* (fig. 132). Ces animaux forment un groupe très naturel avec les *Haliotides*,

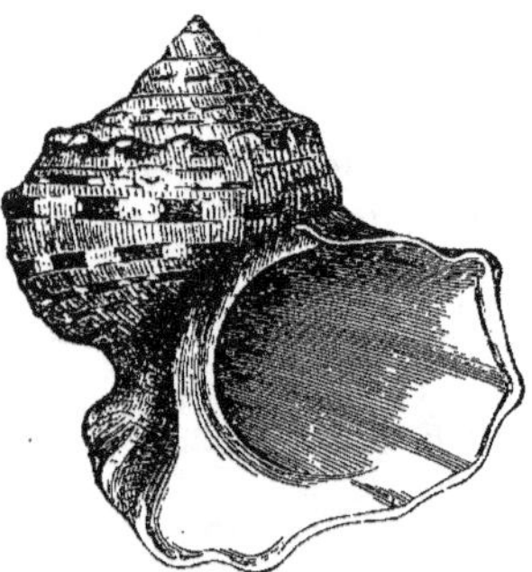

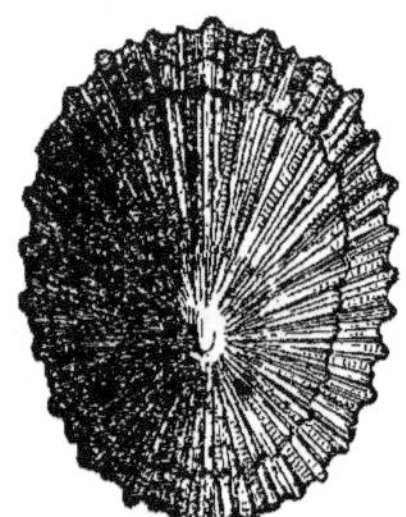

Fig. 132. — *Turbo marmoratus*, Linné   Fig. 133. — *Patella umbella*, Gmelin.

dont les coquilles aplaties et présentant sur le côté une rangée de trous sont bien connues sous le nom d'*Ormeaux* ou d'*Oreilles de mer*. Les Haliotides sont voisines elles-mêmes des Mollusques à coquille en forme de cône surbaissé, comme les *Fissurelles* et les *Patelles* (fig. 133). Les premières formes de Bivalves presque contemporaines de ces Gastéropodes sont les *Arches* et les *Avicules*. Elles sont remarquables par leur longue charnière au-dessous de laquelle semble suspendue la coquille; ces Mollusques ont un pied qui file une sorte de cordon, le *byssus*, à l'aide duquel ils s'attachent aux rochers. L'Huître perlière est très proche parente des Avicules.

Entre les Gastéropodes et les Bivalves, qui remontent ainsi aux temps primitifs, il y a de frappantes ressemblances, qui s'effacent à mesure que l'on considère des formes plus récentes. Dans les deux groupes, la coquille est remarquable par la beauté de sa nacre; le cœur a deux oreillettes, et son ventricule est traversé par la partie terminale de l'intestin; il y a deux reins; la bouche est portée à l'extrémité d'une sorte de mufle gros et court[1] surmonté d'une ou deux paires de tentacules et constituant la *tête*. Chez les Bivalves autres que les Avicules, toute partie rappelant la tête des Gastéropodes a si bien disparu que les mots *Bivalve* et *Acéphale* sont synonymes pour beaucoup de naturalistes; cependant, chez tous, les autres dispositions communes que nous venons de signaler subsistent, tandis que chez les Gastéropodes normaux le cœur n'a plus qu'une oreillette, le ventricule est indépendant de l'intestin, et il n'existe qu'un seul rein.

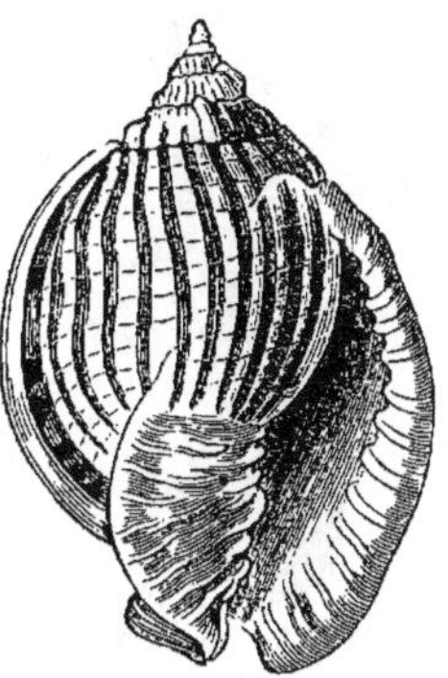

Fig. 134. — Casque zébré, Lamarck.

Les Gastéropodes primitifs marquent donc, dans la classe des Gastéropodes, comme une première étape, où se détachent les Bivalves. A cause de leurs deux oreillettes on les appelle Diotocardes ou Biauriculés; les Gastéropodes plus récents sont au contraire les Monotocardes ou Uniauriculés. Tous les *Biauriculés* connus sont herbivores.

Les *Uniauriculés*, qui sont de beaucoup les plus nombreux des

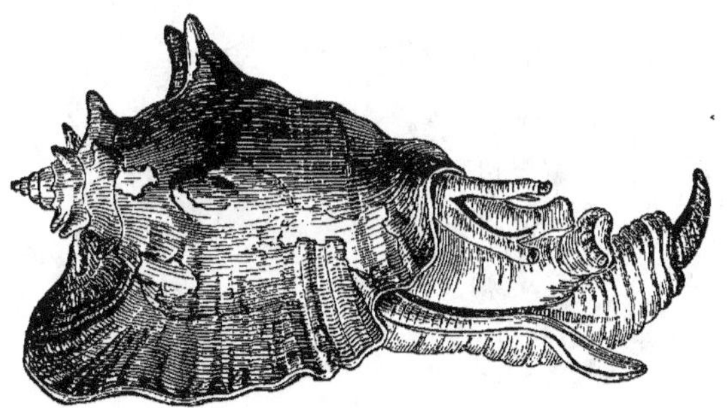

Fig. 135. — Strombe géant, Linné.

Mollusques, s'éloignent par degrés de l'organisation primitive : à un premier degré le corps demeure allongé et enveloppé dans

1. Un de nos élèves, M. Mayoux, vient de constater ce fait imprévu pour les *Aviculidés*.

une longue coquille enroulée en spirale; on est convenu d'appeler ces Mollusques des *Prosobranches*. Leur coquille présente d'abord la forme simple de la coquille de l'Escargot : son ouverture a un contour continu, elliptique ou circulaire. Presque tous ces Mol-

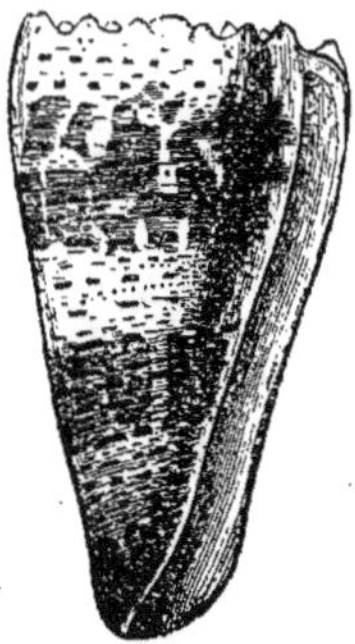

Fig. 136. — Cône impérial, Lim.

lusques « *à bouche entière* » sont herbivores comme les Biauriculés, et il semble qu'ils ne puissent descendre sous les eaux plus bas que la limite inférieure des Algues. Ce sont, outre la plupart des Mollusques terrestres et fluviatiles, les *Littorines*, bien connues sous le nom de *Vignots*, les *Turritelles* à longue coquille conique, les *Troncatelles*, les *Natices*, etc. Puis l'ouverture de la coquille se complique, elle présente soit une échancrure, soit un prolongement creusé en gouttière dans lequel se loge le tube charnu, le *siphon*, chargé de conduire l'eau à l'appareil respiratoire : les *Tritons*, les *Cérithes*, les *Tonnes*, les *Casques* (fig. 134), les *Porcelaines*, les *Strombes* (fig. 135) forment un premier groupe de ces Mollusques, tous carnassiers comprenant les plus grands des Gastéropodes, tous ceux

Fig. 137. — Harpe ventrue.

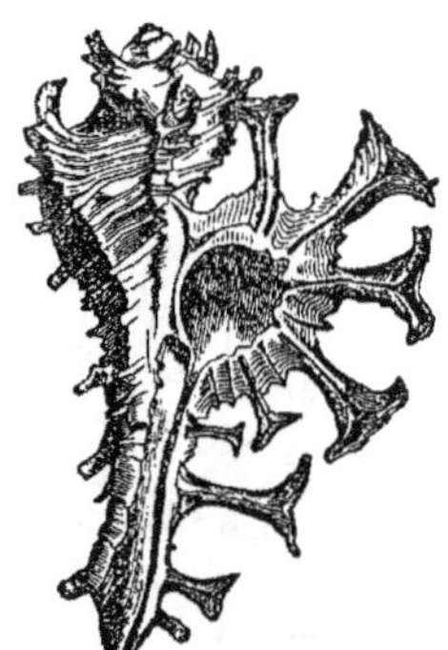

Fig. 138. — Rocher scorpion.

dont on voit parfois les splendides coquilles sur les cheminées ou les étagères des amateurs. Viennent ensuite des carnassiers à morsure venimeuse, comme les *Vis* et les *Cônes* (fig. 136); enfin les carnassiers par excellence : les *Fuseaux*, les *Rochers* (fig. 138), les

Pourpres, les *Buccins*, les *Nasses* dont le pied porte un opercule; les *Volutes*, les *Harpes* (fig. 137), les *Olives*, qui n'en ont pas.

La disparition de l'opercule est déjà une réduction dans l'organisation fondamentale du Mollusque. Cette réduction va se poursuivre maintenant par un développement exagéré de toute la partie céphalique, y compris le pied, de sorte que le ventricule du cœur et l'aorte, d'abord situés en arrière de l'oreillette, vont être entraînés en avant, dans la direction des parties les plus volumineuses auxquelles ils doivent fournir du sang; c'est là le caractère fondamental des *Gastéropodes opisthobranches*. Les moins modifiés ont encore une coquille; ce sont : les *Ringicules*, les *Tornatelles* ou *Actéons*, les *Bulles*, les *Aplysies* (fig. 139), dont une grande espèce de couleur violette porte sur nos côtes le nom de *Lièvre de mer*, à cause de

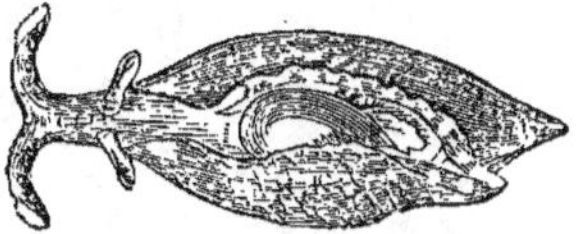

Fig. 139. — Aplysie luca, d'Orbigny.

ses grands tentacules; les *Ombrelles* de la Méditerranée, les *Pleurobranches*, dont la coquille plate est déjà cachée. Enfin le corps disparaît complètement; tous les viscères sont contenus dans la tête et le pied, qui, au fond, ne sont qu'un : il n'y a plus de coquille du tout. Alors sur le dos de ces *Mollusques nus* ou *Nudibranches* se développent d'élégants panaches res-

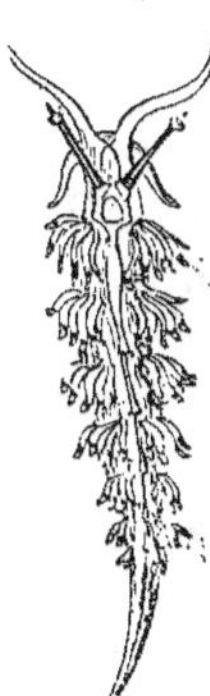

Fig. 140.
Æolis alba, Möbius.

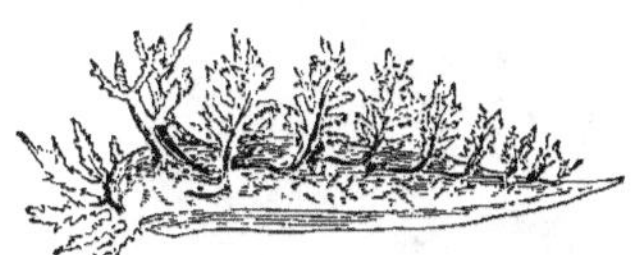

Fig. 141. — *Dendronotus arborescens*, Müller.

piratoires, tantôt disposés en cercle à la partie postérieure du corps, comme chez les *Doris*, tantôt formant sur le dos une double rangée, comme chez les *Téthys*, les *Tritonies*, les *Dendronotus* (fig. 141), les *Scyllées* (fig. 52, page 81), tantôt couvrant le dos tout entier de longues papilles ornées des plus vives couleurs, comme chez les *Éolides* (fig. 140). Ces brillants et délicats animaux se trouvent abondamment parmi les Algues; ils ne sont cependant pas herbivores; ce sont les plus terribles ennemis des petits Polypes, dont ils ne redoutent pas les capsules urticantes, étant comme eux pourvus de cette arme défensive. Presque tous les Opisthobranches sont carnassiers ; la plupart des Bulles sont sans cesse occupées à fouir la vase pour y découvrir les vers dont elles se nourrissent.

Nous sommes parvenus aux modifications extrêmes de l'orga-

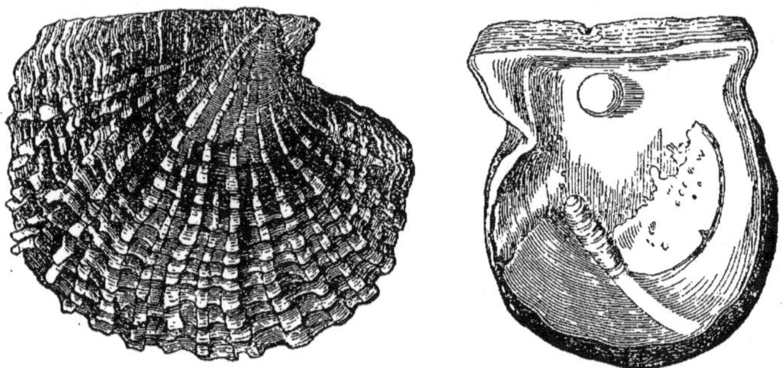

Fig. 142. — Pintadine perlière (*Meleagrina margaritifera*, Lamarck.)

nisation des Gastéropodes, il faut maintenant revenir à notre point de départ pour suivre de même les Bivalves.

Le régime alimentaire de ces Mollusques est nécessairement uniforme. Ils ont deux paires de puissantes branchies dont les cils vibratiles déterminent dans l'eau, autour de l'animal, un rapide courant dirigé vers sa bouche. L'animal avàle tout ce qui lui arrive : c'est le procédé de nutrition que nous avons déjà rencontré chez tous les animaux fixés, sauf les Cirripèdes; nous le retrouverons encore. Cependant les Bivalves peuvent ordinairement se mouvoir avec une certaine acti-

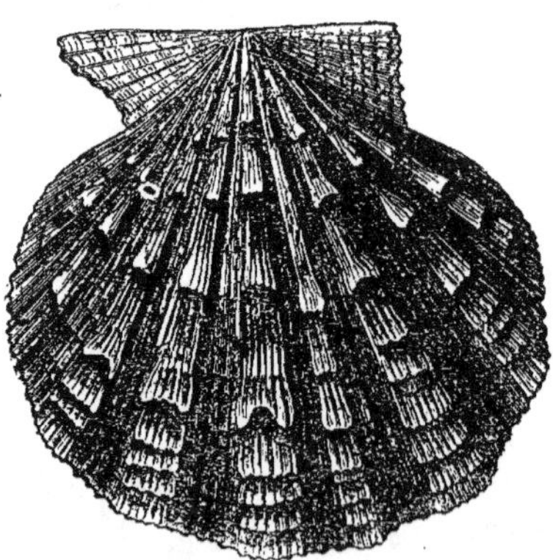

Fig. 143. — Peigne noueux (*Pecten nodosus*, Lamarck.)

vité. Les plus anciens, les *Avicules* (fig. 142) et les *Arches*, se bornent à se suspendre aux corps étrangers à l'aide des filaments soyeux qu'ils sécrètent et qui constituent leur *byssus*. C'est aussi ce que font les *Moules*, les *Limes*, les *Peignes* (fig. 143) ou *Coquilles de Saint-Jacques*. Mais déjà quelques espèces de ce genre se soudent aux rochers par une de leurs valves et nous conduisent par là aux *Anomies*, aux *Huîtres*, aux *Spondyles*, voués, comme les *Chames* et les *Tridacnes* ou *Bénitiers*, à une complète immobilité.

Quelques-uns de ces animaux se servent aussi des valves de leur coquille pour se mouvoir; les Peignes sautent fort haut en ouvrant et fermant brusquement leur coquille; les Limes nagent avec la leur comme les papillons volent avec leurs ailes, et de plus utilisent leur *byssus* pour se construire à l'aide de toutes sortes de détritus un véritable nid. Mais ce n'est pas la direction dans laquelle on trouve les plus nombreuses modifications des Bivalves, et les

Fig. 144. — Pétoncle (*Pectunculus scriptus*, Born.)

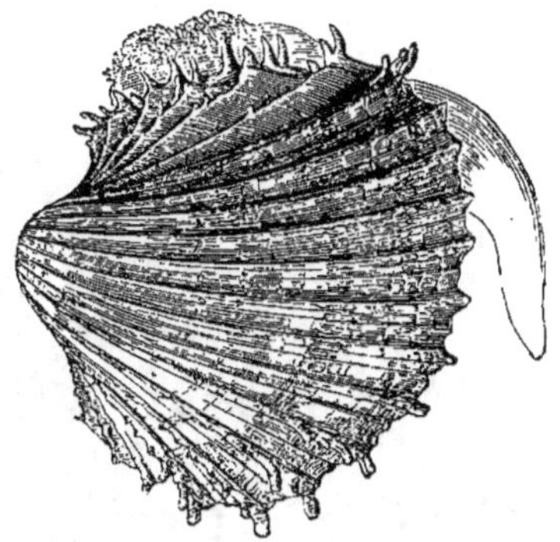

Fig. 145. — Bucarde (*Cardium hians*, Brocchi) épanouie et dans sa position naturelle.

Arches semblent le point de départ d'une série tout autre que celle dont les Avicules sont le premier terme.

Par les *Trigonies* et les *Pétoncles* (fig. 144) on arrive des *Arches* aux *Bucardes* (fig. 145), qui commencent une série de Mollusques non seulement fouisseurs, mais habitant dans des trous creusés par eux et dont ils ne sortent qu'accidentellement. Hors de ces trous ils allongent deux tubes, l'un servant à conduire l'eau vers les branchies, l'autre à la rejeter au dehors avec toutes les déjections de l'animal. A cette série appartiennent les *Lucines*, les *Vénus* ou *Palourdes*, les *Mactres*, les *Tellines*, auxquelles font suite des Bivalves à coquille presque cylindrique, les *Couteaux* ou *Solen* (fig. 146). Nous n'avons plus qu'un pas à faire pour arriver à des

Mollusques qui se creusent une habitation dans la pierre, comme les *Pholades* (fig. 147), ou perforent le bois, comme les *Tarets*. Ces derniers enduisent leur trou d'une substance calcaire formant

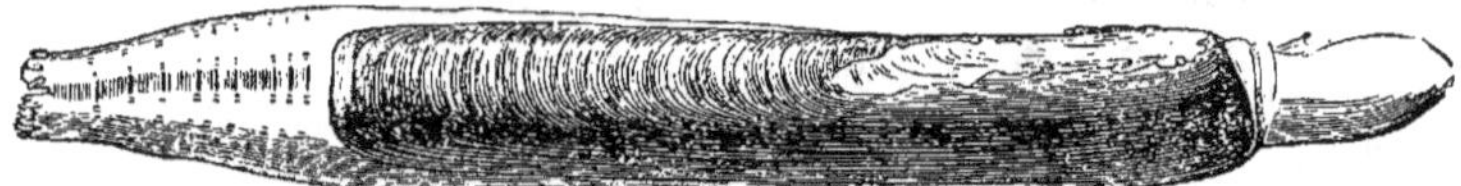

Fig. 146. — Couteau (*Solen vagina*, Lamarck).

un tube et n'ont plus qu'une toute petite coquille. Ce tube, léger chez les Tarets, prend chez les *Gastrochènes* une consistance plus grande. La coquille finit par se souder en partie ou en totalité

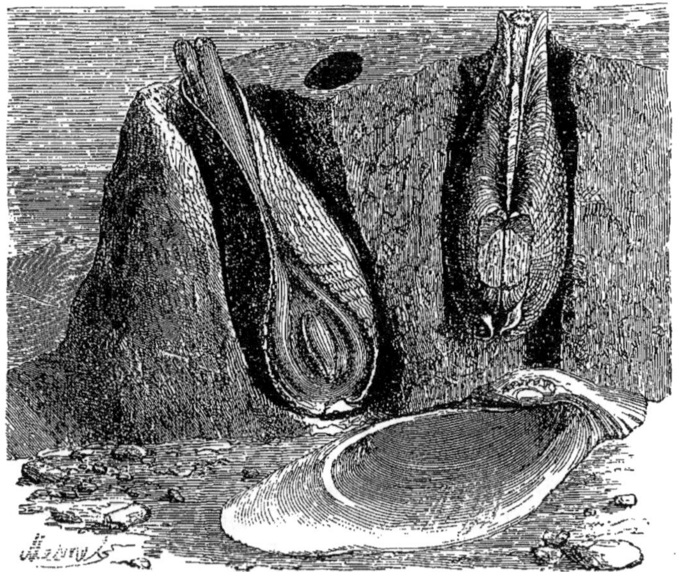

Fig. 147. — Pholade (*Pholas dactylus*, Linné).

avec lui chez les *Clavagelles* et les *Arrosoirs* (fig. 148). Les Acéphales semblent donc devoir se rencontrer en grand nombre partout où ils trouvent un fond meuble dans lequel ils puissent fouir.

Presque entièrement enfermés dans le repli de la peau qui

forme à la coquille comme une doublure, les derniers Bivalves paraissent contenus dans une bouteille membraneuse à deux goulots représentant les siphons. C'est parce qu'elles ont le même aspect, qu'on a longtemps placé à côté d'eux les *Ascidies* (fig. 149), qui n'ont plus de coquille, mais dont les téguments sont revêtus d'une substance cartilagineuse de nature toute spéciale. Elles

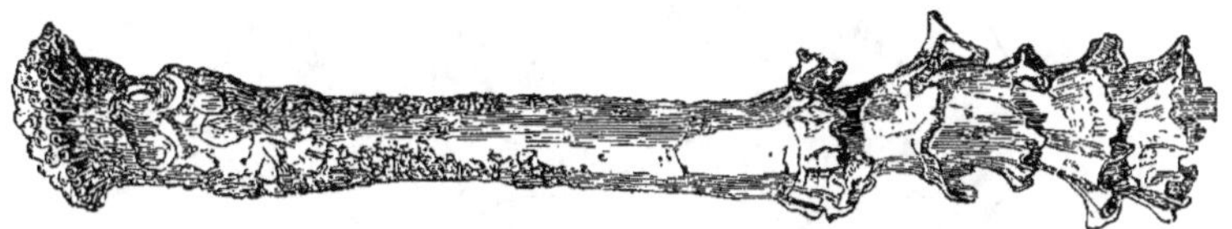

Fig. 148. — Arrosoir (*Aspergillum vaginiferum*, Lamarck).

vivent fixées à la face inférieure des rochers ou enfouies dans le sable et sont les principaux représentants sur les rivages de la classe des Tuniciers. Quelques-unes dépassent la grosseur du poing et vivent solitaires; mais les espèces de petite taille ont la faculté de bourgeonner comme les Bryozoaires, les Polypes et les Éponges. Elles forment alors des colonies, dans lesquelles on voit les différents individus se grouper en réseaux ou en étoiles (fig. 150). Ces *Ascidies composées*, vivement colorées, abondent dans les prairies de Zostères, sur les frondes des Algues. Souvent elles présentent une teinte de fond sombre, sur laquelle se détachent vivement en teinte claire les réseaux ou les étoiles d'Ascidies. Rien ne contribue davantage à donner au fond de la mer la physionomie d'un parterre couvert de fleurs que le mélange des Ascidies composées aux Anémones de mer et aux Éponges.

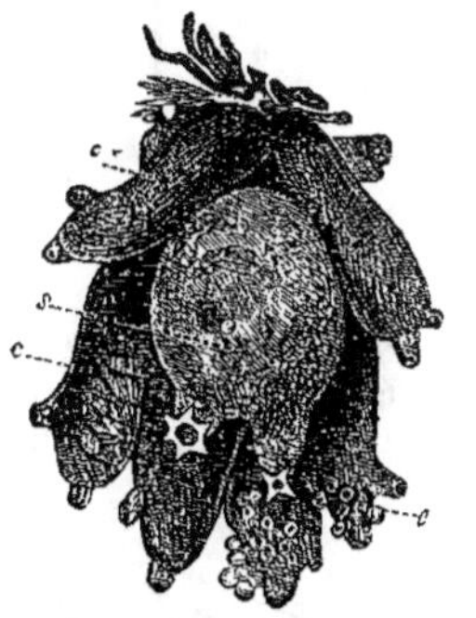

Fig. 149. — Un groupe de Tuniciers de l'ordre des Ascidies simples. — *c*, *Cynthia rustica*: *s*, *Anurella Bleizii*, Lacaze-Duthiers.

Si l'on conserve quelque temps dans un aquarium une colonie de ces Ascidies, d'une *Amarouque* ou d'un *Polyclinum* par exemple, on en voit souvent sortir une foule de petits têtards (fig. 150, *c c'*), qui se meuvent agilement en fouettant l'eau de leur queue, comme des têtards de grenouille. Ces larves, communes à un grand nombre d'Ascidies, n'ont jamais ni la ceinture équatoriale, ni la glande coquillière, ni la coquille, ni le voile, ni le pied, ni l'opercule des larves de Mollusques. Les Ascidies ne sont donc pas des Mollusques; au contraire le mode de développement de leurs larves

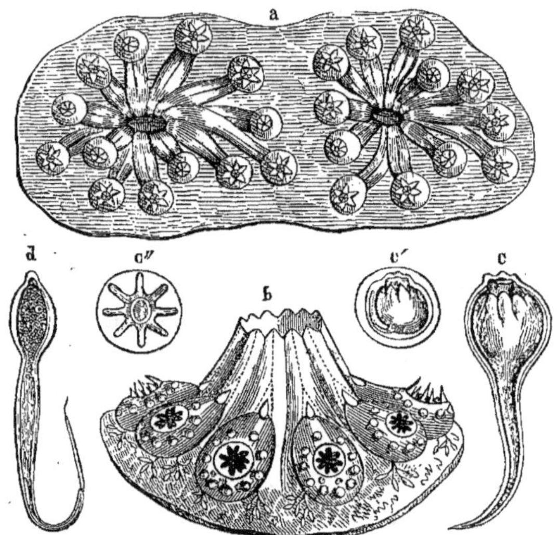

Fig. 150. — Ascidies composées, *a, b*, avec leur têtard, *c, c', c", d* (*Polyclinum constellatum*, Savigny).

rappelle d'assez près le mode de développement du Vertébré le plus inférieur que nous connaissions, l'*Amphioxus* (fig. 151). On a été conduit par là à penser que les Ascidies ont avec le plus

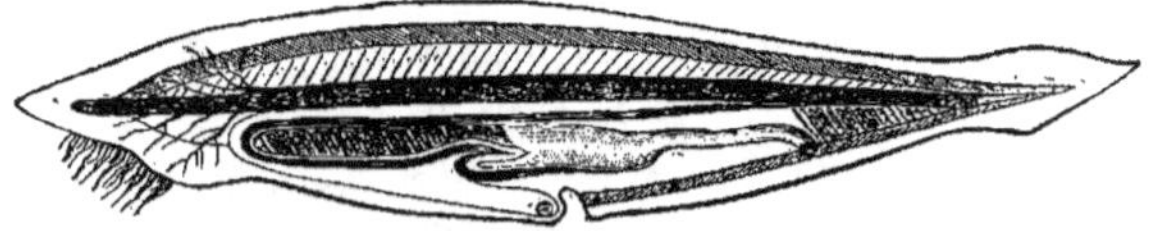

Fig. 151. — *Amphioxus anceolatus*, Yarrel.

inférieur des Poissons des rapports analogues à ceux des Cirripèdes avec les Copépodes.

Autrefois on considérait aussi comme des Mollusques bivalves, à cause de leur coquille à deux battants, les *Brachiopodes*, qui vivent fixés par un pédoncule aux rochers sous-marins et attirent à eux leurs aliments grâce aux cils vibratiles dont sont pourvus deux grands bras enroulés en spirale, entre lesquels se trouve leur bouche et que supporte une armature spéciale de la coquille (fig. 152, C, s); mais ces animaux ont une organisation toute spéciale, et leurs larves, aujourd'hui bien connues, ne ressemblent en rien à celles des Mollusques; leurs affinités avec les Vers sont incontestables. Les Brachiopodes comptent parmi les plus anciens des animaux. Ils avaient déjà atteint à l'époque silurienne leur maximum de développement, et leurs genres, jadis nombreux, n'ont fait que se restreindre depuis. Quelques formes ont persisté avec une constance étonnante. On trouve déjà des restes de Lingules dans les terrains cambriens, et les Lingules de cette époque étaient à peine dif-

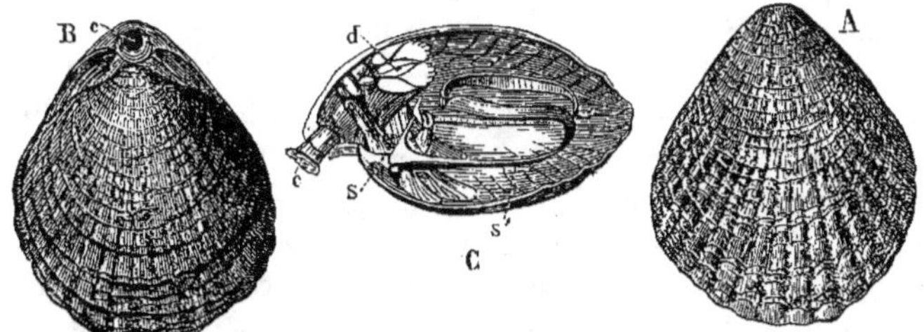

Fig. 152. — *Waldheimia australis*, Brachiopode voisin des Térébratules, un peu réduit. — A, vue en dessous. — B, vue en dessus; c, trou du crochet de la valve inférieure. — C, coupée pour montrer leurs muscles, d, et l'armature de soutien des bras, s, s'.

férentes des Lingules actuelles. Les Brachiopodes sont donc des animaux de type ancien, dont il eût été d'un haut intérêt de retrouver un grand nombre de formes. On en connaît de toutes les mers; habitant sur nos rivages la zone des coraux, ils demeurent presque littoraux sur les côtes les plus méridionales des terres australes.

Il nous reste, pour terminer cette revue du monde marin, à parler des Poissons; mais tout le monde a une idée suffisamment nette de ce que sont les Poissons, pour qu'il n'y ait pas lieu d'insister beaucoup. Nous dirons seulement que si l'on veut suivre la complication graduelle de leur organisation, il faut étudier d'abord l'*Amphioxus* (fig. 151), dont le squelette est réduit à une délicate *corde dorsale* cartilagineuse, au-dessus de laquelle se trouve une moelle épinière terminée en avant par un cerveau tout à fait rudimentaire, si même il y en a un. Ce singulier animal vit enfoui sous le sable et couché sur le côté; il ne présente pas de cœur sur le trajet de ses vaisseaux, dont un, situé du côté ventral, est, comme ceux des Vers, contractile dans toute son étendue. Bien au-dessus de lui viennent les *Lamproies*, qui ajoutent à leur corde dorsale un rudiment de crâne, et, bien au-dessus des Lamproies, les *Requins* et les *Raies* ou *Sélaciens*, dont le squelette demeure cartilagineux, mais se complique beaucoup. Les *Esturgeons*, les *Amia*, les *Polyptères*, les *Lépisdostées*, tous animaux qui fréquentent les eaux douces, au moins à l'époque de la ponte, sont, dans la nature actuelle, les derniers représentants d'un groupe de Poissons qui peuplait à lui seul les eaux des temps primaires, le groupe des *Ganoïdes*. C'est dans ce groupe que le squelette arrive à s'ossifier complètement, que l'on voit apparaître pour la première fois une *vessie natatoire* et des *ouïes* conformées comme celles des Poissons ordinaires. Mais ici il se fait une bifurcation. Chez les *Dipnés* la vessie natatoire devient un organe de respiration aérienne, un vrai poumon; quatre pattes commencent à s'ébaucher, et l'on passe ainsi des Poissons aux BATRACIENS et aux Vertébrés terrestres. Dans l'autre direction, la vessie natatoire s'adapte plus étroitement à ses fonctions d'organe d'équilibre; les nageoires s'agrandissent, s'étalent, changent de place, et le Poisson devient de plus en plus un nageur par excellence. Les *Poissons osseux* présentent ainsi deux degrés d'adaptation. Au premier degré la vessie natatoire communique encore avec l'extérieur par l'intermédiaire de l'œsophage; les nageoires sont distantes, comme les quatre pattes des Vertébrés terrestres. C'est à ce groupe des *Poissons physostomes* qu'appartiennent le plus grand nombre de nos Poissons d'eau douce: Anguilles, Brochets, Carpes, etc. Au second degré la vessie natatoire se ferme ou disparaît; les nageoires abdominales viennent se placer au-dessous des pectorales et manquent parfois; l'organisation est alors aussi éloignée que possible de celle des Vertébrés marcheurs. Ces *Poissons physoclystes* peuvent avoir ou non les premiers rayons de leur nageoire dorsale en forme d'épine tout d'une venue. De là deux divisions : la première comprend les *Ophidiides* ou *Poissons serpents*, les *Morues* et les *Poissons plats* ; la seconde englobe l'immense majorité des Poissons de mer, des *Bars* ou *Perches marins* aux *Scorpènes*, aux *Baudroies*, aux *Coffres* et aux *Syngnathes*, en passant par les *Maquereaux* et les *Poissons volants*.

Fréquemment doués de puissants moyens de locomotion, les Poissons s'attachent peu aux rivages. Si nous les suivons en haute mer, ils nous conduisent au milieu d'une faune qui pourrait paraître tout à fait nouvelle à un observateur superficiel. Nous avons vu les habitants de la mer des Sargasses prendre ce que l'on peut appeler la *livrée des Sargasses*; là où il n'y a pas de Sargasses, les animaux marins prennent tout simplement la *livrée de la haute mer*. Ils sont transparents comme du cristal, et souvent d'une couleur bleue azurée identique à celle des flots eux-mêmes. La haute mer est la région préférée des Siphonophores, des grandes Méduses, des Cténophores, d'une foule de petits Crustacés, des Ptéropodes, des Calmars, qui sont tantôt gigantesques, tantôt d'une telle délicatesse que certains d'entre eux simulent absolument les Ptéropodes. C'est aussi là que les Salpes, dont nous avons raconté le singulier mode de reproduction, développent leurs longues chaînes, associées à d'autres Tuniciers, les Pyrosomes (fig. 153), également transparents et se groupant de manière à former des manchons qui semblent d'un pur cristal taillé à facettes. Le *Talisman* a rapporté des mers tropicales l'un de ces Pyrosomes, appartenant à une espèce nouvelle, le *Pyrosoma excelsior*, E. Perrier, qui n'avait guère moins de 2 mètres de long sur 2 décimètres de diamètre à l'état vivant. Sur le manchon de cristal les viscères écarlates de chaque Ascidie

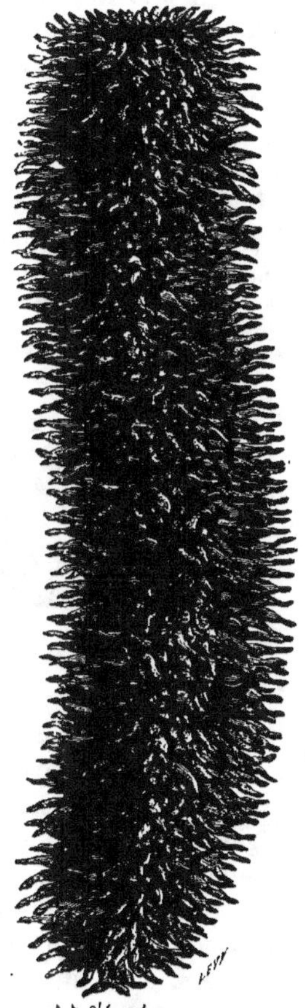

Fig. 153. — Pyrosome géant.
Réduit de moitié.

semblaient autant de rubis enchâssés. Ce splendide Tunicier paraît avoir été aussi rencontré par le *Challenger*.

Quelques groupes d'animaux qui sembleraient devoir demeurer attachés aux rivages envoient des représentants inattendus en haute mer. Ces ambassadeurs prennent alors une physionomie caractéristique. Les Actinies sont représentées par les Minyades (fig. 154), dont le pied est de couleur azurée; les Vers, par les *Sagitta*, une singulière Némerte découverte par le *Challenger*, et toute une série d'étranges Annélides transparentes, telles que les *Alciopes* et les *Tomopteris*. Les Gastéropodes eux-mêmes fournissent des formes nageuses, entre autres les *Janthines*, qui semblent habiter une coquille de saphir et savent se construire un radeau de bulles d'air, et les *Carinaires*, dont le corps transparent est surmonté par une délicate coquille, qui disparaît chez les *Firoles*.

Il serait impossible de reconstruire à l'aide des seuls animaux de haute mer les longues séries d'organismes dont les ani-

Fig. 154.

Minyade bleue.

Actinie nageuse contractée et épanouie.

maux de rivage nous ont montré l'étroit enchaînement. On ne le pourrait pas davantage à l'aide des animaux qui habitent les eaux douces. Des classes tout entières manquent dans ces régions nouvelles ou n'y sont représentées que par un petit nombre de formes très réduites : tels sont les Éponges, les Hydraires proprement dits, les Coralliaires, les Échinodermes; on n'aurait même aucune idée de l'extrême variété des Crustacés, des Vers, des Mollusques, des Poissons, si l'on ne considérait que ceux qui habitent les régions lacustres ou pélagiques. Au point de vue de l'habitat, le règne animal apparaît comme un arbre touffu dont les racines affouilleraient toute l'étendue des rivages, et dont le tronc vigoureux se ramifierait de toutes parts au voisinage des côtes, envoyant seulement les plus fines extrémités de quelques-unes de ses branches vers la haute mer et les eaux douces.

LIVRE V

LES ANIMAUX DES GRANDES PROFONDEURS

CHAPITRE I

LES PROTOZOAIRES ET LES ÉPONGES.

Le *Bathybius* et la gelée vivante primitive. — Les Rhizopodes vaseux. — Les *Challengeridæ*. — Rareté des Éponges calcaires, cornées et charnues dans les grands fonds. — Abondance et variété des *Hexactinellides* ou Éponges vitreuses. — Éponges vitreuses anciennement connues. — Euplectelles, *Askonema*, *Hyalonema*, *Pheronema*, *Aphrocallistes* des grands fonds.

Nous avons esquissé dans le livre précédent l'enchaînement des innombrables formes vivantes qui donnent au littoral des mers un aspect si animé; nous avons montré combien cette faune littorale se modifiait lorsque, abandonnant la côte, on cherchait à la poursuivre dans la haute mer ou dans les eaux douces. Nous avons maintenant entre les mains les données nécessaires pour comparer à l'ensemble des animaux qui ont été de tout temps accessibles à l'observation des naturalistes ceux qu'ils ont dû aller chercher au moyen de la drague dans les profondeurs de l'Océan. A partir de quatre cents mètres de profondeur, les conditions de dépendance dans lesquelles se trouvait le Règne animal par rapport aux Végétaux verts sont définitivement supprimées. Les seuls Végétaux qui peuvent encore subsister se nourrissent à la façon des animaux. C'est dire que le Règne animal doit se suffire à lui-même, à moins qu'il n'existe dans les grands fonds — ce que nous avons montré improbable — des êtres que l'on puisse regarder comme capables d'organiser directement la matière minérale, de suppléer à l'absence des Végétaux et de rendre inutile un transport incessant des matières assimilables du littoral ou de la surface des eaux jusqu'aux abîmes.

Un intérêt très grand s'attachait donc à l'étude des êtres les plus simples qui peuvent se multiplier dans les régions abyssales. Cette étude a été faite attentivement par divers observateurs, parmi lesquels MM. Brady, Hæckel, le marquis de Folin, Certes, l'abbé Castracane; et jusqu'ici toutes les formes rencontrées se laissent facilement ramener aux grands types déjà connus des Rhizopodes.

Après les dragages du *Porcupine* on crut un moment avoir découvert que la vase de l'Atlantique est en quelque sorte pénétrée d'une substance vivante, contractile, indéfinie, sans forme ni contour, contenant des corps spéciaux, les *Coccolithes*, que l'on décrivit comme ses spicules. Cette substance vivante (fig. 155), on la comparait volontiers à la *gelée primitive* qui, suivant Oken, aurait engendré tous les êtres; elle rappelait sous une forme plus simple le fameux *Eozoon canadense*; elle reçut de Huxley le nom de *Bathybius Hæckeli*. Il est aujourd'hui certain que l'on avait ainsi désigné non pas un être vivant, mais un précipité gélatineux exclusivement minéral que l'alcool concentré produit habituellement dans l'eau de mer. Néanmoins la vase formée de débris d'animaux vivants qui couvre presque tout le fond de la mer recèle une innombrable quantité de Protozoaires, appartenant à l'embranchement des Rhizopodes et qui la pénètrent en quelque sorte de vie. Aussi devient-elle un aliment important pour une foule d'animaux en tête desquels il faut placer les Holothuries, les Oursins et nombre de Mollusques. Dans la vase des régions arctiques, Bessel a vu à l'état vivant des Rhizopodes nus, qu'il a désignés sous le nom de *Protobathybius*. M. de Folin pense avoir découvert des êtres tout aussi simples dans la vase provenant des dragages profonds; il les appelle des *Bathybiopsis*, mais n'a pu les observer que morts. Des êtres analogues, la *Monobia confluens*, de Schneider par exemple, existent dans la vase des eaux douces; il est extrêmement probable que les vases marines en recèlent un plus ou moins grand nombre d'espèces. On ne saurait, en tout cas, mettre en doute l'existence d'une foule de petits êtres qu'on trouve jusque dans les plus grandes profondeurs de la mer et dont toute la substance consiste en un grumeau de gelée vivante, se mouvant de mille façons. Cette gelée englobe dans sa masse une infinité de corpuscules microscopiques, dont un grand nombre de nature minérale, que M. de Folin appelle en bloc des *pseudostes*; ils flottent dans la masse jusqu'à ce qu'ils soient éliminés. Un grand nombre de ces humbles vivants agglutinent autour d'eux soit de la vase, soit du sable, et donnent à leurs minuscules édifices une forme et une disposition suffisamment constantes pour qu'on ait pu les grouper en familles, en genres et en espèces.

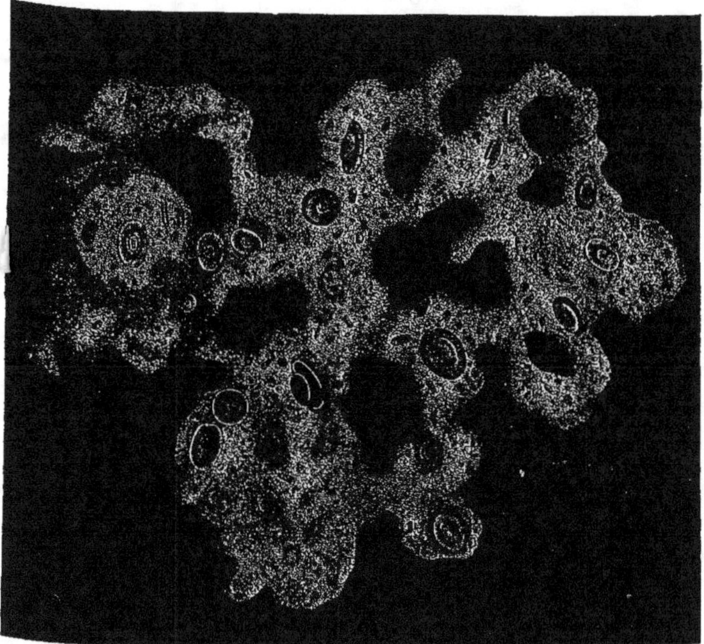

Fig. 155. — *Bathybius Hæckeli*, Huxley, bourré de Coccolithes.

Ces architectes obscurs sont en quelque sorte la préface des Foraminifères, qui se contentent quelquefois d'un habit membraneux exsudé par eux-mêmes, mais produisent d'ordinaire ces élégantes coquilles calcaires, cloisonnées, dont on se rappelle les dispositions souvent admirablement régulières. Ces petites coquilles, unies aux carapaces treillissées des Radiolaires, à des spicules d'Éponge, à des coquilles de Ptéropodes et à une foule de débris minéraux sans forme, constituent la plus grande partie de la vase grise et gluante des fonds de 1500 mètres. Il n'est pas aisé de distinguer parmi tous ces débris ceux qui proviennent d'animaux ayant vécu sur place et ceux qui sont tombés lentement, comme une fine pluie de poussière, de la surface des eaux où les Foraminifères abondent. Le meilleur moyen de contrôle consiste à comparer les espèces recueillies en pêchant à la surface avec celles que ramène la drague; on arrive ainsi à éliminer graduellement le plus grand nombre des espèces litigieuses et à reconnaître celles qui sont réellement abyssales. Ainsi les *Globigérines* (fig. 156) abondent à ce point dans

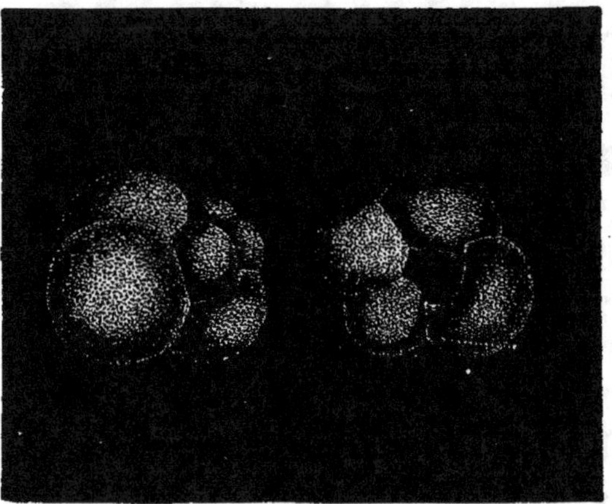

Fig. 156. — Globigérines.

certaines vases, qu'on les a désignées sous le nom de *vases à Globigérines*. La plupart de ces coquilles ne sont cependant que des coquilles de surface. Les espèces de fond se reconnaissent, en général, au pigment brun qui imprègne toute leur substance vivante. Ce même pigment brun, qu'on appelle le *phæodarium*, caractérise aussi les Radiolaires des grands fonds, pour lesquels Hæckel a institué un groupe spécial, fondé sur la présence de ce pigment, qu'on retrouve aussi chez quelques formes de surface. Ce groupe est celui des *Phæodaria*.

Au moment de l'expédition du *Challenger* on ne connaissait environ que 300 formes vivantes et 300 formes fossiles de Radiolaires;

les recherches du *Challenger* y ont ajouté près de 2000 formes nouvelles, dues en très grand nombre aux récoltes des filets de surface; c'est l'emploi des fauberts qui est venu démontrer, contre toute attente, l'existence d'une riche faune de Radiolaires dans les grands fonds. De tous ces Radiolaires, les plus remarquables forment la famille des *Challengeridæ*. Leur capsule centrale présente, en général, au moins deux orifices par lesquels peut s'épancher le sarcode; leur noyau central ne se divise qu'à l'époque de la reproduction en noyaux secondaires, correspondant chacun à une spore pourvue d'un fouet vibratile; leur squelette est formé d'aiguilles creuses de silice. Leur forme est en général celle d'une bouteille munie de prolongements variés.

Ces animaux sont associés dans les grands fonds à d'innombrables squelettes de Radiolaires de la surface, nombreux surtout dans les fonds compris entre 3000 et 5000 mètres.

Il serait fort intéressant de savoir si avec ces Rhizopodes se trouvent des Protozoaires de l'embranchement des Infusoires, mais l'examen direct ne pourrait guère donner de certitude à cet égard que pour les Infusoires fixés, tels que les Vorticelles. M. Certes a cherché par un moyen détourné à résoudre la question; dans un milieu stérilisé il a mis en culture de la vase des grands fonds, après s'être assuré qu'on pouvait la considérer comme n'ayant pas subi le contact de l'air. Ces recherches ne sont pas encore assez avancées pour qu'on en puisse donner les résultats définitifs.

Ce sont les Spongiaires qui, dans l'ordre de complication organique, suivent les Protozoaires.

Des quatre grandes classes d'Éponges, les *Éponges calcaires*, les *Éponges siliceuses*, les *Éponges cornées*, les *Éponges charnues*, une seule, celle des Éponges siliceuses, peut être considérée comme habitant réellement les grands fonds. Les trois autres classes sont essentiellement littorales. Elles ne descendent jamais au-dessous de 800 mètres, et ce n'est qu'exceptionnellement qu'on en rencontre quelques espèces à cette profondeur. Ce sont deux Éponges calcaires : la *Leucosolenia blanca* et la *Leuconia crucifera*, associées à trois Éponges cornées : la *Cacospongia lævis*, la *Verongia tenuissima* et la *Stelospongos longispina*.

Des trois groupes d'Éponges siliceuses, les *Monactellidæ*, les *Tetractinellidæ* et les *Hexactinellidæ*, il y en a un, le second, qui est aussi entièrement littoral. On en a trouvé exceptionnellement quelques formes jusqu'à 2000 mètres; presque toutes les formes de ce groupe vivent entre 20 et 100 mètres de profondeur.

Fig. 157. — *Chondrocladia virgata,*
Wyville Thomson.

Les Éponges à spicules siliceux en forme d'épingle ou de bâtonnet simple s'accommodent mieux de la vie dans les grandes profondeurs, mais il y a aussi à cet égard quelques réserves à faire. Dans certaines regions, dans le canal des Féroé par exemple, des Éponges de ce groupe, telles que les *Cladorhiza*, forment, à la vérité, suivant l'expression de Wyville Thomson, une sorte de lande animale à un millier de mètres de profondeur. Toutefois M. Ridley, qui a étudié les récoltes qu'en a faites le *Challenger*, résume ses résultats en disant que plus la profondeur augmente, plus ces Éponges, si communes sur les côtes, deviennent rares; elles disparaissent tout à fait au-dessous de 3000 mètres. On ne peut donc pas les considérer comme des organismes bien appropriés à la vie dans les grands fonds.

Les plus remarquables des formes profondes sont des Éponges ramifiées dont le corps est principalement soutenu par une magnifique torsade de longs spicules semblables à du verre filé. A ce groupe appartiennent les *Chondrocladia* (fig. 157), déjà trouvées par le *Porcupine* à l'entrée du détroit de Gibraltar, et fréquemment rencontrées par le *Talisman* à des profondeurs avoisinant 1500 mètres. A première vue leur torsade semble formée d'un faisceau de longs spicules simples de silice; mais il n'en est rien. Chacun

des filaments de cristal de la torsade des *Chondrocladia* résulte de
l'assemblage d'une multitude de petits spicules en forme d'aiguille.
Quand le corps de l'Éponge se rassemble à l'extrémité de cette torsade, comme dans la *Stylocordyla borealis* (fig. 158), la ressemblance avec les Éponges du genre *Hyalonema* dont il sera question

plus loin est assez grande
pour que l'illustre natu-
raliste suédois Lovén, qui
a découvert la *Stylocor-
dyla*, ait cru tout d'abord
devoir l'appeler *Hyalo-
nema borealis*. Dans l'*Amphilectus Challengeri*,
pêchée par le *Challenger*
dans la mer des Moluques
à 1500 mètres de profon-
deur, la torsade se ra-
mifie, et chaque rameau
porte une Éponge à son
extrémité; une forme
analogue, mais massive,
l'*Amphilectus Edwardsi*,
est commune dans les
mers d'Europe. Les for-
mes compactes des *Mo-
nactinellidæ* sont du reste
de beaucoup les plus fré-
quentes; elles sont tantôt
sphériques, comme les
Suberites ou les *Crinorhi-
za*, dont le corps se fixe
dans la vase par des pro-
longements ramifiés sem-

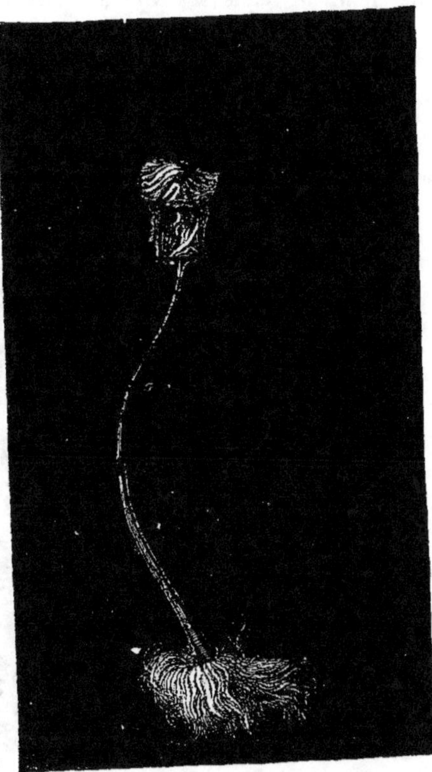

Fig. 158. — *Stylocordyla borealis*, Lovén.

blables à de véritables racines, tantôt en forme de champignon,
comme la *Tisiphonia agariciformis*, Wyville Thomson (fig. 159),
des îles Féroé, ou encore les *Thecophora semisuberites* et *ibla*
(fig. 160 et 161), trouvées par le *Porcupine* aux environs des îles
Shetland, de 1000 à 1500 mètres de profondeur.

Le plus grand nombre des Éponges des grands fonds appartiennent donc à la grande et belle famille des *Hexactinellidæ*, ou Éponges vitreuses, pourvues de spicules à six branches. Les rares Éponges de ce groupe qui vivent à des profondeurs facilement accessibles sont longtemps demeurées de véritables joyaux de collection. Depuis qu'elles sont devenues plus communes, elles figurent encore avec honneur dans les vitrines des amateurs de curiosités, à

Fig. 139. — *Tisiphonia agariciformis*, Wyville Thomson.

cause de l'étonnante élégance de leur forme et de la perfection du tissu de leur squelette. La plus anciennement connue était l'*Hyalonema Sieboldii*, Gray, du Japon, portée à l'extrémité d'une longue torsade de spicules rappelant celle des *Chondrocladia*, mais bien plus élégante. Les filaments qui forment la torsade des *Chondrocladia* sont en effet jaunâtres, et leur mode de formation par la soudure de spicules plus petits les rend naturellement opaques. Chacun des filaments de la torsade des *Hyalonema* est, au contraire, un long spicule unique, creux, transparent comme du cristal de roche. La tige formée par cette torsade s'enfonce dans la vase, et l'Éponge se balance librement à son sommet. Audessous d'elle vient embrasser la tige ce singulier Polype parasite, le *Palythoa fatua*, que l'on a cru un moment être le vrai propriétaire de la torsade. Cette erreur n'a été relevée qu'en 1857 par M. Henri Milne Edwards.

L'*Euplectelle arrosoir*, ou Corbeille de Vénus, qui est aux Philippines l'objet d'une pêche assez active, est plus remarquable encore. Elle a la forme d'une corne d'abondance dont l'extrémité pointue se perdrait dans une touffe de délicats filaments de verre filé, tandis que son ouverture, légèrement évasée et entourée d'une élégante collerette, serait fermée par une sorte de crible à larges mailles ressemblant un peu à une pomme d'arrosoir. Le tissu de l'Éponge est une admirable dentelle de cristal à larges mailles hexagonales. A sa surface extérieure courent en spirale des crêtes sinueuses qui semblent de capricieuses broderies. Le tissu des *Habrodictyon*, aussi connus sous le nom d'*Alcyoncellum*, est plus

Fig. 160. — *Thecophora semisuberites*, Wyville Thomson.

Fig. 161. — *Thecophora ibla*, Wyv. Thomson.

régulier encore que celui des Euplectelles; les *Semperella* semblent de grandes *Hyalonema* qui seraient voilées d'une fine enveloppe de gaze. Les *Dactylocalyx* ou *Iphiteon* se font remarquer par leur grande taille et leur tissu particulièrement serré. Telles étaient les plus curieuses des trente ou quarante espèces d'Hexactinellides recueillies à des profondeurs accessibles aux lignes de pêche.

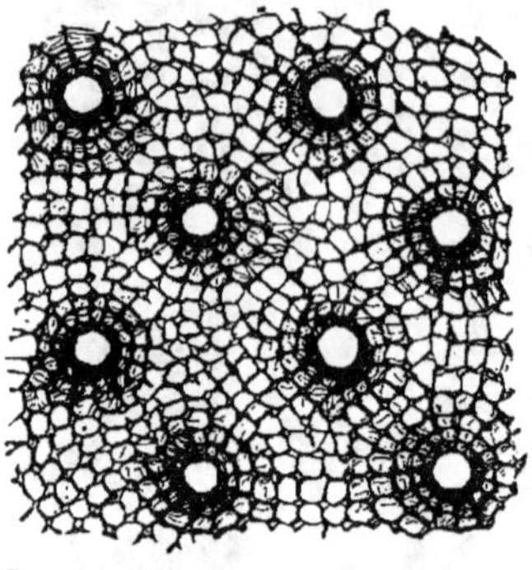

Les spicules de ces Éponges ne sont pas moins remarquables que l'agencement de leurs tissus. Leur forme géométrique, mais compliquée, se prête, en effet, à de nombreuses modifications, qui se rattachent à quatre types distincts : 1° une de leurs six paires de branches peut être plus allongée que les autres, qui deviennent quelquefois rudimentaires ; 2° les branches peuvent se diviser en deux ou plusieurs branches secondaires ; 3° elles peuvent s'incurver, ou, 4°, présenter divers épaississements locaux, qui constituent des dents, des crochets, des boutons ou des plaques terminales.

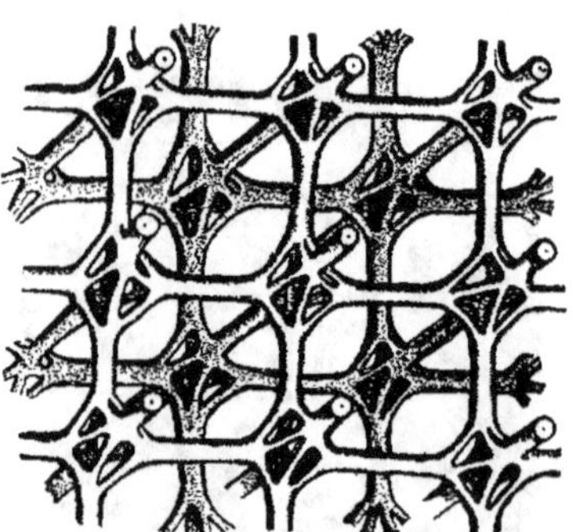

Fig. 162. — Réseau squelettique siliceux d'une Hexactinellide ou Éponge vitreuse.

Dans chacun de ces quatre types on observe de nombreuses modifications de détail. Ainsi, dans le premier cas, la branche la plus développée peut avoir la forme d'une lame d'épée, ou se couvrir d'épines, de manière à simuler l'aspect général d'un petit arbre ; dans le troisième, les épaississements locaux peuvent se produire aux deux extrémités de la branche principale du spicule, qui prend ainsi l'aspect d'un bouton double dont les deux têtes seraient élégamment découpées.

Fig. 163. — Réseau squelettique siliceux d'une Hexactinellide.

Tantôt les spicules demeurent séparés, tantôt ils sont soudés par une sorte de vernis siliceux de manière à former un véritable tissu fibreux, continu, qui rappelle le tissu fibreux des Éponges cornées.

Le nombre des espèces connues d'Hexactinellides a été porté par les recherches du *Challenger* de 42 à 102, réparties entre 53 genres. Les espèces paraissent plus variées dans le sud de l'Atlantique que dans le nord; elles sont souvent associées en grand nombre dans diverses localités de la zone tropicale, surtout dans l'océan Pacifique. On les trouve d'ordinaire dans les fonds composés de débris de Radiolaires, de vase grise ou mieux encore de Diatomées; en revanche elles sont rares dans les fonds de sable,

Fig. 164. — *Askonema setubalense*, Saville Kent. — Éponge hexactinellide.
1/8 de grandeur naturelle.

qui ne se trouvent guère, à la vérité, qu'à des profondeurs inférieures à 200 mètres, trop faibles pour la plupart de ces animaux.

Quand les Éponges siliceuses sont ramenées par le chalut, leur squelette est encore recouvert par les tissus organiques qui l'ont produit; la vase les souille de toutes parts; il serait difficile de reconnaître en elles les analogues des élégants Zoophytes qu'on peut admirer dans les vitrines des musées; les espèces des régions profondes de la mer, une fois débarrassées de tout ce qui masque

Fig. 165. — *Hyalonema lusitanicum*, Barboza du Bocage
Demi-grandeur naturelle.

leur squelette, ne le cèdent pourtant pas en beauté aux espèces dont le Pacifique avait jadis le monopole. Parmi celles dont les spicules demeurent distincts pendant la plus grande partie de la vie, on ne saurait trop admirer l'*Euplectelle suberea*, W. Thomson (fig. 241, n° 4), ou la *Tagena pulchra*, F.-E. Schultze, dont le squelette est principalement formé de spicules en lame d'épée avec une poignée en croix. Près d'elles vient se placer la jolie *Trichaptella elegans*, décrite et figurée par M. H. Filhol dans son bel ouvrage *La vie au fond des mers*. Chez l'*Asconema setubalense* (fig. 164), dont l'aspect est celui d'une immense forme de chapeau de feutre, ce sont les spicules arborescents, en forme d'arbuscule, qui dominent. Ces spicules sont alliés à des spicules en forme d'ancre et à des spicules en bouton double

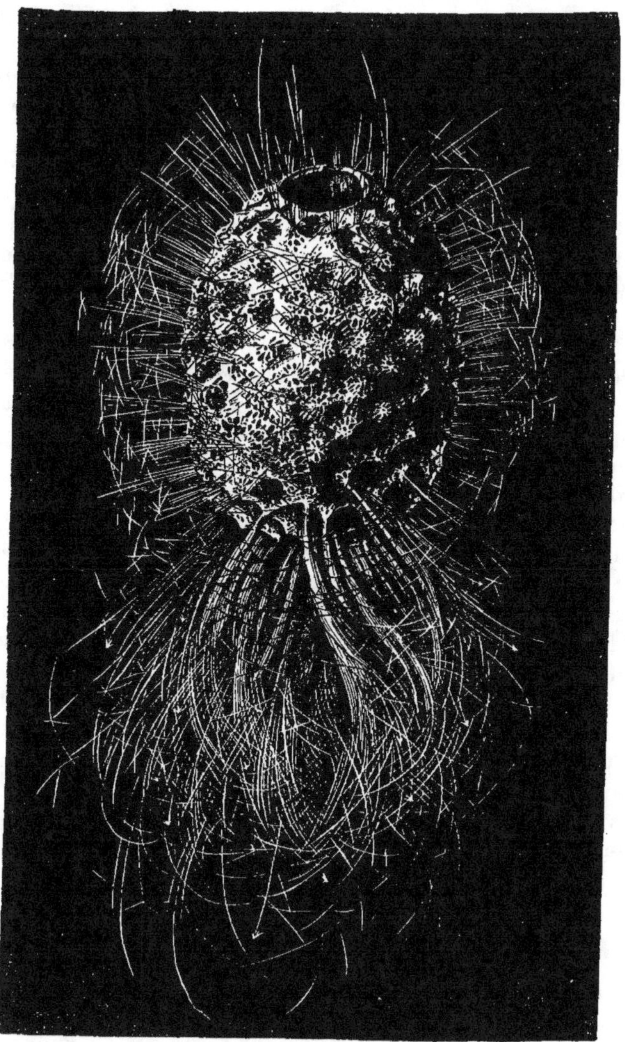

Fig. 166. — *Rossella velata*, W. Thomson, Éponge hexactinellide. — Grandeur naturelle.

chez l'*Hyalonema lusitanicum* (fig. 165) et les belles *Pheronema* (fig. 3, page 13), que l'on prendrait pour des nids d'oiseaux, faits du plus moelleux duvet, tant sont délicats les filaments entrelacés qui les constituent. La plupart des spicules sont, au contraire, en forme de simple croix chez les *Rossella* (fig. 166), qui présentent cependant, à peu de chose près, l'aspect extérieur des *Pheronema*.

Le tissu a tout à fait l'aspect d'un tulle parfaitement régulier chez les *Aphrocallistes* (fig. 241, n° 3), dont les spicules s'unissent en longues fibres. Extrêmement communs dans certains dragages, les *Aphrocallistes* affectent comme les Euplectelles la forme générale d'une urne dont l'ouverture serait fermée par une sorte de crible; mais ici les parois de l'urne sont plissées de mille façons, se projettent même en longues digitations, et servent d'abris à de nombreuses espèces de Crustacés et d'Ophiures. Les beaux exemplaires représentés page 337 nous ont été obligeamment communiqués par M. H. Filhol, qui s'est chargé d'étudier les Spongiaires recueillis par le *Talisman*.

Au large des côtes de France, de Portugal et d'Afrique, c'est à un peu moins de 1000 mètres que l'on commence à rencontrer les *Pheronema* et les *Aphrocallistes*. Ces Éponges sont tout à fait communes de 1000 à 1500 mètres, et s'associent alors aux *Hyalonema*, aux *Chondrocladia* et aux *Tisiphonia*. A partir de 1500 mètres elles deviennent rares et sont remplacées jusqu'à 2500 mètres par les *Euplectelles*. Aux profondeurs plus grandes les Éponges sont moins communes, et sont surtout représentées par les *Farrea*. Ainsi les *Hexactinellidæ* elles-mêmes, qui sont les vraies Éponges des grands fonds, se maintiennent dans les parties supérieures de la zone abyssale; c'est d'ailleurs de beaucoup la plus riche, comme nous aurons fréquemment occasion de le constater. On peut dire, en conséquence, que les Éponges sont des animaux ne s'accommodant que de profondeurs modérées.

CHAPITRE II

LES POLYPES.

Une Hydre gigantesque. — Les Hydrocoralliaires et l'explication des Polypes coralliaires. — Les Polypes coralliaires sont des bouquets de Polypes hydraires. — Les Coralliaires solitaires; leur prédominance dans les grands fonds. — Les Actinies à plusieurs bouches. — Les colonies rampantes d'Alcyonnaires. — Les Gorgones dorées. — Les Méduses rampantes.

L'innombrable population d'Hydraires qui couvre de son élégante végétation les moindres rochers de nos côtes est essentiellement littorale; elle diminue rapidement à mesure que la profondeur augmente. Le *Talisman* n'en a rencontré qu'un petit nombre, de 500 à 1000 mètres; le *Challenger* en a cependant dragué de remarquables espèces jusqu'à 5300 mètres. Mais le *Monocaulus imperator*, Allman, qui s'est réfugié dans ces abîmes, n'est plus un de ces modestes Polypes desquels Tremblay ne savait dire s'ils étaient plantes ou animaux. La tige au sommet de laquelle s'étale comme une gigantesque fleur de Chrysanthème sa double couronne de tentacules a près de deux mètres et demi de long, et la couronne elle-même a deux décimètres de diamètre. Le *Monocaulus* est voisin des Tubulaires, qui, tout en demeurant bien au-dessous de ces étonnantes dimensions, étaient déjà les géants des Polypes hydraires. Il nous apprend combien est favorable au développement des organismes inférieurs la tranquille et sûre uniformité dans laquelle s'écoule leur existence dans les grands fonds.

Les Hydrocoralliaires, qui vivent à de plus modestes profondeurs, et que le *Challenger* et le *Talisman* ont trouvés en abondance de 500 à 1000 mètres de profondeur, au voisinage de tous les archipels de l'Atlantique, ont ouvert, de leur côté, des horizons nouveaux sur la nature demeurée jusqu'ici énigmatique des Polypes coralliaires, singulièrement plus compliqués que les Polypes hydraires. On croyait encore, il y a une vingtaine d'années, que seuls les Polypes analogues aux Anémones de mer de nos côtes

pouvaient s'encroûter de calcaire et construire de véritables Polypiers. Lorsque deux naturalistes américains, Louis Agassiz et
Dana, annoncèrent que les Millépores (fig. 167) étaient des
Hydres et non des Anémones de mer, leurs observations ne
furent accueillies qu'avec méfiance; les recherches faites à
bord du *Challenger* pour ainsi dire, par Moseley, ne peuvent
plus laisser de doute à cet égard. Non seulement les Millépores,
mais encore plusieurs autres genres : les *Spinipora* (fig. 169),

Fig. 167. — Rameau de Millépores.

les *Errina*, les *Distichopora*, les *Allopora* (fig. 168), les *As-
tylus*, les *Stylaster*, les *Cryptohelia* (fig. 171), etc., sont des
Polypes hydraires. Mais, ce point une fois acquis, il est possible d'aller bien plus loin que le naturaliste anglais et d'arriver
à des résultats d'un haut intérêt au point de vue du mode
de formation des organismes. En choisissant convenablement
certains genres, on suit pour ainsi dire pas à pas la constitution
graduelle d'un Polype de corail. Il nous suffira, pour donner une

idée nette de ce mode de constitution, d'examiner les quatre genres *Spinipora*, *Millepora*, *Allopora* et *Cryptohelia*.

On se souvient que dans une même colonie de Polypes hydraires tous les Polypes ne se ressemblent pas. Les uns ont une bouche : ce sont les *Polypes nourriciers*; les autres n'en ont pas : ce sont les *Polypes préhenseurs*, les *Polypes défenseurs*, les *Polypes re-*

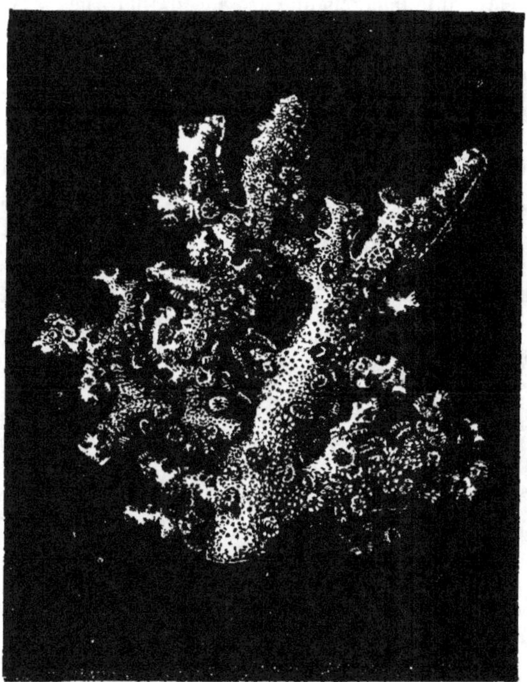

Fig. 168. — Rameau d'*Allopora oculina*, Ehrenberg.

producteurs, etc. Toutes les colonies d'Hydrocoralliaires comprennent ainsi diverses sortes de Polypes, unis entre eux par un système de canaux très compliqué, de manière que les aliments pris par les divers Polypes nourriciers profitent à toute l'association. En outre, il s'établit une sorte de dépendance de plus en plus étroite entre chaque Polype nourricier et les Polypes préhenseurs de son voisinage. Chez les *Spinipora* (fig. 169) les Polypes nourriciers ont la forme ordinaire des Hydres, et possèdent une belle couronne de tentacules; les Polypes préhenseurs sont disposés sans ordre dans leur intervalle. Chez les *Millépores* (fig. 167), chaque Polype nourricier a déjà ses clients spéciaux parmi les Polypes préhenseurs; ces derniers se disposent toujours en cercle autour de lui. L'union devient bien plus étroite chez les *Allopora* (fig. 170), où une muraille s'élève autour de chaque groupe circulaire de dactylozoïdes, et

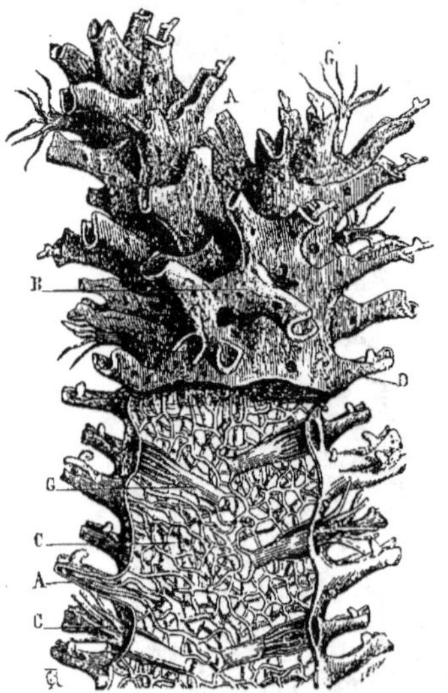

Fig. 169. — *Spinipora echinata.* — Fragment de Polypier dont le bas a été coupé pour montrer les polypes et les vaisseaux. — A, loge de dactylozoïde; B, loge de gastrozoïde; C, canaux; D, dactylozoïde; G, gastrozoïde.

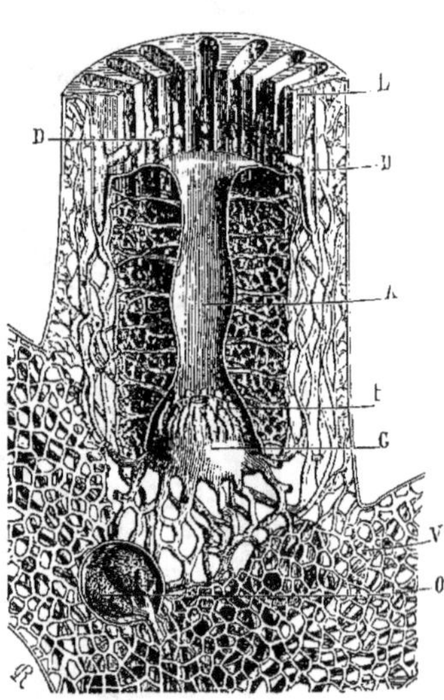

Fig. 170. — Coupe dans un calice d'*Allopora profunda*, d'après Moseley. — A, gaine du gastrozoïde; D, dactylozoïdes. G, gastrozoïde avec ses tentacules *t*; L, cloisons séparant les dactylozoïdes; V, vaisseaux; O, individus reproducteurs.

simule déjà un calice de Coralliaire. Chez les *Cryptohelia* (fig. 171), chacun de ces calices est protégé par une sorte de petit chapeau qui lui appartient en propre, mais en outre les Polypes préhenseurs sont si rapprochés du Polype nourricier, que celui-ci, n'ayant plus besoin de tentacules propres, se réduit à un estomac autour duquel les Polypes préhenseurs jouent le rôle de tentacules. Un pas de plus, les tentacules et l'estomac se soudent et s'ouvrent en même temps dans une cavité commune, située au-dessous de ce dernier.

Le Polype coralliaire est alors réalisé. Chacun de ces Polypes n'est, comme on voit, qu'un bouquet de Polypes hydraires soudés entre eux. Ainsi se forment, nous l'avons vu, les Méduses ; ainsi se forment les fleurs à l'aide des feuilles : *La Méduse est à une fleur gamopétale ce que le Polype coralliaire est à une fleur dialypétale.*

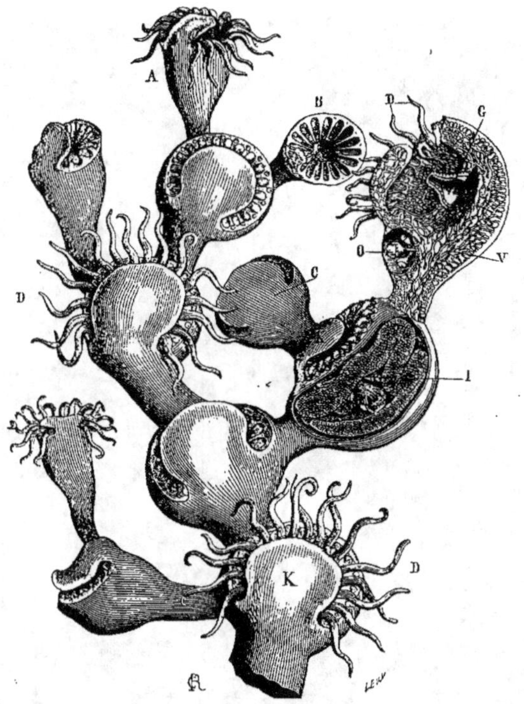

Fig. 171. — Rameau de *Cryptohelia pudica*, H. M. Edwards et J. Haime, grandie trois fois. — A, calice vu de profil ; B, calice dont le chapeau a été cassé pour montrer les cloisons ; C, individu vu de dos ; D, dactylozoïdes étalés ; G, gastrozoïde ; K, opercule ; I, jeune larve ; O, individus reproducteurs ; V, canaux faisant communiquer ensemble les divers individus.

Nous avons montré dans un autre ouvrage[1] comment la constitution du Polypier suit, en quelque sorte, pas à pas celle du Polype.

Nous avons fait voir aussi que la vie des Hydrocoralliaires en associations arborescentes plus ou moins vastes était la condi-

1. *Les Colonies animales et la formation des organismes*, p. 298 et suivantes.

tion nécessaire de la formation des Polypes du type Actinie; que les formes premières de ces Polypes devaient être par conséquent des formes ramifiées, tandis que les formes solitaires, telles que celles des Actinies ou des Caryophyllies, étaient des formes aberrantes, des formes très éloignées des formes premières. Effecti-

Fig. 172. — Rameau de *Lophohelia prolifera*, Pallas. — 3/4 de grandeur naturelle.

vement, dans toutes les régions où les Polypiers abondent, dans les mers chaudes si éminemment favorables à leur développement, ce sont les espèces vivant en colonies nombreuses, compactes ou arborescentes, qui dominent de beaucoup; elles sont les véritables architectes des îles madréporiques. Sur les côtes moins favorables, comme les nôtres, les espèces solitaires ne sont guère moins nombreuses que les espèces arborescentes; elles sont représentées comme partout par de nombreuses Actinies sans Polypiers, mais

aussi par quelques belles espèces pourvues d'un calice calcaire, telles que les Caryophyllies et les Balanophyllies, semblables à des coupes dont les parois sont élégamment relevées par des côtes rayonnantes régulièrement espacées. Dans les grands fonds la prédominance appartient bien nettement aux espèces solitaires; de plus, presque toutes ces espèces demeurent libres au lieu de se fixer comme les espèces littorales. D'ailleurs elles ne pourraient adhérer qu'à

Fig. 175. — *Flabellum distinctum*, Wyville Thomson. — Grandi deux fois.

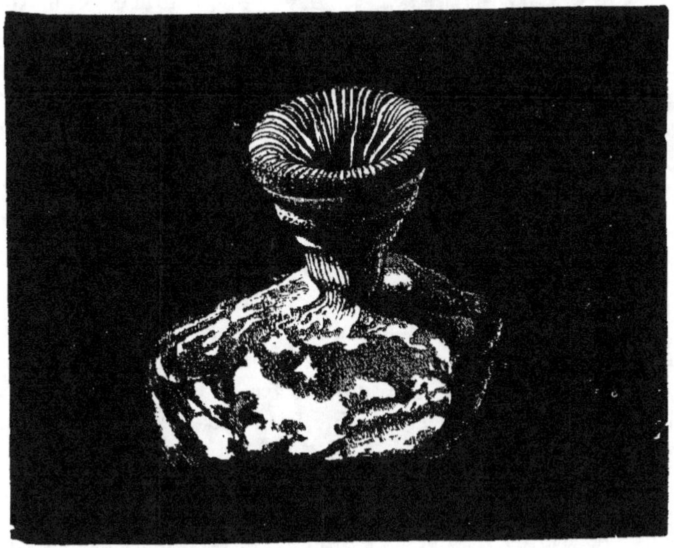

Fig. 174. — *Thecopsammia socialis*, Pourtalès. — Grandie une fois et demie.

d'autres organismes, dans les fonds vaseux sur lesquels elles vivent. L'espèce rameuse la plus répandue est la *Lophohelia proli-*

fera, Pallas (fig. 172), espèce connue depuis longtemps qui vit depuis la zone coralligène jusqu'à un millier de mètres de profondeur, et se rencontre dans toutes les parties de l'Atlantique. Les Madrépores solitaires ont ordinairement le diamètre d'une pièce de cinq francs. Les uns sont comprimés de manière à simuler un éventail : tel est le *Flabellum distinctum* (fig. 175) ; les autres ont la forme d'une coupe, comme la *Thecopsammia socialis*, Pourtalès (fig. 174), d'une toupie ou d'une corne d'abondance, comme la *Caryophyllia borealis* (fig. 175). Il en est enfin qui sont complètement aplatis de manière que leurs côtes s'élèvent sur un disque circulaire, comme les *Deltocyathus* ou les *Bathyactis*.

Les Madrépores solitaires et libres commencent à apparaître dans l'Atlantique au début de la région abyssale ; le *Talisman* en a trouvé de nombreuses espèces jusqu'à 2500 mètres environ ; plus bas ils disparaissent. On ignore comment ils se multiplient. mais on a pu étudier complètement le mode de multiplication d'un Polypier solitaire et libre appartenant à un tout autre groupe.

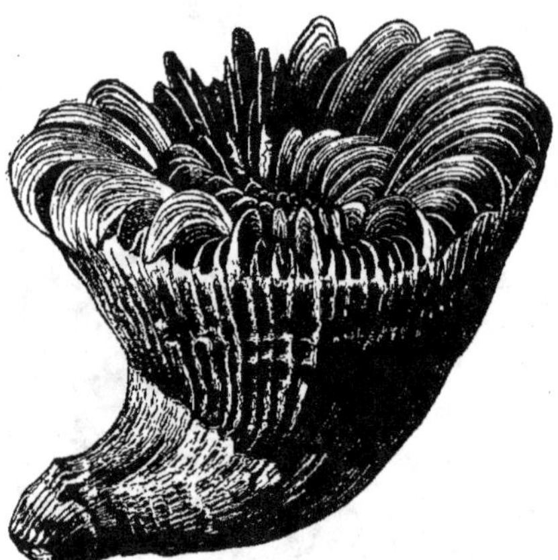

Fig. 175. — *Caryophyllia borealis*, Fleming.
Grandie deux fois.

Les voyageurs rapportent souvent des mers chaudes un Madrépore libre, de grande taille, souvent concave en dessous et convexe en dessus, du côté des côtes, ce qui le fait ressembler à un chapeau de champignon trop mûr. C'est la *Fongie agariciforme* (fig. 176). Le mode de multiplication de ce Polypier est remarquable et mérite d'être signalé ici, car il lui est peut-être commun avec quelques-uns des Madrépores libres et solitaires des grands fonds. Observé déjà par Stutchbury en 1850 et par Semper en 1872, il a été confirmé par Moseley pendant le voyage du *Challenger*. La larve se fixe d'abord comme celle des autres Madrépores, et un Polypier assez semblable à une Caryophyllie prend naissance. Mais

bientôt, vers la partie supérieure du calice, apparaît un étrangle-
ment qui s'enfonce de plus en plus et détache tout ce qui est au-
dessus de lui ; la partie ainsi détachée n'est autre chose qu'une
jeune Fongie. Après sa chute le Polype se reconstitue et se détache
de la même façon : le même phénomène se reproduit un certain
nombre de fois. Les Fongies se forment donc par un procédé tout
semblable à celui par lequel les grandes Méduses en forme de cham-

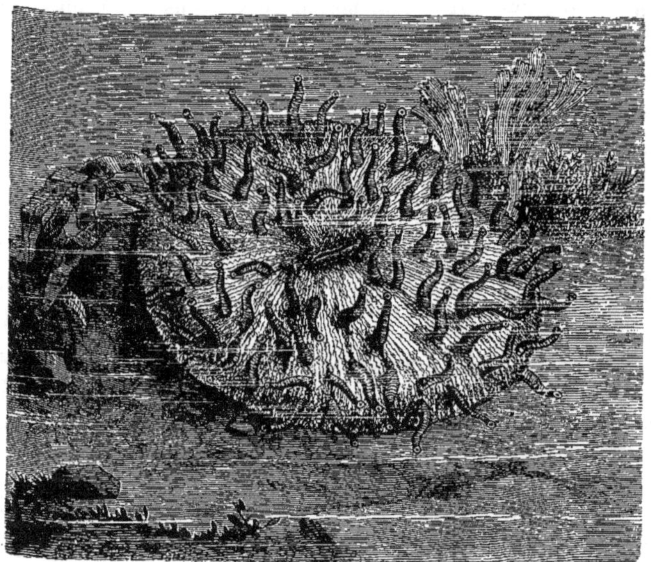

Fig. 176. — *Fungia agariciformis*, Lamarck. — Demi-grandeur.

pignon se constituent aux dépens du Scyphistome. Cela n'a rien
d'étonnant, puisqu'il résulte de tout ce que nous avons dit précédemment que le Scyphistome et le stolon producteur des Fongies
sont des corps de même nature, c'est-à-dire des bouquets d'Hydres.

Les Anémones de mer, autres Coralliaires solitaires, dont tant
d'espèces vivent dans la zone qui se découvre à chaque marée, résistent encore mieux que les Coralliaires à polypier à la vie dans
les grands fonds ; elles peuvent se rencontrer jusqu'à près de
5000 mètres de profondeur, et dans certaines localités elles se mon-

trent particulièrement abondantes. Le 12 juillet, à peu près exactement sous le tropique du Cancer, le *Talisman* a ramené, d'un seul coup de drague, d'une profondeur de 900 mètres, 256 exemplaires d'une magnifique Anémone blanche à tentacules roses, nommée par M. Marion *Actinotheca pellucida*. Les *Actinotheca* (fig. 242, n° 3) sont remarquables par la façon dont elles se rétractent. Toutes les Anémones de mer littorales, lorqu'elles subissent quelque attouchement jugé dangereux, ramènent leurs tentacules au-dessus du disque sur lequel ils se disposent lorsqu'elles sont épanouies; leur disque devient concave et ses bords se resserrent peu à peu comme ceux d'une bourse qu'on ferme. Chez les *Actinotheca*, au contraire, l'une des moitiés du disque se rabat sur l'autre et lui forme un couvercle, à peu près comme cela devait avoir lieu chez ces singulières *Calcéoles* dont les Polypiers calcaires, si abondants dans les étages moyens du terrain dévonien, ont été pris longtemps pour des coquilles de Brachiopodes.

A 4000 mètres, entre les Açores et l'Europe, le *Talisman* n'a pas trouvé moins communément de belles Actinies qui lancent autour d'elles, à la façon des *Sagartia* de nos côtes, de longs filaments tout remplis de capsules urticantes.

L'histoire des Hydrocoralliaires nous a montré comment les Polypes coralliaires semblent être constitués par la réunion d'un certain nombre de Polypes hydraires sans bouche ou *dactylozoïdes*, autour d'un Polype central pourvu d'une bouche, ou *gastrozoïde*. Chacun des tentacules n'en demeure pas moins essentiellement constitué comme un Polype hydraire, et l'on ne doit pas être étonné de lui voir reprendre une bouche, lorsque les circonstances l'exigent. Le professeur Hertwig a trouvé dans les collections du *Challenger* toutes les étapes de la réintégration des tentacules dans la plénitude de leurs fonctions de polypes. Chez les *Paractis tubulifera*, qui vivent à 3500 mètres, chaque tentacule se termine en effet par une bouche bien développée. Cette bouche, chez les *Polysiphonia tuberosa*, draguées à un millier de mètres, est à l'extrémité d'un tube au-dessous duquel le tentacule se renfle à la façon d'une Hydre. Mais, du moment que les tentacules cessent d'être des organes de préhension pour se transformer en bouches absorbantes, ils deviennent inutiles, et il suffit que des orifices tenant leur place permettent l'accès des matières nutritives dans la cavité digestive. Chez la *Sicyonis crassa*, venant de 3000 mètres, les tentacules ont, en effet, l'aspect de courts suçoirs présentant une large bouche à leur sommet; chez le *Polystomidium patens* (de 3300 mètres) et la *Polyopis striata* (de 5932 mètres) le suçoir n'est plus qu'un simple bourrelet saillant entourant un orifice; enfin le bourrelet lui-même disparaît chez les *Liponema*, vivant à 5400 mètres.

Si cette disparition des tentacules est bien normale et ne doit pas être attribuée à l'état d'altération des échantillons, ce qu'un naturaliste aussi expérimenté que Hertwig aurait certainement reconnu, on est bien forcé d'admettre que les Anémones sans bras ne sauraient capturer et engloutir des proies de grande taille, comme le font les Anémones de nos côtes. Il est probable que la cavité de leur corps est tapissée de cils vibratiles qui déterminent, dans l'eau avoisinant l'animal, des courants plus ou moins actifs, que ces courants sont dirigés vers les pores qui remplacent les tentacules, et que l'eau de mer pénètre par ces pores dans le corps de l'Anémone, entraînant avec elle les Protozoaires et les petites larves qu'elle tient en suspension et qui forment la nourriture du Polype. L'Anémone s'alimenterait dès lors exactement comme le font les Éponges; sa bouche servirait à la sortie de l'eau et des déchets de la digestion, remplaçant ainsi l'oscule de ces dernières. Cette ressemblance toute physiologique ne fait d'ailleurs pas plus du Polype une Éponge, que l'aptitude des Chauves-Souris à voler n'en fait des Oiseaux.

La *Sicyonis crassa* et la *Polyopis striata* présentent une autre particularité anatomique de haute importance. Chez la plupart des Anémones de mer connues jusqu'ici, les tentacules d'un côté et de l'autre de la bouche se correspondent par paires; le nombre de ces paires est un multiple de six, et ce nombre se retrouve chez presque tous les Madrépores. Or chez les deux espèces que nous venons de citer, le nombre des paires de tentacules est un multiple de quatre, comme chez les Polypiers de la période silurienne, qui semblaient n'avoir plus aucun terme correspondant dans nos mers actuelles.

Les Alcyonnaires ou Coralliaires à huit tentacules comptent tout à la fois parmi les plus nombreux et les plus gracieux des êtres peuplant le littoral à une centaine de mètres au-dessous du niveau de la mer. Leurs espèces massives, sans axe solide de soutien, voisines des *Alcyonium*, disparaissent très vite à mesure que l'on descend; il en est de même des belles espèces dont l'axe de soutien est absolument calcaire et qui constituent le genre *Corail*. Les *Isidées* persistent, au contraire, jusqu'à près de 2500 mètres. Elles diffèrent des espèces analogues au Corail en ce que leur axe calcaire, d'un blanc pur, est interrompu à des distances régulières par des nœuds d'une substance cornée brune. On les appelle sur les bords de la Méditerranée du *Chiendent de mer*. Les *Mopsées*, qui appartiennent à cette famille, abondent dans l'Atlantique jusqu'à près de 2200 mètres de profondeur. C'est dans les mêmes régions qu'on trouve aussi les Gorgones, dont l'axe solide est entièrement corné; mais la plupart des Gorgones des grands fonds se font remarquer par l'éclat absolument métallique de leur axe. Les unes sont délicatement ramifiées, les autres enroulées en hélice parfaitement régulière. Verrill les a réunies dans une famille des *Gorgones dorées* ou *Chrysogorgidés*. On ne les avait jusqu'ici recueillies que dans la mer des Antilles et sur les côtes de l'Amérique du Nord; le *Talisman* les a retrouvées sur toutes les côtes d'Afrique. Le Corail rouge et diverses Gorgones pendent à la face inférieure des rochers sous-marins. D'autres Gorgones se dressent comme des buissons au fond de la mer; le *Challenger* a trouvé d'intéressantes formes qui demeurent couchées sur la vase. La *Bathygorgia profunda*, qui vit à 4500 mètres, au large du Japon, est remarquable par la dimension des spicules calcaires qui soutiennent ses tissus; chez le *Callozostrum mirabile* tous les polypes sont pressés d'un même côté de la branche, qui repose sur le fond de la mer par la partie dépourvue de polypes. Cette partie semble constituer une sole au moyen de laquelle la colonie pourrait ramper comme un Ver. Chaque colonie acquiert ainsi une sorte de personnalité analogue à celle que nous avons constatée chez les Pennatules et les Vérétilles. Ces derniers Alcyonnaires manquent dans les grands fonds; ils y sont remplacés par les Umbellulaires (fig. 9, page 25), dont les grands polypes de couleur violette forment un gracieux bouquet, composé d'un petit nombre de fleurs, et porté au sommet d'une longue tige légèrement renflée à son extrémité libre. Les premières Umbellulaires furent trouvées il y a un siècle sur la côte du Groenland par la *Britannia*, capitaine Adriwon, et décrites en 1754 par Mylius dans une lettre à Ellis, qui les comparait à des Crinoïdes. Leurs affinités avec les Alcyonnaires furent cependant bien vite reconnues. Elles ont été retrouvées par le *Porcupine* dès le début de ses campagnes dans l'Atlantique nord; le *Talisman* les a recueillies jusqu'à 2500 mètres environ.

Gélatineuses, essentiellement conformées pour la natation, les Méduses, qui flottent parfois en si grande quantité au voisinage de la surface, sembleraient devoir manquer dans les grands fonds. L'absence presque complète des Polypes hydraires entraîne d'ailleurs l'absence des Méduses, qui naissent sur leurs colonies. Ces prévisions sont en grande partie justifiées. Les Méduses que les chaluts ramènent assez souvent ont été manifestement prises en effet pendant que l'appareil remontait, et il est impossible de savoir à quelle hauteur. Toutefois, lorsque ces animaux sont englobés dans la vase ramassée par le filet, il faut bien reconnaître qu'ils viennent du fond. D'autre part, même sur nos côtes, à côté des Méduses nageuses il y a des Méduses qui marchent à l'aide de leurs tentacules, comme les *Éleuthéries* de M. de Quatrefages, qui ont perdu leur ombrelle, ou les *Cladonema*, qui tout à la fois marchent et nagent. Si une pareille Méduse était recueillie en pleine mer, loin de tout rivage, il serait bien probable qu'elle viendrait du fond : sans cela à quoi lui serviraient ses organes de marche? La probabilité deviendrait une certitude si cette Méduse ne se rencontrait jamais que lorsque le chalut aurait été lancé à une profondeur déterminée ou si elle ne revenait qu'enveloppée de vase. Le *Challenger* n'a recueilli que dix-huit espèces de Méduses que l'on puisse ainsi considérer comme provenant à peu près sûrement des grands fonds. Beaucoup ne présentent aucun caractère particulier, aucune adaptation commune immédiatement en rapport avec leur habitat spécial : tel est le beau *Thamnostylus dinema*, dont l'ombrelle porte deux longs tentacules, et dont le sac stomacal est entouré de quatre tentacules ramifiés à l'infini, semblables à ceux des *Cladocorynes* (fig. 33, p. 82); telle est l'élégante *Periphylla mirabilis*, dont l'ombrelle, découpée en douze festons élégamment échancrés, porte douze tentacules sans cesse agités, insérés entre les festons; aux extrémités de deux diamètres rectangulaires quatre de ces festons sont plus longs et plus profondément échancrés que les autres; du fond de l'échancrure de chacun d'eux s'élève un remarquable organe en forme de massue, qui porte trois yeux et une oreille; la Méduse a donc en tout douze yeux et quatre oreilles; telle est enfin la *Drymonema Victoria* (fig. 241, n° 1).

A la différence des *Thamnostylus* et des *Periphylla*, les Méduses de la famille des *Pectyllidæ* telle que la *Pectanthis astroïdes*, Hæckel (fig. 241, n° 11) et la *Lucernaria bathyphila* sont pourvues d'organes qui attestent qu'elles se tiennent fréquemment, sinon toujours, au fond de la mer. Elles possèdent autour de leur ombrelle de nombreux tentacules, disposés par groupes et terminés chacun par une ventouse. Ces tentacules ressemblent exactement à ceux au moyen desquels nous voyons les Étoiles de mer, les Oursins et les Holothuries se fixer aux objets sous-marins ou ramper à leur surface. Les Méduses pourvues de tubes à ventouse terminale se meuvent évidemment de la même façon. On n'en rencontre pas sur nos côtes, où, sauf les Lucernaires, qui se fixent aux Algues, toutes les espèces sont nageuses ou simplement marcheuses.

Des dix-huit espèces de Méduses plus ou moins abyssales découvertes par le *Challenger*, deux seulement pourraient, à la rigueur, pousser sur des colonies de Polypes hydraires, et quatre naître par la segmentation de Scyphistomes. Les Méduses à développement rapide et direct sont donc de beaucoup prédominantes.

CHAPITRE III

LES ÉCHINODERMES.

La résistance à l'écrasement et la fréquence des Échinodermes dans les grands fonds. — La famille des *Brisingidæ*. — Les Étoiles de mer incubatrices. — Les Ophiures. — Les derniers représentants des Crinoïdes fixés de la période secondaire. — Passage des formes rayonnées aux formes symétriques par rapport à un plan. — Les Oursins allongés. — Les Holothuries à sole ventrale. — Les Holothuries recourbées en siphon.

On croit assez généralement que les animaux qui vivent à de grandes profondeurs doivent présenter une résistance très grande à l'écrasement, que leur corps doit être défendu par une solide carapace ou soutenu par un puissant squelette. Louis Agassiz lui-même signalait les Étoiles de mer et les Encrines à squelette compact parmi les êtres que les dragages devaient ramener en grande abondance. C'est là une opinion qui ne repose sur aucune base physique. Pénétrés d'eau comme ils le sont de toutes parts, les animaux marins des grands fonds supportent aussi allègrement les énormes pressions auxquelles ils sont soumis que les Infusoires de nos eaux douces supportent la pression de l'air atmosphérique qui s'exerce sur les liquides où ils vivent. La pression abyssale, suffisante pour maintenir à l'état liquide l'acide carbonique et bien d'autres gaz, puisqu'elle dépasse souvent 600 atmosphères[1], peut changer les constitutions physiques de la substance vivante, modifier dans une certaine mesure ses propriétés; mais, comme elle se transmet également en tous sens, il n'y a pas de raison pour qu'elle altère la forme d'un corps plein, si ce corps est suffisamment homogène. Tout se passe à cet égard dans les abîmes océaniques comme au fond de nos plus humbles lacs : la preuve en est fournie par l'existence à d'énormes profondeurs d'êtres aussi délicats que les Foraminifères, les Radiolaires, les Hydres et les Méduses. Mais l'événement s'est plu à donner une apparente confirmation à une prévision qui n'a cependant rien de fondé; c'est ainsi que la majeure partie de la faune des grandes profondeurs se trouve être formée par les Échinodermes et les Crustacés, tous animaux dont les tissus sont renforcés ou défendus, en général, par d'abondantes formations calcaires.

Il est vrai que cette confirmation apparente s'évanouit lorsqu'on descend dans le détail. On trouve dans les grandes profondeurs, et jusqu'aux plus grandes profondeurs atteintes par la drague, des Étoiles de mer, des Ophiures, des Crinoïdes, des Oursins, des Holothuries, en un mot des Échinodermes de toutes les classes. Ces Échinodermes présentent une variété de formes tout à fait imprévue; ils diffèrent profondément des Échinodermes des rivages, et la différence s'accuse peut-être plus entre eux que dans aucun autre embranchement du règne animal, car ils fournissent certainement les formes abyssales les plus caractéristiques. Mais les Étoiles de mer et les Ophiures à épais squelette y sont associées aux formes les plus délicates de leur classe; les Oursins réguliers à test épais et résistant manquent et sont remplacés par des Oursins à test flexible ou d'une extrême minceur; enfin la prédominance appartient décidément aux Holothuries, dont quelques espèces de grande taille sont presque gélatineuses.

---

1. A une température de 130⁰ au-dessous de zéro l'oxygène est liquéfié par une pression de 273 atmosphères seulement, mais une température déterminée et très basse, dite *température critique*, est toujours nécessaire pour qu'une haute pression puisse liquéfier les gaz tels que l'oxygène.

L'abondance des Échinodermes dans les grands fonds n'a donc pas pour cause la grande quantité de formations solides que contiennent leurs tissus ; mais, s'ils ne sont pas là pour confirmer une idée théorique préconçue, ils sont particulièrement aptes, en raison de leur variété et de leur étroite dépendance du milieu, à nous fournir de précieux documents sur les conditions de la vie dans les régions abyssales.

Les Étoiles de mer. — La classe des Étoiles de mer est, de toutes les classes qui composent le monde marin, celle qui a reçu des explorations sous-marines les plus nombreuses additions. Ces Échinodermes reviennent, pour ainsi dire, à chaque dragage. En 1872, leur classe comprenait environ 460 espèces. Les dragages du *Blake* en ont ajouté à la liste 46, ceux du *Challenger* environ 150, ceux du *Travailleur* et du *Talisman*, 50 : cela fait un total de 246 espèces nouvelles. Ainsi plus d'un tiers des 706 espèces connues proviennent des récents dragages. A toutes les profondeurs jusqu'à plus de 5000 mètres vivent des représentants variés de ces Zoophytes, les Rayonnés par excellence. Mais, comme pour les autres groupes, les formes abyssales n'appartiennent qu'à un certain nombre de familles. La splendide famille des *Brisingidæ* y occupe une place d'honneur. La grande et belle espèce découverte par Asbsjörnssen et qui fut comme la première étape vers la connaissance de la faune des grands fonds, porte dans la science le nom de *Brisinga endecacnemos*; elle paraît spéciale au nord de l'Atlantique. Une espèce voisine, la *B. coronata* (fig. 1, page 11), découverte un peu plus tard par Michaël Sars, dans les parages des îles Lofoden, a été au contraire retrouvée par le *Lightning*, le *Porcupine*, le *Travailleur* et le *Talisman*, jusque sur les côtes du Maroc, de 700 à 2500 mètres de profondeur. Elle est, avec la *Brisinga mediterranea*, E. Perrier, de la Méditerranée, la seule espèce du genre *Brisinga* recueillie par les dragages du *Travailleur* et du *Talisman*; mais l'expédition du *Talisman* a fait connaître des formes de la famille des *Brisingidæ* tout à fait nouvelles et assez remarquables pour qu'il ait fallu créer pour elles plusieurs genres spéciaux.

Les bras des *Brisinga* sont soutenus par une série régulière d'arceaux calcaires saillants, supportant d'ordinaire de longues épines. Chez les *Freyella* ces arceaux sont remplacés par une mosaïque de pièces calcaires hexagonales portant en général une toute petite épine. Tandis que sur les côtes d'Europe les *Brisinga* se trouvent généralement à moins de 1500 mètres, les *Freyella* vivent sur les côtes du Maroc et du Soudan entre 2000 et 2500 mètres. C'est là que le *Talisman* a recueilli à diverses reprises la *Freyella spinosa*, E. Perrier, pourvue de treize bras en forme de fuseau, ayant jusqu'à 25 centimètres de long, ce qui donne à l'étoile elle-même 5 décimètres de diamètre. Tandis que les bras des *Brisinga* se brisent spontanément et se détachent du disque au moment où on les retire de l'eau, les *Freyella* demeurent parfaitement entières : les naturalistes du *Talisman* ont rarement vu leur chalut plus richement orné que le jour où il revint portant accrochés à ses fauberts et à toutes les parties de ses filets une quinzaine de ces brillants Zoophytes. Les *Freyella* répandent une odeur phosphorée toute particulière; il est fort probable qu'elles sont lumineuses dans l'obscurité. Une de leurs espèces, n'ayant que six bras, la *Freyella sexradiata*, E. P. (fig. 242, n° 7), a été pêchée par le *Talisman* à 4060 mètres de profondeur.

Les *Odinia* ont sur le disque des tentacules mous qui manquent aux autres Brisingidées; l'*Odinia elegans*, E. Perrier, est remarquable par son apparence délicate, sa tendre couleur de chair, ses bras grêles et courts, ordinairement au nombre de dix-neuf; elle habite les côtes d'Afrique, de 800 à 1500 mètres de profondeur. Les Brisingidées, qui ont été trouvées dans toutes les parties du monde, se tiennent, comme on voit, sous les tropiques ou dans les mers tempérées, plus profondément que sur les côtes de Norvège; elles deviennent presque littorales à la pointe sud de l'Amérique, où elles sont représentées par le *Labidiaster radiosus*, Lovén, au squelette puissamment développé. Par une singularité encore inexpliquée, elles manquent presque entièrement dans le golfe du Mexique et la mer des Antilles, où le *Blake* n'a recueilli que deux exemplaires d'une petite espèce, à douze bras longs et grêles, l'*Hymenodiscus Agassizii*, E. Perrier, remarquable parce que son squelette est réduit aux parties strictement indispensables pour caractériser une Étoile de mer.

On a cru longtemps que les *Brisinga* étaient des formes tout à fait aberrantes, presque aussi voisines des Ophiures que des vraies Étoiles de mer. Le *Talisman* a découvert des séries d'espèces qui comblent toutes les lacunes entre elles et ces dernières. Elles sont particulièrement voisines de l'*Asterias tenuispina*, l'une des espèces communes de la Méditerranée. D'autres espèces les relient aux

Zoroaster (fig. 177 et 178), remarquables par le développement de leur squelette qui rend leurs bras absolument rigides.

On trouve principalement dans les mers chaudes de singulières Étoiles de mer aplaties, sans bras proprement dits, ayant la forme de gâteaux pentagonaux, dont les deux faces sont formées par une mosaïque d'épaisses pièces calcaires, et dont les cinq côtés sont bordés en dessus et en dessous par une rangée de pièces rectangulaires plus saillantes et plus grandes que les autres, figurant les pièces

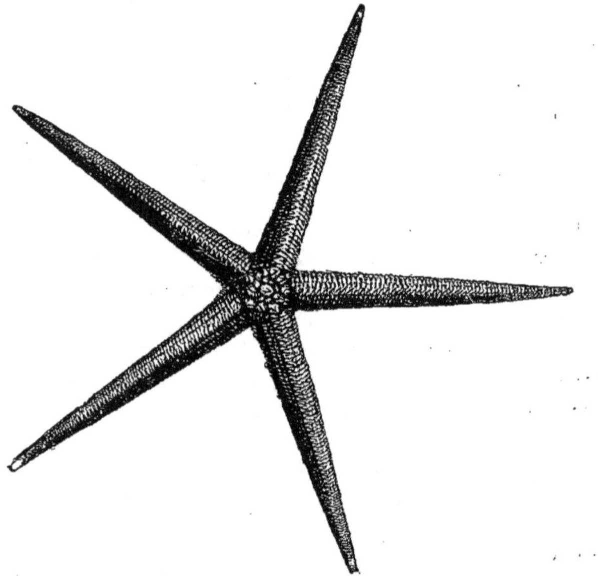

Fig. 177. — *Zoroaster fulgens*, Wyville Thomson, vu de dos. — Légèrement réduit.

d'angle de la façade d'un bâtiment. Ces Étoiles de mer, dont L. Agassiz prévoyait la fréquence dans les grands fonds, forment la famille des *Pentagonasteridæ*, une des plus richement représentées dans les abîmes sous-marins. On y trouve tous les intermédiaires entre des espèces aux formes ramassées, comme le *Stephanaster Bourgeti*, E. P. (fig. 179), et d'autres aux angles prolongés en longues et grêles pyramides à quatre pans, comme dans les *Dorigona*. Les *Pentagonasteridæ* étaient déjà nombreux dans les mers profondes de la période crétacée; leurs débris abondent dans la craie blanche.

Ils passent insensiblement aux *Archasteridæ*, caractérisés par leur taille ordinairement plus grande, la petitesse des pièces cal-

Fig. 178. — *Zoroaster fulgens*, Wyville Thomson, vu par la face ventrale.

caires de leur squelette, la découpure plus profonde de leurs côtés, qui détache souvent cinq bras unis à angles vifs, dont les grandes plaques marginales portent ordinairement de longues épines. Cette parenté entre les *Pentagonasteridæ* et les *Archasteridæ* est un fait complètement inattendu et qui n'a été révélé que par les dragages à de grandes profondeurs. Il n'est pas isolé. Chez les Échinodermes comme chez les Crustacés une foule de lacunes ont été ainsi comblées, une foule de formes que

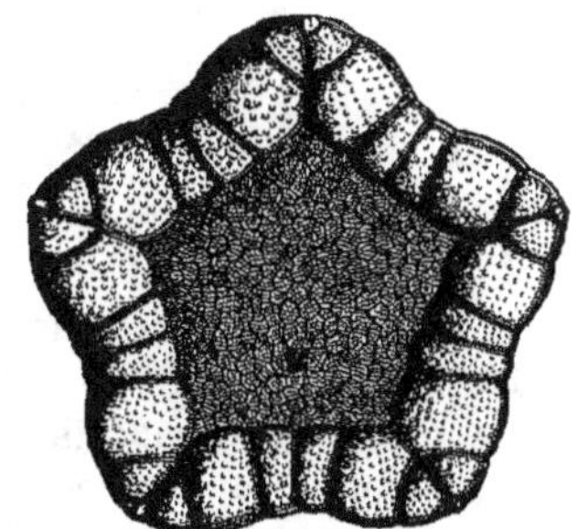

Fig. 179. — *Stephanaster Bourgeti*, E. Perrier, pêché de 450 à 590 mètres de profondeur.

l'on croyait sans aucun lien ont été réunies par un si grand nombre d'intermédiaires. qu'il est devenu très difficile de tracer les limites qui séparent les groupes zoologiques les mieux connus.

Les Archastéridées sont tellement nombreuses qu'il a fallu les rattacher à plusieurs genres, dont les types extrêmes sont formés par le *Pectinaster insignis*, E. Perrier, qu'on trouve jusqu'à 5000 mètres de profondeur dans l'Atlantique, et par le *Goniopecten bifrons*, Wyville Thomson (fig. 180), l'une des espèces découvertes par le *Porcupine* dans le nord de l'Atlantique, où il se trouve

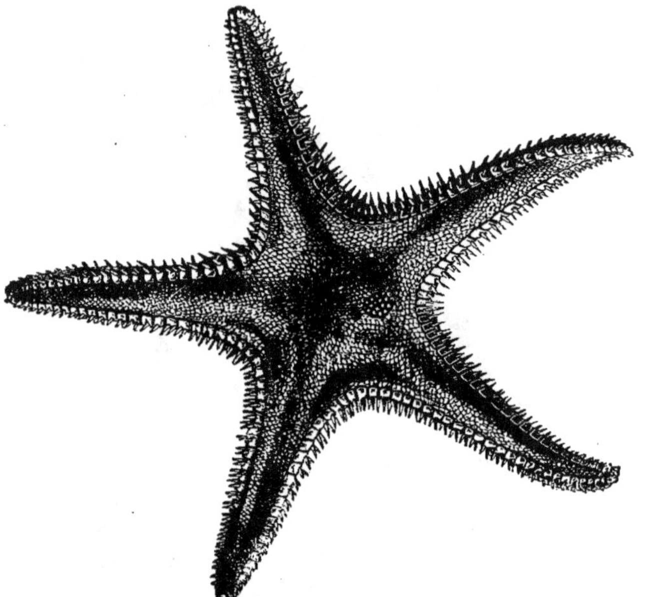

Fig. 180. — *Goniopecten bifrons*, Wyville Thomson. — Réduit.

de 100 à 2000 mètres de profondeur. Toutes les Archastéridées des grands fonds présentent dans leurs tentacules locomoteurs une singulière modification, absolument l'opposée de celle que nous avons constatée chez les Méduses. Chez ces dernières nous avons vu apparaître des ventouses à l'extrémité des tentacules; les ventouses qui existent à l'extrémité de ces organes chez le plus grand nombre des Holothuries, des Oursins et des Étoiles de mer littorales sont, au contraire, rudimentaires ou manquent tout à fait chez les Archastéridées des grands fonds, de sorte que ces tentacules ne semblent plus aptes à servir à la marche.

Il en est de même dans la famille des *Porcellanasteridæ*. Le nom de ces animaux, voisins des Archastéridées, rappelle l'aspect de porcelaine par les minces plaques marginales de leur squelette demi-

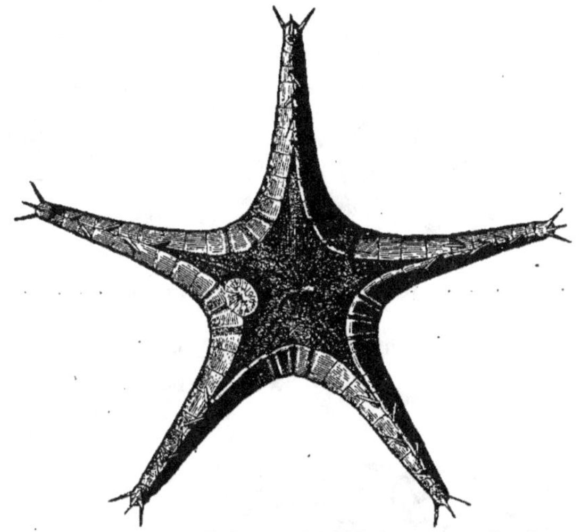

Fig. 181. — *Styracaster spinosus*, E. Perrier, pêché à 2995 mètres. — Grandeur naturelle.

transparent. Ces plaques sont presque verticales; elles s'adossent du côté dorsal chez les *Styracaster* (fig. 181 et 242, nº 6), de manière que chaque bras a l'aspect d'une lame de sabre que surmonterait une rangée de longues épines pointues et recourbées. Chez les *Porcellanaster*, chez les *Caulaster* (fig. 182), dont les bras sont très courts, et chez quelques espèces des autres genres, on voit s'élever au milieu du dos une sorte de colonnette molle, rappelant

Fig. 182. — *Caulaster pedunculatus*, E. Perrier. Grossi cinq fois.

par sa position le pédoncule fixateur des Encrines. C'est là une particularité très rare chez les Étoiles de mer, et dont la signification est inconnue. Elle est déjà indiquée chez les espèces côtières d'*Astropecten* et de *Ctenodiscus*, et prend dans les *Ilyaster* du nord de l'Océan un développement plus grand encore que chez les *Porcellanasteridæ*. Peut-être n'est-il pas sans intérêt de

Fig. 183. — *Solaster furcifer*, Düben et Koren. Grandeur naturelle.

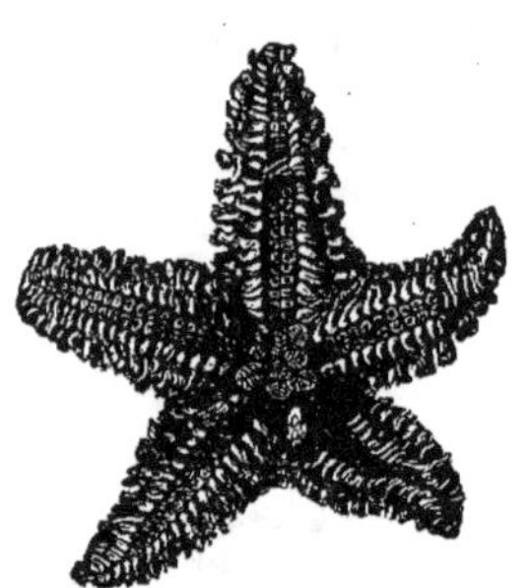

Fig. 184. — *Solaster furcifer*, Düben et Koren, vu par la face ventrale.

rappeler, à propos de ce pédoncule, que les jeunes *Leptychaster* découverts à la terre de Kerguélen par le *Challenger* se développent fixés par le dos sur le corps de leur mère.

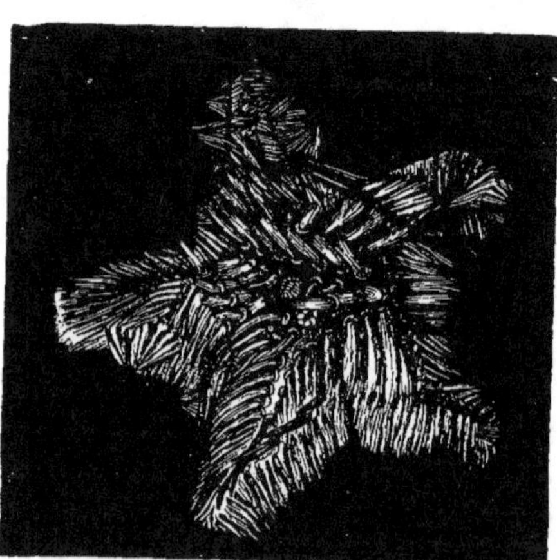

Fig. 185. — *Korethraster hispidus*, Wyville Thomson. Grandi deux fois.

Avec le *Solaster furcifer*, Düben et Koren (fig. 183), commence une série de formes qui nous conduisent pas à pas vers l'un des traits les plus intéressants d'organisation que puissent présenter les Étoiles de mer; le squelette de ces animaux est formé de pièces calcaires étoilées, se touchant par leurs branches de manière à former un réseau calcaire assez régulier et portant chacune en son centre un bouquet d'épines, mousses et mobiles. Ces piquants s'allongent en longues houppes soyeuses chez le *Korethraster hispidus*, Wyville Thomson (fig. 185). Une membrane unit entre eux les piquants d'une même houppe chez le *Kore-thraster palmatus*, E. Perrier, de la mer des Antilles, et surtout chez le *Myxaster Sol*, E. P., grande espèce à huit bras pêchée par le *Talisman* à 4000 mètres de profondeur. Enfin, chez les *Pterasteridæ* toutes les houppes, formées de piquants très allongés, sont reliées entre elles par une membrane continue. Ces singulières Étoiles (fig. 186) ont alors, en quelque sorte, un double tégument dorsal. Au-dessus de ce qui constitue le dos chez les autres Étoiles se trouve tendue, en effet, une sorte de tente, soutenue d'espace en espace par un piquet vertical supportant tout un faisceau de petites poutrelles rayonnantes. Au milieu de la surface de la tente se voit une grande ouverture que peuvent ouvrir ou fermer cinq valves mobiles. L'eau qui pénètre par cette ouverture distend la membrane dorsale qui, chez l'*Hymenaster rex*, E. Perrier (fig. 242, n° 10), est du rose le plus tendre panaché de violet; si bien qu'avec son contour étoilé, ses formes gracieusement arrondies,

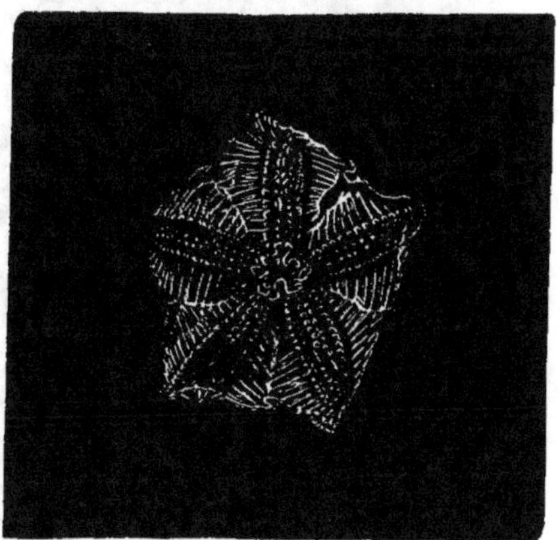

Fig. 186. — *Hymenaster pellucidus*, Wyville Thomson, vu par la face ventrale. — Grandi deux fois.

ses teintes délicates, l'Étoile semble bien moins un animal qu'une fleur détachée de sa tige. La tente dorsale des Hyménastéridées n'est pas d'ailleurs un vain ornement : c'est sous son abri que se développent, comme sous les rideaux d'un berceau, les jeunes Étoiles, dont la mère ne se sépare que lorsqu'elles ont atteint une taille déjà assez élevée. Les *Hymenaster* sont, comme les *Brisinga*, répandus partout. Dans l'Atlantique le *Talisman* ne les a trouvés qu'à partir de 1000 mètres; ils disparaissent à moins de 4000 mètres.

OPHIURIDES. — L'expédition du *Challenger* a porté de 580 à 550 le nombre des espèces connues d'Ophiures, et il a fallu créer 20 genres nouveaux pour recevoir les espèces qui n'avaient pas encore été inscrites dans les catalogues scientifiques. La plupart des formes

nouvelles proviennent de profondeurs supérieures à 1000 brasses.
Sur ce nombre 429 espèces se trouvent dans les zones littorales ou
sublittorales, dont la profondeur est inférieure à 300 mètres ; 278 ne
descendent pas au-dessous ; en revanche 50 espèces ne se rencontrent

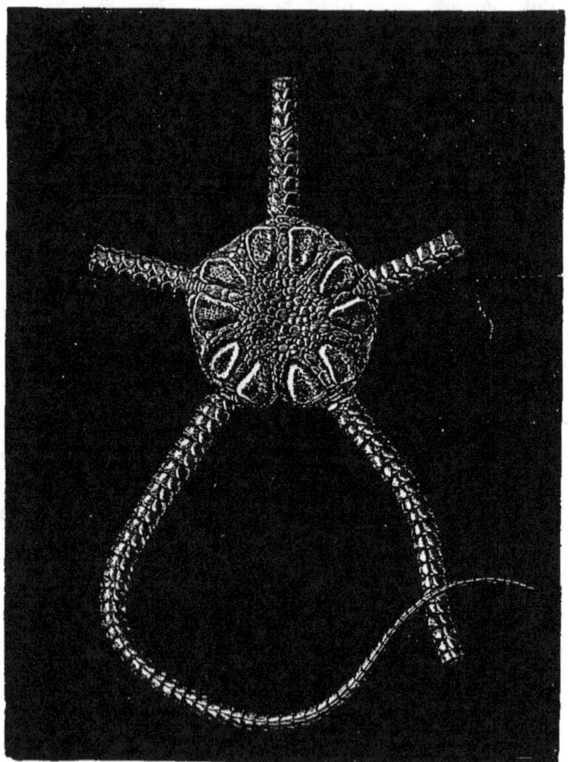

Fig. 187. — *Ophiomusium Lymani*, Wyville Thomson, vu de dos. — Grandeur naturelle.

qu'à des profondeurs supérieures à 1800 mètres. On peut donc considérer les Ophiurides comme des animaux relativement fréquents
dans les grands fonds. Toutefois il n'y a qu'un petit nombre de
genres qui soient propres aux eaux profondes [1], tandis que certains

1. Ce sont les genres *Ophiotrochus*, *Ophioplinthus* et *Ophiernus*.

genres de surface, les genres *Amphiura* et *Ophiacantha*, envoient des représentants à toutes les profondeurs. L'*Amphiura Sarsii* et l'*Ophiacantha vivipara* se trouvent depuis les plus basses eaux jusqu'à 2000 mètres de profondeur; l'*Ophiacantha bidentata* a été trouvée jusqu'aux plus grandes profondeurs que la drague ait atteintes. Les Ophiures paraissent d'ailleurs remarquablement indifférentes aux conditions de chaleur, de lumière et de pression.

Les *Ophiohelus*, par exemple, charmantes Ophiures dont les bras portent des épines en forme de parasol, ont été trouvées à la Barbade par 150 mètres de profondeur et aux îles Fidji par 2470 mètres. Les épines en parasol des *Ophiohelus* se retrouvent encore chez l'*Ophiotholia supplicans*, Lyman, qui, au lieu d'étendre ses bras horizontalement, comme ses congénères, les tient ordinairement dressés verticalement, dans l'attitude de la supplication, si cette expression est permise en parlant d'un Échino-

Fig. 188. — *Ophiomusium Lymani*, Wyville Thomson, face ventrale.

derme. C'est aussi l'attitude favorite des *Ophiomyces*, que leur corps globuleux fait ressembler à de petits Poulpes. Les *Ophiotholia* vivent à 1800 brasses de profondeur.

Les espèces actuellement connues d'Ophiures se répartissent très inégalement entre les genres. Les quatre genres *Ophioglypha*, *Amphiura*, *Ophiacantha* et *Ophiothrix* contiennent les deux cinquièmes de l'effectif total de la classe. Ce sont les genres les plus compliqués en organisation et qui comprennent le plus grand nombre d'espèces, et ceux aussi qui envoient le plus de représentants dans les grandes profondeurs. Les espèces du genre *Ophiomusium* (fig. 187 et 188) aux bras rigides, au disque soutenu par de grandes plaques calcaires que l'on croirait en ivoire sculpté, sont celles qui ont été le plus souvent rencontrées dans les fonds vaseux de l'Atlantique, où on les pêche jusqu'à 5000 mètres de profondeur. Mais une foule de petites espèces à bras extraordinairement flexibles abondent dans les Éponges, qui leur fournissent à la fois le vivre et le couvert. C'est surtout dans les *Aphrocallistes* que les récoltes sont abondantes et variées.

Les genres *Ophiomastus* rappellent les anciens *Aspidura* et *Pectinura*, Ophiurides fossiles de l'oolithe.

Crinoïdes. — Les Crinoïdes présentent cet intérêt particulier, qu'ils sont plus nettement que les animaux d'aucun autre groupe les représentants dans les eaux profondes d'une faune aujourd'hui disparue. Depuis les premiers temps de l'apparition de la vie sur la terre, jusqu'à la fin de l'époque secondaire, ils ont peuplé les mers d'une foule de formes fixées au sol, semblables à de gracieux palmiers ou à des fleurs (fig. 189); leur nom même de Crinoïdes vient du mot grec *krinon*, qui veut dire *lis*. Quelques-uns, l'*Extracrinus subangularis* par exemple, dépassaient deux mètres de hauteur. Les Crinoïdes sont uniquement représentés sur les côtes par les Comatules, qui abondent partout et ressemblent effectivement à des Encrines libres et réduites à leur panache terminal. Cependant de loin en loin, dans les parages des Antilles, les lignes de fond des pêcheurs ramenaient de véritables Encrines : le premier échantillon, que l'on peut voir encore dans les galeries du Muséum d'histoire naturelle de Paris, avait été décrit par Guettard, membre de l'Académie des Sciences, en 1735. Les Encrines étaient demeurées de précieuses raretés jusqu'au moment où l'expédition du *Blake* démontra qu'il en existait de véritables prairies au large de la Havane, par 320 mètres de profondeur, et qu'on pouvait en trouver même à la médiocre profondeur de 75 mètres. Le *Pentacrinus*

Fig. 189. — *Encrinus liliiformis* des terrains triasiques. — Demi-grandeur.

asterius ou *Caput Medusæ* (fig. 190), que l'on trouve dans ces conditions, a bien, comme le disait Guettard, l'aspect d'un délicat *palmier marin*, étalant un panache de feuilles vertes et pennées comme les feuilles du dattier, au sommet d'une tige pentagonale présentant de distance en distance des verticilles de cinq rameaux semblables aux crampons des Comatules.

Une autre espèce de Crinoïdes, plus étonnante peut-être, fut décrite en 1835, cent ans après la découverte de Guettard, par Alcide d'Orbigny, d'après un échantillon unique, recueilli par Sander Rang à la Martinique et qui fait aussi partie de la collection du Muséum de Paris: d'Orbigny lui donna le nom d'*Holopus Rangii*. Celui-là est de couleur noir foncé. Sa tige est si courte que l'animal semble fixé par toute l'étendue de sa région dorsale; ses dix bras sont gros, courts et roulés en spirale comme des frondes naissantes de fougères vers l'intérieur du calice qui les supporte. L'échantillon de

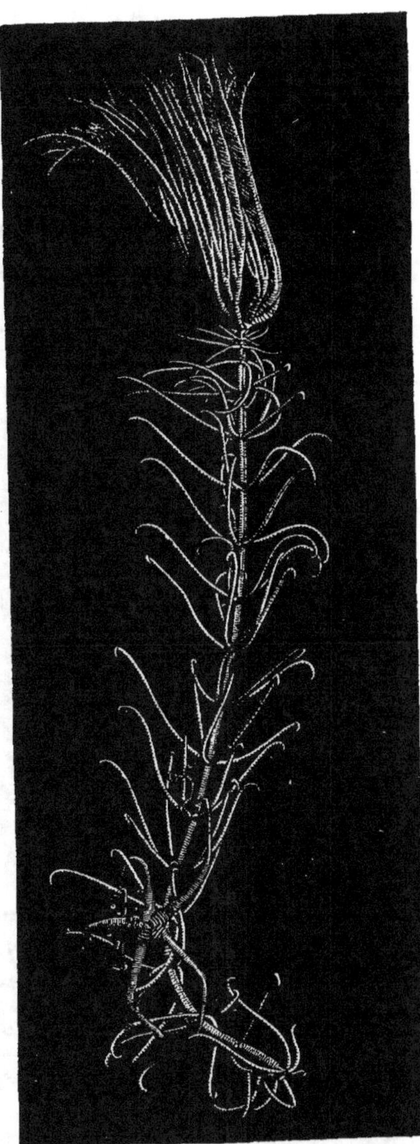

Fig. 190. — *Pentacrinus asterius*, Linné, portant accrochée à sa tige une Ophiure du genre *Asteroporpa*. — Réduit au tiers.

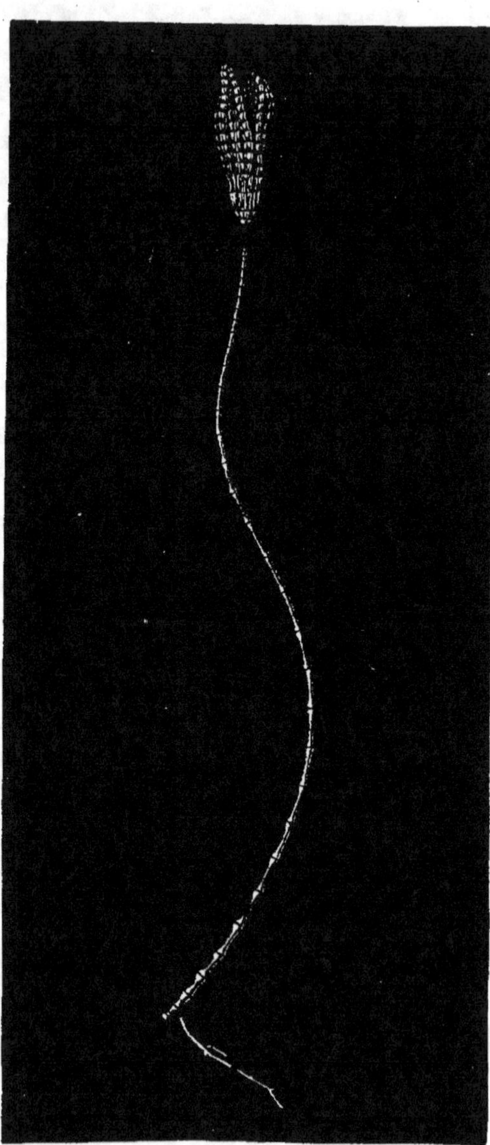

Fig. 191. — *Bathycrinus gracilis*, Wyville Thomson.
Grandi deux fois.

Rang était demeuré unique jusqu'aux dragages du *Blake*; depuis on en a retrouvé quelques exemplaires, mais ils sont encore extrêmement peu nombreux.

Ce fut une vraie surprise pour les naturalistes lorsqu'aux *Pentacrinus* et aux *Holopus* des Antilles vinrent s'ajouter trois types européens, longuement pédonculés et à bras peu nombreux : 1° le *Rhizocrinus lofotensis* (fig. 11, page 29), découvert par Sars en 1864, près des îles Lofoden; 2° le *Bathycrinus gracilis* (fig. 191), dragué par le *Porcupine* dans le golfe de Gascogne, et 3° une espèce nouvelle de *Pentacrinus*, le *Pentacrinus Wyville Thomsoni*, dragué par le *Porcupine* au large des côtes de Portugal. Aujourd'hui le nombre des espèces connues de Crinoïdes fixés s'élève à 34, réparties entre les sept genres *Holopus, Hyocrinus, Ilycrinus, Rhizocrinus, Democrinus, Bathycrinus, Pentacrinus* et *Metacrinus*. Nous connaissons déjà le premier; les quatre suivants comprennent de délicats petits Crinoïdes, à squelette de couleur blanche ou légèrement brune; leur tige, composée d'articles en forme de sablier, se termine par des expansions ramifiées simulant des racines; elle est dépourvue des crampons verticillés que l'on observe chez les *Pentacrinus* et leurs très proches parents les *Metacrinus*. Elle se termine en haut par une sorte de calice, différemment conformé suivant les genres; ce calice supporte cinq bras chez les *Hyocrinus, Rhizocrinus* (fig. 11, page 29) et *Democrinus* (fig. 192), dix chez les *Ilycrinus* (fig. 193 et fig. 242, n° 4) et *Bathycrinus* (fig. 242, n° 5). Les bras des *Hyocrinus* sont irrégulièrement ramifiés, ceux des autres espèces simplement pennés. Les *Pentacrinus* et *Metacrinus* en ont de vingt à une centaine (fig. 20, page 56, et fig. 190, page 271).

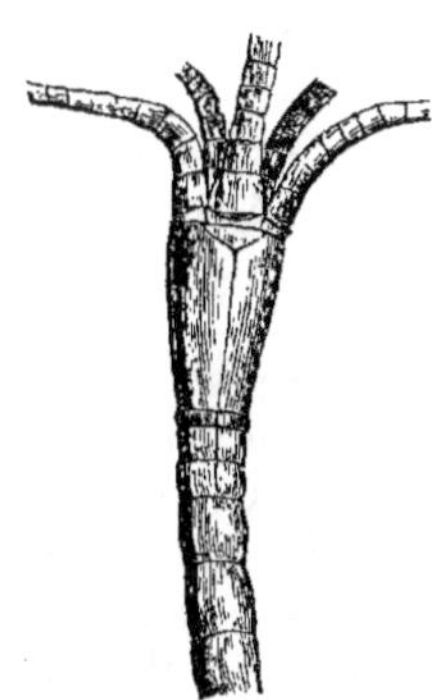

Fig. 192. — *Democrinus Parfaiti*, E. Perrier (calice et extrémité supérieure de la tige). — Grandi deux fois.

Fig. 193. — Calice et extrémité supérieure de la tige de l'*Ilycrinus recuperatus*, E. Perrier, pêché à 4255 mètres de profondeur. — Grandi deux fois.

Les *Metacrinus* paraissent jusqu'ici propres au Pacifique, où ils sont associés à deux espèces de *Pentacrinus*. Ils vivent entre 115 et 1000 mètres de profondeur; l'espèce la plus littorale a été pêchée au voisinage du Japon. Les *Pentacrinus* vivent à des profondeurs analogues; le *P. naresianus* descend cependant à 2500 mètres, tandis qu'aux Antilles le *P. asterius* remonte à 75 mètres. Tous les autres genres de Crinoïdes appartiennent à l'Atlantique. L'*Holopus* est le seul qui vive à environ 200 mètres dans les régions chaudes. Dans les régions chaudes et tempérées, les autres genres vivent ordinairement à des profondeurs avoisinant 2000 mètres; le *Bathycrinus gracilis* descend jusqu'à près de 4500 mètres; en revanche le *Rhizocrinus lofotensis*, qu'on trouve communément à 2000 mètres, remonte, dans les parties froides de l'Atlantique, jusqu'à 150 mètres. Il semble que cette espèce recherche une basse température et demeure assez indifférente à la pression ; mais, comme on peut trouver des localités de profondeur avoisinant 1000 mètres et d'autres avoisinant 5000 mètres entre lesquelles la différence de température n'excède pas 4°, il semble qu'un certain minimum de pression soit devenu nécessaire aux espèces telles que les *Bathycrinus*, qu'on ne trouve guère à moins de 2000 mètres de profondeur. Les *Rhizocrinus* des mers actuelles sont étroitement apparentés au *Bourgueticrinus ellipticus*, qui n'est lui-même qu'une forme dégénérée de la famille des Apiocrinides (fig. 194). C'est aussi à cette famille que se rattachent les *Bathycrinus*.

De proches parents des *Pentacrinus* se retrouvent déjà dans le lias. Leur plus beau degré de développement s'est produit durant la période secondaire ; le *P. subangularis* dépassait alors 15 mètres de long. Au contraire, les Crinoïdes libres ou Comatulides semblent avoir atteint de nos jours leur maximum de variété et de perfection. Une espèce, l'*Antedon rosacea*, se rencontre déjà sur nos côtes à marée basse ; au large de Cadix, une autre espèce, découverte d'abord par Delle Chiaje dans la Méditerranée, l'*Antedon phalangium*, est tellement abondante qu'un chalut lancé par le *Talisman* à 125 mètres, le 9 juin, en est revenu absolument rempli : il y en avait plusieurs milliers. Les *Antedon* de nos pays ont généralement dix bras ; les *Actinometra* des mers chaudes peuvent en avoir jusqu'à cent, résultant de la ramification graduelle des dix bras primitifs. Dix semblaient donc le nombre normal des bras des Comatulides. La découverte par le *Challenger* dans l'océan Pacifique de Comatules à cinq bras était un fait intéressant. Croyant ces Comatules propres à cet océan, Herbert Carpenter leur donna

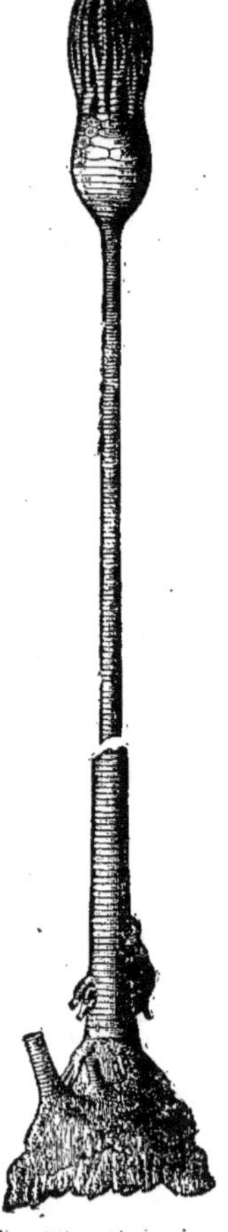

Fig. 194. — *Apiocrinus Roissyanus* des terrains oolithiques. — Réduit au quart.

le nom d'*Eudiocrinus*, formé de deux mots grecs signifiant *Lis du Pacifique*. Le *Talisman* a retrouvé dans l'Atlantique ces lis du Pacifique dans une espèce dont le nom *Eudiocrinus atlanticus*, E. Perrier, devait naturellement réunir ceux des deux océans entre lesquels elle établit une communauté nouvelle. Les *Eudiocrinus* vivent à environ 1200 mètres de profondeur, dans les régions va-

Fig. 195. — *Eudiocrinus atlanticus*, E. Perrier, (1000 mèt. de profondeur). — Grandeur naturelle.

seuses. Des crampons solides recourbés, terminés par un vigoureux crochet comme ceux de la plupart des *Antedon* et surtout des *Actinometra*, leur seraient inutiles. Ces crampons ne disparaissent pas, mais ils s'étirent en longs et grêles appendices qui s'étendent sur la vase concurremment avec les bras, permettant à l'animal d'adhérer sur une large surface et fonctionnant d'ailleurs peut-être comme des organes tactiles. Les bras, robustes par rapport aux pinnules, sont eux-mêmes pourvus de muscles puissants qui peuvent leur imprimer de vigoureuses ondulations et semblent faire des *Eudiocrinus* des Comatules essentiellement nageuses. M. Herbert Carpenter a appelé *Thaumatocrinus renovatus* une autre Comatule à cinq bras pêchée par 3294 mètres de profondeur, un peu au sud de l'Australie, remarquable en ce que les pièces de son calice demeurent distinctes, comme chez les Crinoïdes fixés, au lieu d'être masquées par la pièce centrale qui porte les crampons et en partie fusionnées avec elle. En outre, chez les *Thaumatocrinus*, la bouche est fermée par cinq pièces orales, comme chez les *Hyocrinus*, au lieu d'être simplement entourée par un bord circulaire charnu. Ces caractères indiquent une forme primitive beaucoup moins distante des Crinoïdes fixés que les autres Comatules actuelles. L'intervalle entre les Crinoïdes fixés et les Crinoïdes libres se trouve ainsi notablement amoindri.

Échinides. — Sur un total de 297 espèces d'Oursins actuellement connues, 90 sont propres aux eaux profondes; 13 avaient été découvertes par le comte de Pourtalès avant l'ère des grandes expéditions, 5 par l'expédition de la *Joséphine*, 5 par celle du *Porcupine*, 28 par les expéditions américaines, 49 par celle du *Challenger*. Des 207 espèces littorales, 47 seulement descendent au-dessous de 400 mètres, où elles rencontrent une première série d'espèces profondes, au nombre de 46, qui ne se trouvent jamais à moins de 400 mètres de profondeur, mais dont 14 arrivent à plus de 1000 mètres, où atteignent aussi 10 espèces littorales, — 50 espèces sont propres aux grands fonds et ne remontent pas à moins de 1000 mètres; quelques-unes descendent à plus de 5000.

Ces Oursins des grands fonds n'appartiennent guère qu'à deux catégories : les Oursins à test circulaire, ou Oursins réguliers, et les Spatangoïdes. A partir de 400 mètres les Clypéastroïdes deviennent très rares; seuls descendent jusque vers 1800 mètres la *Fibulaire australe* et l'*Echinocyame nain*. Ce dernier est un très petit Oursin de couleur verte qui se trouve déjà sur nos côtes dans la région des Corallines.

Parmi les plus beaux Oursins de ces grands fonds, il faut citer le *Porocidaris purpurata* (fig. 196), recouvert de grandes et robustes épines dont les inférieures sont plates, courbes et dentées en scie, tandis que les supérieures, longues de près d'un décimètre, finement cannelées, sont enfermées à leur base dans une sorte de gaine de couleur pourpre. Pour être bien plus petites, les *Salenia* n'en ont pas moins été une trouvaille inattendue pour les zoologistes.

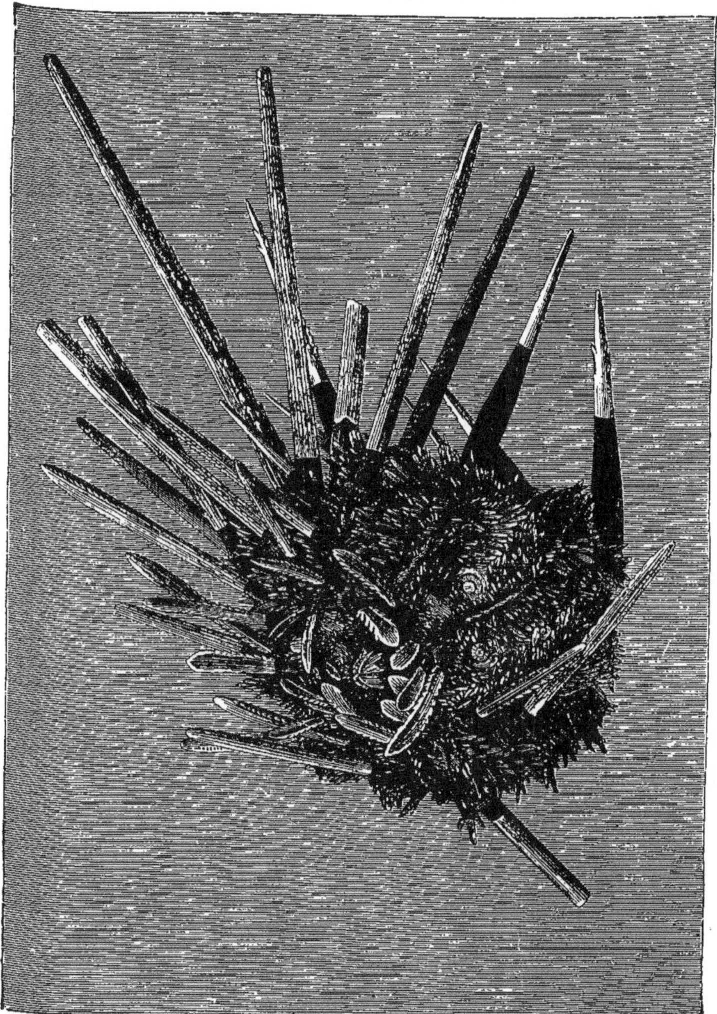

Fig. 196. — *Porocidaris purpurata*, Wyville Thomson. — Grandeur naturelle.

On les a longtemps crues éteintes depuis la période de la craie :
on en connaît aujourd'hui quatre espèces vivantes, reconnaissables

à leurs grandes plaques anales entourant une plaque supplémentaire, à leurs longues et fines épines presque transparentes. Mais
leur découverte a causé moins de surprise encore que celle des
grands Oursins mous des genres *Asthenosoma* (fig. 4, page 16) et
Phormosoma, qui remontent à la même période géologique.

Le squelette de ces Oursins est, au fond, semblable à celui des
autres Oursins réguliers; seulement les plaques qui constituent
leur test (fig. 197), au lieu d'être enchâssées à demeure, chevauchent
les unes sur les autres et sont assez lâchement unies pour pouvoir
glisser légèrement et laisser le test se déformer sous la moindre
pression. Leur corps est rempli d'eau comme celui des Oursins

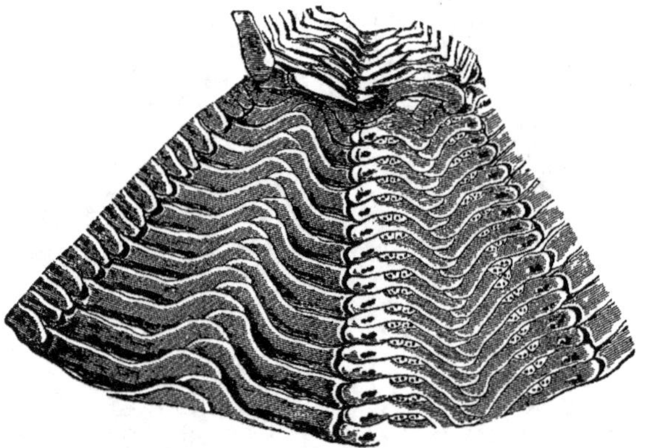

Fig. 197. — Disposition imbriquée des plaques du test de l'*Asthenosoma hystrix*,
Wyville Thomson.

ordinaires, et les mouvements de roulis suffisent pour le faire
gonfler alternativement d'un côté et de l'autre suivant l'inclinaison
du navire. C'est sans doute ce qui a fait dire aux naturalistes du
Porcupine que ces beaux animaux, de couleur pourpre ou violette,
palpitaient comme des cœurs. Les *Asthenosoma* et les *Phormosoma*
ont naturellement une forme aplatie; mais l'aplatissement est plus
marqué chez les *Phormosoma*, dont le corps présente nettement
une face inférieure plane ou concave et une face supérieure
nettement convexe. L'ornementation des deux faces cesse dès lors
d'être la même, et la face qu'on peut appeler ventrale porte de
robustes épines terminées par des espèces de sabots en calcaire

hyalin. L'Oursin emploie ces piquants pour courir à la surface de la vase, ce que ne font probablement pas les *Asthenosoma*. Un autre Oursin des grands fonds, le *Cœlopleurus Maillardi*, a ses piquants inférieurs courts et munis de sabots semblables, tandis que ses piquants supérieurs sont longs et aigus; mais plusieurs Oursins de la famille des *Arbaciadæ*, à laquelle il appartient, se servent aussi de leurs piquants pour se mouvoir, ce qui est une habitude rare chez ces Échinodermes. Parmi les piquants des *Asthenosoma* se trouvent de nombreux organes de préhension, de nombreux pédicellaires qui diffèrent de ceux des Oursins ordinaires en ce qu'ils ont souvent quatre branches bien distinctes (fig. 198). Dans la partie de l'Atlantique explorée par le *Talisman*, c'est entre 1000 et 1500 mètres que les Oursins mous abondent ; au-dessus et du-dessous de cette zone on les rencontre beaucoup moins souvent.

Les Oursins réguliers du littoral sont herbivores; leurs représentants dans les grands fonds doivent avaler la vase et se nourrir des parties organiques qu'elle renferme; c'est le mode habituel de nutrition des Spatangoïdes, et l'on s'explique ainsi qu'un assez grand nombre de leurs espèces soient devenues les hôtes des abimes marins. Parmi les plus remarquables de ces Spatangoïdes, il faut placer les *Pourtalesia* (fig. 199), dont on connaît aujourd'hui quinze espèces et qui représentent exactement dans

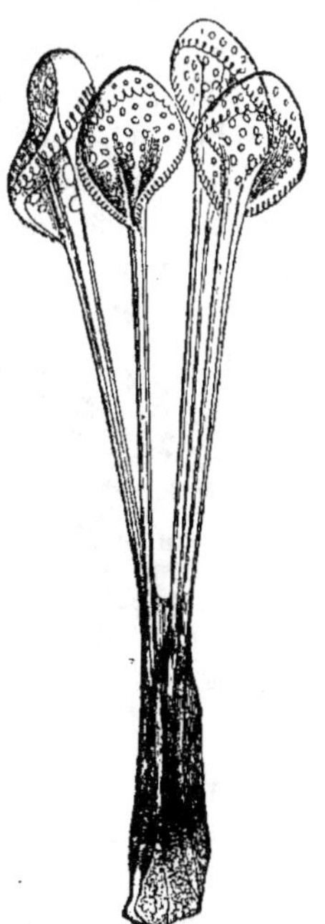

Fig. 198. — Pédicellaire à quatre valves de l'*Asthenosoma fenestrata*, Wyville Thomson. — Très grossi.

nos mers les *Infulaster* de la période crétacée. Elles ont la forme d'un petit navire dont le pont serait très convexe et la proue recourbée en dessus. Seulement c'est leur extrémité élargie qui porte la bouche près de son bord antérieur, parfois échancré en forme de cœur, tandis que l'autre orifice du tube digestif est caché par la partie recourbée de la proue. La forme des *Pourtalesia* se retrouve, avec quelques modifications, chez d'autres genres remarquables, les *Aceste*, en forme d'œuf très allongé, les *Aérope*, presque triangulaires, les uns et les autres pourvus d'un ambulacre antérieur extrèmement développé. Cet ambulacre est enfoncé chez les *Aceste* et marque ainsi un premier pas vers les *Schizaster*.

Holothuries. — La plupart des formes d'Oursins découvertes dans les grands fonds se rattachent assez facilement aux espèces littorales actuelles ou rattachent ces dernières à des espèces fossiles bien connues. La faune des Holothuries a été au contraire une révélation.

Les formes nouvelles que les dragages ont récoltées étonnent tout à la fois par leur variété et par l'ensemble des caractères communs qu'elles présentent, caractères qui en font comme un petit monde à part. Les Holothuries qui vivent sur nos rivages sont, nous l'avons vu, des animaux rayonnés : les parois de leur corps peuvent se découper en cinq fuseaux semblables entre eux, disposés comme les côtes d'un melon; elles peuvent indifféremment reposer sur n'importe lequel de ces fuseaux, dont la région médiane est occupée par une bande de pieds; en fait elles se meuvent en utilisant

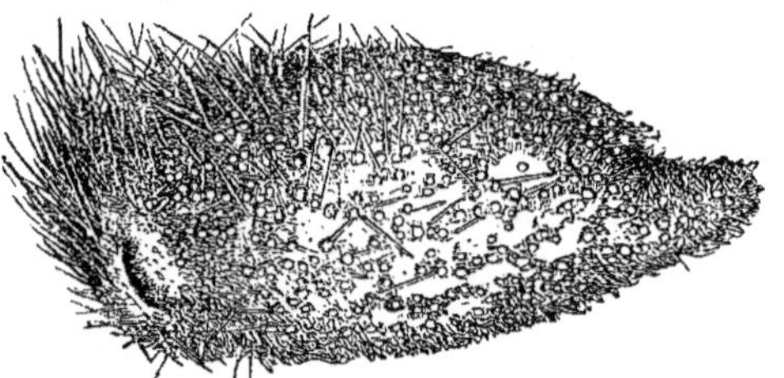

Fig. 199. — *Pourtalesia Jeffreysi*, Wyville Thomson
Légèrement agrandie.

tantôt l'une, tantôt l'autre de leurs bandes de pieds, et le plus souvent en les utilisant toutes à la fois quand elles rampent parmi les varechs ou dans les interstices des galets entre lesquels elles aiment à s'abriter. On ne peut en conséquence distinguer chez elles ni face ventrale ni face dorsale. Quelques types aberrants faisaient cependant depuis longtemps exception à la règle commune. Chez les *Psolus* (fig, 97, page 185) on voit s'aplatir toute une portion de la surface du corps correspondant à l'étendue d'un fuseau et à la moitié longitudinale des deux fuseaux adjacents. Les *Psolus* ne marchent jamais que sur cette espèce de sole, qui présente une bande de pieds tout le long de sa ligne médiane et une autre bande le long de chacun de ces bords : ils possèdent une véritable face ventrale; en même temps la bouche, entourée de sa couronne de tentacules cesse, d'être placée à l'extrémité du corps et devient franchement dorsale. Les deux bandes dorsales de pieds, devenues inutiles, disparaissent. A ces *Psolus*, dont quelques-uns ont le corps absolument aplati et couvert d'écailles calcaires, les recherches des naturalistes scandinaves avaient ajouté trois formes remarquables ayant aussi une face ventrale plane et une face dorsale convexe, mais dont la bouche était tournée vers la face ventrale, dont la bande médiane de pieds ventraux était peu développée, les pieds marginaux prenant au contraire de grandes dimensions, et dont les pieds dorsaux plus ou moins réduits pouvaient prendre l'aspect de tentacules; c'étaient l'*Elpidia glacialis*, la *Kolga hyalina* et l'*Irpa abyssicola*. Des Holothuries analogues, mais pouvant atteindre des dimensions relativement colossales, peuplent les grandes profondeurs de la mer et se rencontrent jusqu'à plus de 5000 mètres sous les eaux. Ces Holothuries rampantes, dont les pieds latéraux se prolongent souvent comme des pattes exactement symétriques sur les deux côtés du corps, semblent de gigantesques chenilles qui seraient venues vivre au sein des eaux. Le *Challenger* n'en a pas recueilli moins de 52 espèces, réparties en 19 genres. Ce sont bien là de vraies formes caractéristiques de la faune abyssale, car, sur ce nombre, huit seulement vivent à des profondeurs moindres que 1800 mètres, et aucune ne remonte dans les zones supérieures au niveau de 150 mètres. On peut donc dire que c'est entre 2000 et 5000 mètres qu'elles prospèrent; elles sont véritablement là comme dans des conditions pour lesquelles elles seraient spécialement construites. Rien n'est plus frappant que cette transformation presque générale en animaux présentant la symétrie bilatérale la plus nette d'animaux qui, dans les régions littorales, présentent au contraire une structure rayonnée très nettement accusée. Rien n'est plus propre à faire ressortir l'influence des forces physiques, celle des conditions de vie sur les formes que revêtent les organismes vivants. En rampant parmi les Algues ou dans les labyrinthes que forment les intervalles des galets accumulés par les vagues, les Holothuries littorales ont sans cesse occasion de se servir de leurs cinq bandes de pieds. Leurs pieds, terminés par des ventouses qui s'accrochent partout, sont comme des câbles que l'animal fixe à tout ce qu'il peut atteindre autour de lui, et à l'aide desquels il se hisse lentement. Ainsi font également les Oursins. Dans les grandes profondeurs de la mer il n'y a plus d'Algues ni de galets; les animaux rampent à la surface de vastes plaines vaseuses ou s'enfoncent dans la vase elle-même; et l'on peut dire, sans faire de

rhétorique, que c'est le sol qui les nourrit, car la vase, imprégnée
de substances organiques vivantes ou mortes, est leur unique
aliment. Il y avait pour les Holothuries deux façons de vivre dans les
grands fonds : les unes sont demeurées rampantes, les autres sont
devenues fouisseuses et sédentaires. Leur forme fait immédiatement reconnaître les unes et les autres.

Une Holothurie, ayant la forme d'un cylindre plus ou moins allongé, ne peut ramper sur la vase que couchée de tout son long.
Dans cette position, la partie du corps qui repose sur le sol s'aplatit
nécessairement sous l'action de la pesanteur, et, pour utiliser tous
ses moyens, l'animal est naturellement amené à faire usage de ses
trois bandes de pieds les plus rapprochées du sol; l'une de ces bandes
occupera donc le milieu de la surface aplatie, les deux autres limi-
teront latéralement cette surface; et dès lors l'animal rayonné sera
devenu un animal symétrique comme tous les animaux terrestres:
mais c'est un animal symétrique à la façon des *Mülleria* ou des
Psolus, et l'opposition est peu accusée entre sa face dorsale et
sa face ventrale : telles sont les *Lætmogone* (fig. 241, n° 10).
Cependant les deux bandes dorsales de pieds, ne servant pas à la
locomotion, peuvent être employées à d'autres usages. Elles disparaissent, nous l'avons vu, chez les *Psolus*; elles persistent au contraire presque toujours chez les Holothuries rampantes des grands
fonds. Très amoindris chez les *Psychropotes* (fig. 200), les *Peniagone* (fig. 242, n° 11), elles s'allongent au contraire beaucoup chez les
Oneirophanta (fig. 201), les *Benthodytes*, les *Euphronides* (fig. 241,
n° 9), et deviennent des organes de toucher. La division du travail
se complète ainsi entre la face dorsale et la face ventrale, désormais
caractérisées par la structure anatomique différente des organes
primitivement semblables dont elles étaient pourvues.

Lorsqu'ils étaient tous semblables entre eux, les pieds étaient
nombreux et leur nombre n'avait rien de constant. D'habitude,
quand des organismes se perfectionnent par suite de la division
du travail physiologique, ou quand ils s'adaptent étroitement à
un genre de vie déterminé, ils se distinguent des organismes
de même catégorie, qui n'ont pas subi d'adaptation ou de perfectionnement aussi complets, en ce que le nombre des parties semblables de leur corps tend à se réduire à ce qui est strictement
nécessaire pour assurer l'accomplissement des fonctions qui leur
sont dévolues. Le nombre de ces parties tend par cela même à

devenir constant, s'il était primitivement variable. Ainsi les Insectes n'ont que trois paires de pattes au lieu des pattes si nombreuses des Myriapodes, ainsi les Crustacés supérieurs ou Décapodes ont tous cinq paires de pattes locomotrices et vingt segments

Fig. 200. — *Psychropotes buglossa*, E. Perrier, pourvue de 14 paires de pieds, commune à 4000 mètres de profondeur. — 1/4 de grandeur naturelle.

au corps, tandis que le nombre des pattes locomotrices et des segments est extrêmement variable chez les Entomostracés.

Les Holothuries, étroitement adaptées à la reptation sur une sole ventrale, n'échappent pas à cette règle. Leur bande médiane de

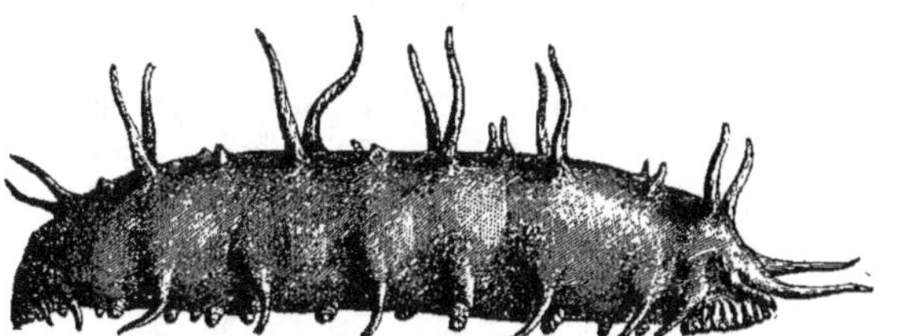

Fig. 201. — *Oneirophanta mutabilis*, Théel. Vivant vers 5000 mètres de profondeur.

pieds ventraux tend à disparaitre; les pieds latéraux s'allongent au contraire à la façon de vraies pattes, comme on le voit chez les *Peniagone* ou les *Oneirophanta*, se disposent en une seule série, et leur nombre devient constant pour chaque espèce. Il tombe même à quatre paires chez l'*Elpidia glacialis*.

Pendant que ce que nous pouvons appeler les membres de l'Holothurie se modifie ainsi, les deux extrémités de son corps subissent des modifications qui ne sont pas moins intéressantes. La bouche des Holothuries ordinaires est située à l'extrémité même du corps; celle des *Psolus* est dorsale, et ces animaux se nourrissent de tout petits organismes flottants, entraînés vers leur bouche par les mouvements rapides des cils toujours vibrants qui garnissent leurs dix tentacules ramifiés. Devant manger la vase elle-même, les Holothuries rampantes sont au contraire obligées de ramener incessamment leur bouche vers le sol; il semble que quelques-unes d'entre elles aient été figées dans cette attitude habituelle. Chez les *Scotoplanes*, les *Elpidia*, le corps fait en avant un coude prononcé, de manière à ramener la bouche vers le bas; ce coude est surmonté chez les *Peniagone* (fig. 242, n° 11) d'une sorte d'étendard élégamment festonné qui le rend particulièrement apparent; puis il s'efface peu à peu, mais la bouche garde la position nettement ventrale qu'il lui a donnée chez les *Deima*, les *Benthodytes*, les *Euphronides* (fig. 241, n° 9). C'est aussi la position qu'elle occupe chez les *Psychropotes* (fig. 200), mais ici l'extrémité postérieure du corps présente à son tour une intéressante modification.

Un naturaliste américain, Dana, a fait remarquer, il y a long-temps déjà, que chez les animaux à symétrie bilatérale, tous construits pour la marche, les organes tendent à abandonner la partie postérieure du corps, qui s'amincit dès lors, et à se concentrer vers la partie antérieure, qui se développe, au contraire, de plus en plus. C'est ainsi que le vigoureux abdomen des Crevettes, des Langoustes et des Homards devient chez les Crabes une sorte de queue aplatie en forme de feuille et dissimulée sous la carapace; que l'abdomen conique de certains Scorpions de l'époque houillère (*Cyclophthalmus*) devient la queue des Scorpions actuels, puis le filament caudal des Télyphones, qui disparaît lui-même chez les Phrynes, les Faucheux et les Araignées; que la partie postérieure du corps des Vertébrés, abandonnée par les viscères, devient une queue robuste encore chez les Reptiles, mais qui disparaît presque entièrement chez les Oiseaux et un assez grand nombre de Mammifères, sans compter les Grenouilles. Le même phénomène se retrouve chez les *Psychropotes* (fig. 200), dont la magnifique queue se relève, à la façon d'une queue d'Écureuil, au-dessus de l'animal quand il marche. Ainsi, en vue de la reptation sur le sol, un animal rayonné, pesant, muni d'une bouche terminale, a été transformé en un animal symétrique à bouche ventrale, capable de présenter lui-même des modifications analogues à celles que nous observons chez les animaux franchement et originairement symétriques. N'est-ce pas une indication nouvelle qu'il y a lieu de rechercher, comme nous avons essayé de le faire ailleurs[1], si l'on ne peut trouver dans une action mécanique la cause de cette symétrie bilatérale si frappante chez les animaux terrestres, qu'on s'est efforcé de la démontrer même chez les plus humbles Zoophytes et d'en faire une sorte de loi générale de l'organisation? Il est d'ailleurs bien manifeste que

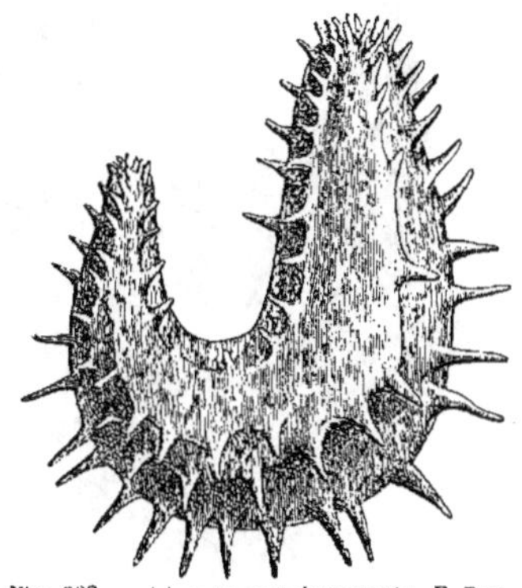

Fig. 202. — *Lipnoturia incurvata*, E. Perrier (99 mètres de profondeur). — Légèrement grandie

la symétrie bilatérale qu'on observe chez tant d'organismes ne saurait avoir toujours les mêmes causes; la symétrie bilatérale des feuilles, celle de certaines fleurs, ne relèvent pas des mêmes forces que celle des animaux, et parmi ceux-ci il est fort probable que les traces de symétrie qu'on observe chez beaucoup de Polypes doivent s'expliquer tout autrement que la symétrie bilatérale des Oursins mangeurs de sable, des Holothuries rampantes, des Vers, des Animaux articulés et des Vertébrés.

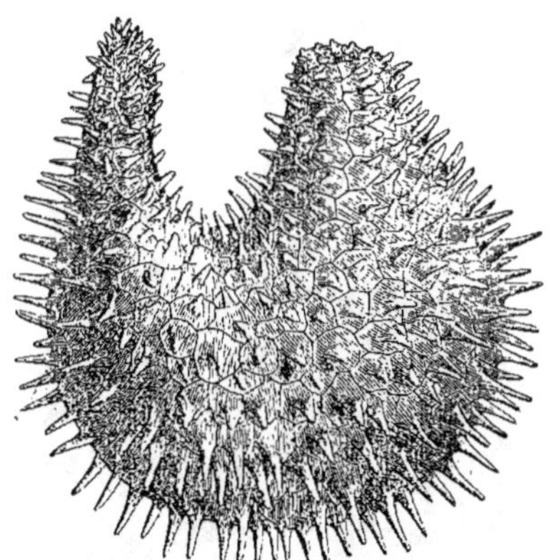

Fig. 203. — *Ypsilothuria attenuata*, E. Perrier (800 mètres de profondeur). — Grandie trois fois.

Les Holothuries qui s'enfoncent dans la vase subissent des modifications d'une autre nature, mais qui ne sont pas

---

1. *Les Colonies animales et la formation des organismes*, p. 412 et suivantes.

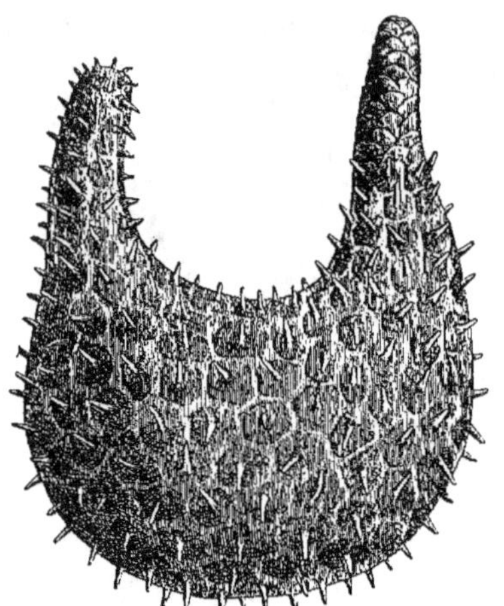

Fig. 204. — *Ypsilothuria Talismani*, E. Perrier,
(800 mètres de profondeur). — Grandie deux fois

moins instructives. Les deux orifices de leur tube digestif, situés aux deux extrémités du corps, doivent demeurer libres pour fonctionner normalement. Afin de les rapprocher tous deux de la surface de la vase, l'animal se recourbe en forme d'U, et cette forme devient sa forme normale, d'abord sans autre modification chez les *Siphothuria* (fig. 202). Mais chez l'*Ypsilothuria attenuata* (fig. 203) la partie courbe de l'U se renfle; elle prend chez l'*Ypsilothuria Talismani* (fig. 204) la forme d'une masse ovoïde, sur laquelle viennent s'implanter deux tubes, portant l'un la bouche, l'autre l'anus; enfin, chez les *Rhopalodina* (fig. 205) ces deux tubes se soudent, et l'Holothurie a la forme d'une bouteille dont le goulot porterait les deux orifices digestifs.

Ces transformations ne sont pas sans analogie avec celles qu'on observe chez les Géphyriens qui vivent aussi enfouis dans la vase, et chez les Mollusques qui habitent une coquille ouverte seulement à un bout. Chez ces animaux le tube digestif se recourbe fréquemment

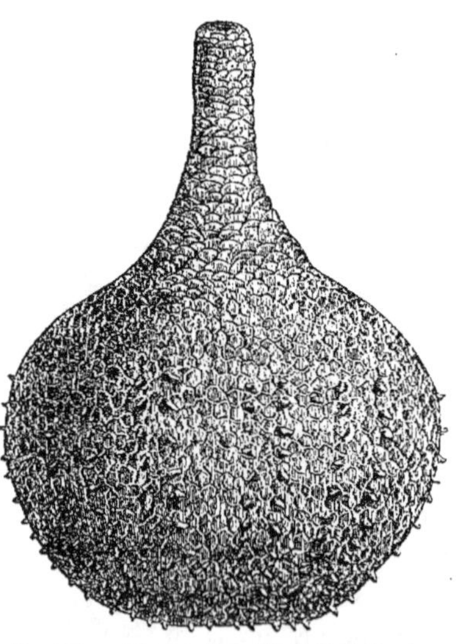

Fig. 205. — *Rhopalodina Heurteli*, E. Perrier,
littorale au Gabon. — Grandie deux fois.

en anse, de manière que ses deux orifices se trouvent rapprochés au lieu d'être terminaux comme chez les animaux libres et agiles.

CHAPITRE IV

LES CRUSTACÉS.

Extrême rareté des Entomostracés. — Les Cirripèdes. — Formes antiques d'Amphipodes dans les grands fonds. — Les Isopodes aveugles et les Isopodes géants. — Développement remarquable des Schizopodes. — Les représentants actuels des Éryons de la période secondaire. — Les Palémonides et les Pénéides. — Abondance des Galathéides, des Notopodes et des Crabes. — Formes de passage entre les Callianasses et les Pagures.

ENTOMOSTRACÉS ET CIRRIPÈDES. — Les dragues et les chaluts reviennent de la mer remplis de vase; c'est par des lavages successifs qu'on arrive à débarrasser les animaux qu'ils ramènent de la gangue qui les enveloppe. On ne peut guère faire ces opérations d'une manière suffisamment délicate pour espérer recueillir tous les petits animaux ramenés à bord; cela explique peut-être en partie l'extrême rareté apparente, dans les produits des dragages, des Crustacés inférieurs appartenant à la sous-classe des ENTOMOSTRACÉS. Les Ostracodes, si communs à la surface et dont les valves se retrouvent si abondamment à l'état fossile, manquent presque entièrement: un seul Copépode libre, *Pontostratiotes abyssicola*, peut être considéré comme venant certainement de grands fonds; il avait d'abord échappé à l'attention des naturalistes du *Challenger* et n'a été retrouvé qu'à l'état desséché dans les détritus d'un dragage. Un autre Copépode parasite, la *Lernæa abyssicola*, a été trouvée attachée à un *Ceratias*, poisson voisin des Baudroies.

Les premières formes de Crustacés un peu abondantes sont les Crustacés aberrants de l'ordre des Cirripèdes. Leurs deux types principaux, les Balanes et les Anatifes, sont représentés jusqu'à des profondeurs dépassant 5000 mètres. Seulement les conditions sont mauvaises pour ces animaux : ils ne trouvent que difficilement des corps suffisamment résistants pour s'attacher. Aussi ne se massent-ils pas en familles, comme le font habituellement les espèces littorales. On les trouve isolément fixés à de petits cailloux et jusqu'aux épines des Oursins ou à la carapace des Crabes. Les plus nombreux sont de grands Anatifes à corps comprimé, pointu à son extrémité libre, qui doivent à leur forme le nom de *Scalpellum*. Le *Scalpellum Stræmii* accomplit dans l'œuf les premières phases de ses métamorphoses; au lieu de naître, comme les Crustacés, de son groupe sous la forme bien connue de nauplius, il n'éclôt qu'au moment où il a revêtu la forme sous laquelle il doit se fixer.

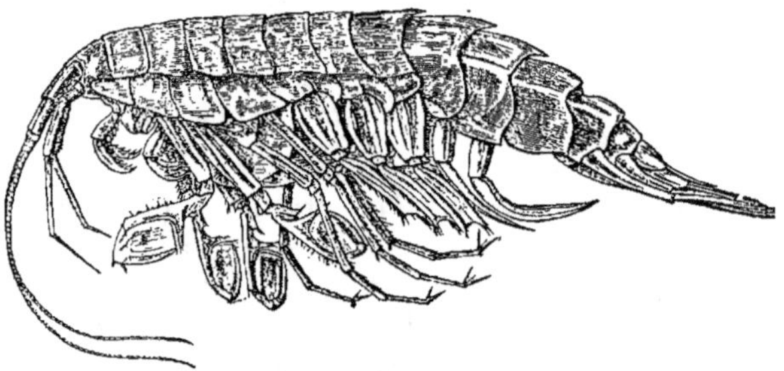

Fig. 206. — *Eusirus cuspidatus*, Kroyer.

Amphipodes. — Les Crustacés édriophthalmes de l'ordre des Amphipodes ne sont pas non plus des formes communes. Le *Porcupine* avait rencontré dans les parties profondes de l'Atlantique qui avoisinent les Féroé quelques-uns des Amphipodes de grande taille que l'on retrouve dans les mers arctiques : l'*Eusirus cuspidatus*, Kroyer (fig. 206), par exemple, qui vit à 2700 mètres de profondeur. Le révérend Stebbing, qui a étudié les collections de Crustacés amphipodes recueillies par le *Challenger*, a été frappé, au contraire, de l'extrême rareté de ces animaux dans les grandes profondeurs. Du Japon aux îles Juan Fernandez, le *Challenger* n'en a pas rencontré une seule espèce. Quelques espèces de très grande taille pour des Amphipodes ont été cependant ramenées de 2500 mètres de profondeur dans les mers australes. Bien que le *Talisman*, au lieu de draguer à de longs intervalles comme le *Challenger*, se soit attaché à l'exploration méthodique d'une région déterminée, ses récoltes n'ont guère été plus fructueuses. Une seule fois, sur les côtes du Soudan, le chalut est revenu de 655 mètres avec son filet presque entièrement couvert de Caprelles. Le *Porcupine* avait de même rencontré une grande espèce de ce genre, la *Caprella spinosissima*, Norman (fig. 207), dans le nord de l'Atlantique. Mais ce n'est pas encore là la zone abyssale. Il paraît donc probable que les Amphipodes sont réellement rares au-dessous de quelques centaines de mètres.

Isopodes. — Comme les Amphipodes, les Isopodes arctiques se rencontrent dans l'Atlantique jusque sur les côtes d'Angleterre, mais à une profondeur assez grande. A 2700 mètres le *Porcupine* a dragué le curieux *Arcturus Baffini*, Sabine (fig. 208), qui se fixe aux corps étrangers à l'aide de ses trois paires de pattes thoraciques postérieures, à la façon des Caprelles, utilisant ses trois

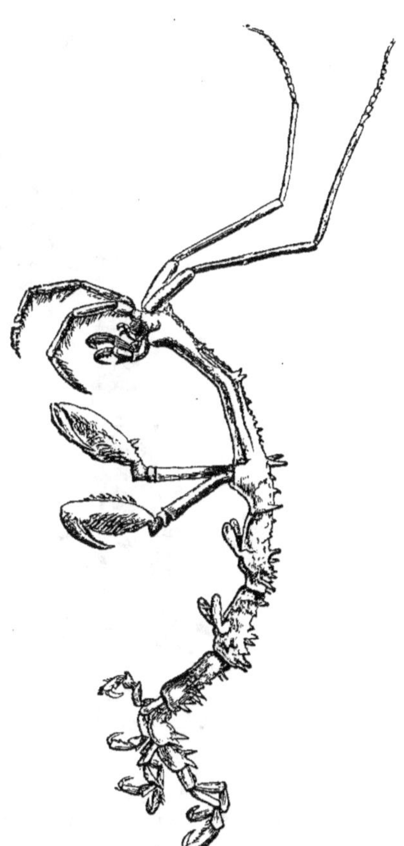

Fig. 207. — *Caprella spinosissima*, Norman
Grossie deux fois.

délicates paires de pattes antérieures pour faire tourbillonner l'eau autour de lui et procurer ainsi aux branchies que forment ses pattes abdominales une provision suffisante d'oxygène. Les antennes externes de l'*Arcturus Baffini* sont robustes et presque aussi longues que le corps; les jeunes s'accrochent à celles de leur mère comme des acrobates à une barre fixe et s'y tiennent en général dans une même position, ayant l'air d'exécuter quelque manœuvre commune. On les trouve jusqu'à près de 2700 mètres de profondeur.

Mais ce ne sont pas seulement des espèces arctiques qu'on trouve dans les grands fonds. L'*Æga nasuta*, Norman (fig. 209), dont les trois premières paires de pattes thoraciques sont préhensiles

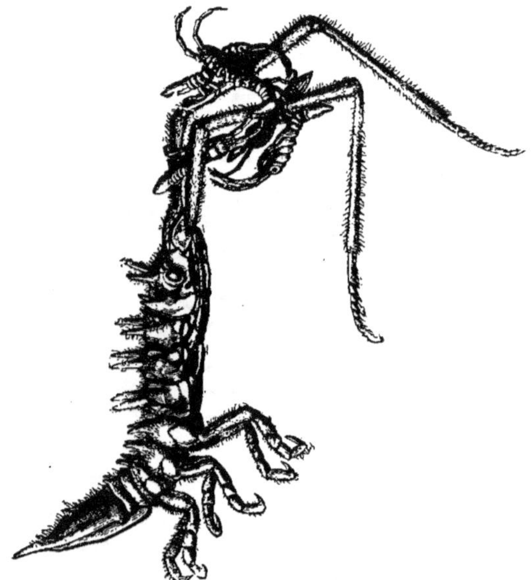

Fig. 208. — *Arcturus Baffini*, Sabine. — Grandeur naturelle.

au lieu d'être vibrantes, comme celles des *Arcturus*, vit jusqu'à 1000 mètres ; des espèces de ce genre habitent cependant les côtes tempérées de l'Atlantique. Le *Challenger* a trouvé dans les diverses régions qu'il a visitées presque toutes les familles d'Isopodes représentées par des espèces spéciales. Outre de nombreuses formes voisines des *Arcturus*, les *Munnopsidés* se rencontrent partout ; ils n'ont point d'yeux, et, de leurs sept paires de pattes thoraciques, une sert à prendre, quatre à marcher, les trois autres à nager. Les Munnopsidés ne commencent à apparaître qu'à 200 mètres de profondeur; ils vivent jusqu'à 5000. Les *Séroles* ont toujours excité un vif intérêt parmi les naturalistes, à cause de leur ressemblance superficielle avec les Trilobites, qui ne se sont montrés que durant la période primaire. Bien que ces animaux soient répandus dans toutes les mers de l'hémisphère austral, où les uns sont littoraux, au cap Horn par exemple, tandis que d'autres descendent jusqu'à 4000 mètres, aucun n'a été trouvé au nord de l'équateur. Ce sont des Crustacés assez semblables à des Cloportes, mais extrêmement aplatis, et dont les anneaux se prolongent de chaque côté du corps en grandes pointes aplaties et recourbées en arrière. Les plus grands des Isopodes connus jusqu'ici ne dépassaient pas quatre centimètres, taille supérieure à celle de la plus grande Sérole, la *Serolis Bromleyana*; un Isopode dragué dans la mer des Antilles par M. Alex. Agassiz et nommé par M. Alph. M. Edwards *Bathynomus giganteus* laisse bien loin derrière lui tous ses congénères. C'est un gigantesque Cloporte, ayant plus d'un décimètre de long et dont l'organisation semble avoir pris une complication en rapport avec sa taille. Chez tous les Isopodes connus jusqu'ici, c'était en effet la branche interne des pattes abdominales bifurquées

Fig. 209. — *Æga nasuta*, Norman.
Légèrement grossie.

et plus ou moins transformées qui servait à la respiration; le *Bathynomus* a un appareil respiratoire infiniment plus développé et qui n'a plus avec les pattes de rapports aussi immédiats.

Cet accroissement de la taille chez les représentants abyssaux de groupes composés d'espèces littorales de taille modeste semblerait devoir impliquer des conditions très favorables au développement des espèces et des individus appartenant à ce groupe. On s'attendrait à voir ces espèces et ces individus se multiplier abondamment dans les grandes profondeurs : il n'en est pas réellement ainsi; les Isopodes n'abondent pas dans les mers profondes. D'ailleurs ils ne sont pas seuls à dépasser la taille moyenne dans les grands fonds; quelques Amphipodes et quelques Schizopodes de grande taille y ont été recueillis.

Schizopodes. — Il n'était pas à prévoir qu'on rencontrerait dans les grands fonds les Schizopodes, animaux ordinairement pélagiques. Ils s'y sont montrés cependant avec une puissance de développement

tout à fait inattendue. Les délicates *Euphausia*, les frêles *Lophogaster*
de la surface sont remplacés dans les grands fonds par les *Gnathophausia*, qui, en raison de leur carapace prolongée en pointe en
avant et en arrière et de leurs huit paires de pattes semblables et
bifurquées, ont une apparence intermédiaire entre celle d'une Crevette et celle d'une larve de Crabe. Les *Gnathophausia* portent un
organe de phosphorescence sur chacune des mâchoires de la seconde
paire; elles sont, en général, d'une belle couleur rouge, et leurs
antennes externes sont grandes et épaisses comme celles des Langoustes. La première espèce découverte fut la *Gnathophausia
Zoea*, W. S. (fig. 210), très grande pour un Schizopode, quoiqu'elle
ne dépassât pas la taille d'une petite Crevette grise. Plus tard le
Challenger découvrit une autre *Gnathophausia*, que sa taille, attei-

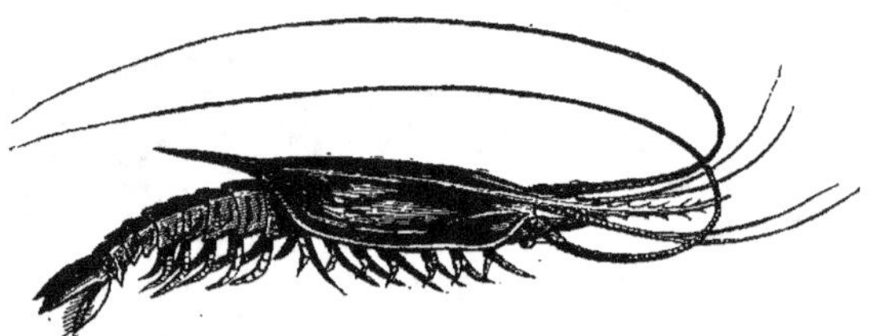

Fig. 210. — *Gnathophausia Zoea*, Willemoës Suhm. — Crustacé schizopode, de couleur rouge,
vivant à 1670 mètres de profondeur. — Grandeur naturelle.

gnant celle de la Crevette qu'on sert sur nos tables sous le nom de
Crevette rose, fit appeler *Gnathophausia gigas*. Il a fallu renchérir
encore sur cette dénomination pour baptiser une *Gnathophausia*
pêchée par le *Talisman* au sud des Açores, par 2795 mètres de
profondeur; ce beau Crustacé rouge écarlate, bien plus grand que les
plus plantureuses Écrevisses de la Meuse, a reçu de M. A. Milne
Edwards le nom de *Gnathophausia Goliath*.

Macroures. — Nous arrivons maintenant au groupe de Crustacés
qui a fourni aux grands fonds la majeure partie de sa faune
entomologique : c'est le groupe des Décapodes macroures. Ses
grandes divisions, des Crevettes, des Cuirassés, des Écrevisses et
des Galathées, ont toutes de nombreux représentants abyssaux. Mais
l'une des familles les plus caractéristiques est celle des *Polychelidæ*,
dont les formes principales rappellent d'une manière frappante les
Eryon des temps jurassiques (fig. 211). Ce sont d'assez grands

Crustacés, de couleur pâle, parfois presque transparents, ayant à peu près l'aspect d'une Écrevisse dont la carapace serait aplatie et les pinces relativement délicates. Ces pinces sont grêles et presque aussi longues que le corps chez la *Villemœsia leptodactyla*, W. Suhm, qui vit dans l'Atlantique, dans le Pacifique, à 3500 mètres, et chez le *Pentacheles spinosus*, A. M. Edw. (fig. 241, n° 5), que le *Talisman* a rencontré par 2200 mètres; elles sont de longueur moyenne chez la plupart des *Polycheles* (fig. 212) et des autres *Pentacheles*, dont on connaît déjà un certain nombre d'espèces, toutes des grands fonds, mais pouvant remonter jus-qu'au niveau de 500 mètres. Ces Crustacés se rapprochent des Langoustes et surtout de leurs voisins les Scyllares. Les *Thaumastocheles*, dont une des pinces, formidable-ment dentée, atteint presque la longueur du corps, les *Pho-berus*, qui dépassent 16 cen-timètres de long, représentent à un millier de mètres les Écrevisses proprement dites. Les formes voisines des Cre-vettes sont particulièrement nombreuses. Ce sont : des Pé-nées (fig. 99, page 189) au corps délicat, dont la couleur varie du rose pâle au rouge

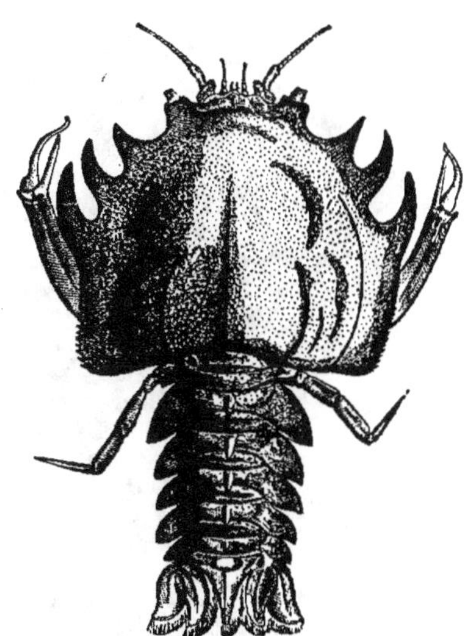

Fig. 211. — *Eryon arctiformis*, des terrains jurassiques. — Demi-grandeur.

carmin; des Aristées de couleur rouge vif, longues de près de deux décimètres, avec deux paires de magnifiques antennes grêles, deux fois plus longues que le corps, et de puissantes pattes natatoires, dénotant une grande agilité; des *Glyphocrangon*, reconnaissables au dernier article de leur abdomen, transformé en une robuste pointe dont l'animal peut sans doute se servir comme le Scorpion de son aiguillon, et qui les rend, en tout cas, difficiles à avaler; ou des espèces aux membres grêles et délicats, comme les *Nematocarcinus* (fig. 213), les *Benthesicymus*, les *Hapalopoda* (fig. 238), les *Acanthe-phyra* (fig. 242, n° 1), dont la carapace porte en arrière une épine; les *Pasiphaë*, dont les deux premières paires de pattes sont plus longues que les autres; les *Pandales*, dont un seul coup de drague du *Talisman* recueillit un millier et qui se reconnaissent à leur long rostre et à leur première paire de pattes terminées non par une pince, mais par un crochet, etc. Les *Nematocarcinus* ont une extension géographique des plus étonnantes. On les trouve pour ainsi dire partout, à des profondeurs variant de 600 à 5000 mètres.

Les Galathées manquent à la faune littorale de l'Amérique orientale. Les dragages du *Blake* ont révélé que les grands fonds de la mer des Antilles étaient cependant remarquablement riches en animaux de ce groupe. Ce sont non seulement des Galathées et des *Munida*, comme la *Munida forceps*, A. M. Edwards (fig. 109, page 200), aux pinces démesurées, mais une foule d'autres formes pour lesquelles M. Alph. Milne Edwards a dû créer un grand nombre de genres, caractérisés par des traits d'organisation tout à fait étonnants. Les *Galacantha* (fig. 242, n° 8) ont la carapace

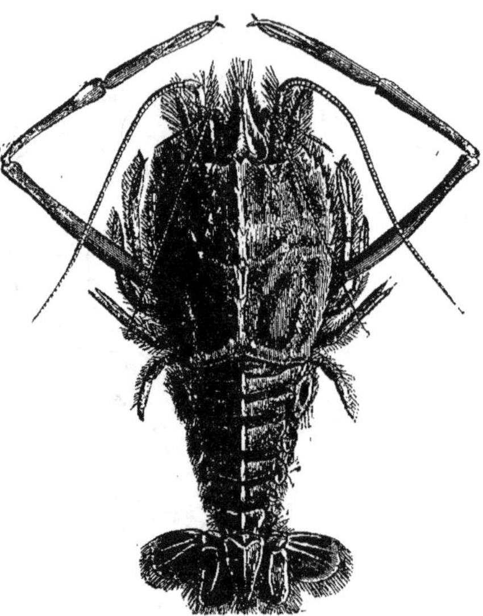

Fig. 212. — *Polycheles sculptus*, Sidney Smith, de couleur blanche, vivant à environ 15 000 mètres de profondeur. — Grandeur naturelle.

et parfois les anneaux de l'abdomen garnis en dessus et sur les côtés de grandes pointes en forme de lames de sabre; les *Galathodes* (fig. 237) ont une carapace des plus solides et des yeux incomplètement développés; les *Orophorhynchus* cachent les leurs sous leur rostre; les *Elasmonotus* (fig. 242, n° 9) ont aussi des yeux mal développés et une carapace dépourvue de dents ou d'épines. Les *Diptychus* et les *Ptychogaster* (fig. 314) ont l'abdomen caché par la carapace sous laquelle il se replie deux fois; ces derniers ont des pattes d'une longueur énorme. La plupart de ces genres, représentés toutefois par des espèces nouvelles, ont été retrouvés par le *Talisman* dans les grands fonds voisins de la côte d'Afrique. Dans cette région, à 4000 mètres de profondeur vivent avec la *Galancantha Talismani*, A. M. E., l'*Elasmonotus Parfaiti*, A. M. E., et la *Galathodes Antonii*, A. M. E., tandis que le *Ptychogaster formosus*, A. M. E., a été pêché à 950 mètres. Une espèce très voisine, le *Ptychogaster Milne Edwardsi*, Henderson,

a été draguée au détroit de Magellan, par le *Challenger*, à une profondeur de même ordre. La *Galathea spongicola* a trouvé moyen, pour sa part, de se constituer à 1200 mètres de profondeur un palais de cristal aux dépens des belles Éponges siliceuses du genre *Aphrocallistes*.

Les *Notopodes*, proches parents des Galathées, sont représentées par des formes au plus haut point intéressantes. Correspondant au *Cymonomus quadratus*, A. M. E., des Antilles,

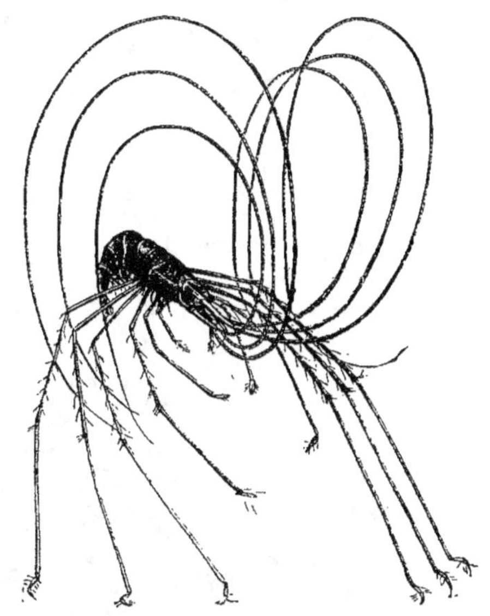

Fig. 213. — *Nematocarcinus gracilipes*, A. Milne Edwards. — Crustacé décapode vivant à 850 mètres de profondeur. — Demi-grandeur.

c'est d'abord le *Cymonomus granulatus*, Norman, souvent rencontré par le *Porcupine* des îles Féroé aux côtes de Portugal, et sur lequel nous aurons à revenir, puis la *Dicranodromia Mahyeuxi*, A. M. E. (fig. 241, n° 6), des côtes du Maroc, représentée dans la mer des Antilles par la *Dicranodromia ovata*, et surtout la splendide *Lithode féroce* (fig. 215), dont la carapace couleur de chair est hérissée de toutes parts de longues et robustes épines et se prolonge en avant en un rostre profondément bifurqué à son extrémité, tandis que sa base est flanquée de deux énormes piquants. On ne connaissait

de Lithode jusqu'ici que dans les mers arctiques et au cap Horn.
La présence d'une espèce de ce genre recueillie par le *Talisman*,
sur la côte du Maroc, à 900 mètres de profondeur, montre que les

Fig. 214. — *Ptychogaster formosus*, A. Milne Edwards de couleur rouge,
pêché à 950 mètres de profondeur.

formes arctiques et antarctiques pourraient bien se donner les
mains par-dessous les mers, malgré l'immense étendue qui les
sépare. On ne saurait guère douter que ces animaux ne conservent

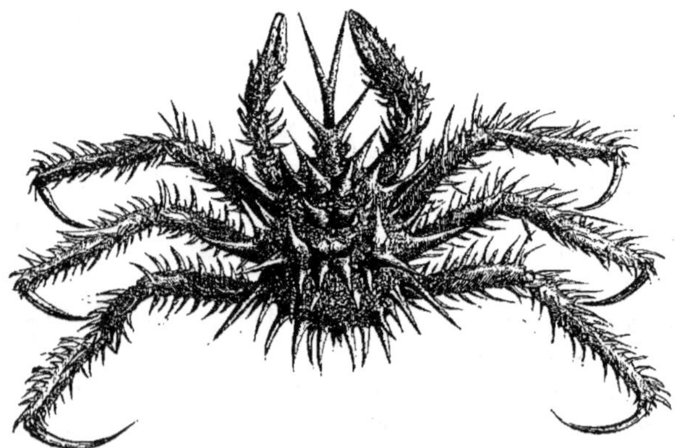

Fig. 215. — *Lithodes ferox*, A. Milne Edwards, pêché à 900 mètres de profondeur.
Grandeur naturelle.

dans les régions abyssales les singulières habitudes qui les
signalent à l'attention sur tous les littoraux et que nous avons
décrites précédemment (page 200).

Les Crustacés à abdomen caché sous le thorax semblent s'accommuoder moins facilement à la vie dans les grandes profondeurs que les Crustacés à long abdomen. Ces animaux ne sont pas du reste aussi généralement répandus que leur abondance sur nos rivages pourrait le faire supposer : le *Challenger* n'en a trouvé que trois espèces dans sa croisière du cap de Bonne-Espérance au détroit de Magellan[1]. Ils manquent aux rivages de la plupart des iles antarctiques. Même dans les mers les plus favorables à leur développement, on n'en trouve guère au-dessous de 1800 mètres, et le plus grand nombre des espèces vivent entre 100 et 500 mètres de profondeur.

Dans la mer des Antilles on ne trouve, par exemple, au-dessous de

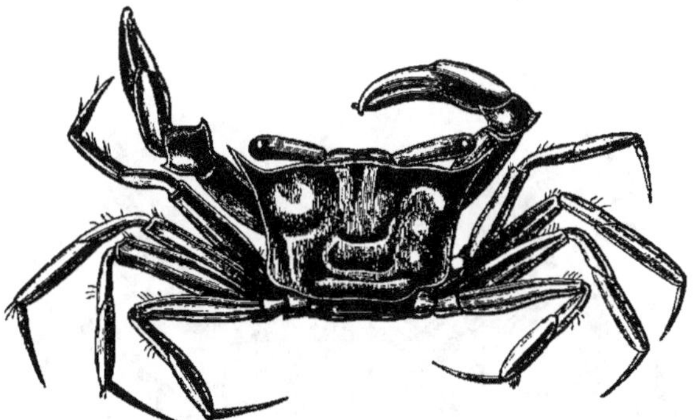

Fig. 216. — *Gonoplax rhomboïdes*, Fabricius, jeune. — Grandi deux fois.

cette profondeur qu'un Crabe à carapace carrée pour lequel M. A. M. Edwards a établi le genre *Bathyplax*, très voisin des *Gonoplax*, dont une espèce, le *Gonoplax rhomboïdes* (fig. 216), vit sur les côtes de Portugal et dans la Méditerranée. La famille la mieux représentée dans les grands fonds est celle des Oxyrrhynques. Il semble que ces animaux, dont on se rappelle la merveilleuse aptitude à se dissimuler, aient éprouvé plus vivement que tous les autres le besoin de chercher un refuge dans les régions tranquilles et sombres des abîmes, et il est fort remarquable de les y voir associés aux Notopodes, dont l'instinct de dissimulation est encore plus développé.

Dans le groupe des Oxyrrhynques à carapace prolongée en une

1. Ce sont les *Halicarcinus planatus*, Fabr.; *Eurypodius Latreillei*, Guérin-Méneville; *Peltarium spinulosum*, White.

robuste pointe frontale vient se ranger la *Scyramathia Carpenteri*, Norman (fig. 217), à pointe frontale profondément bifurquée, espèce déjà draguée par le *Porcupine* aux îles Féroé par 1000 mètres de profondeur. Tout près d'elle se place l'*Ergasticus Clouei*, A. M. E., dont le nom rappelle la part prise par le *Travailleur* à l'exploration des grandes profondeurs; cet *Ergasticus* vit dans la Méditerranée et dans l'Atlantique; une forme toute voisine a été retrouvée aux îles de l'Amirauté par le *Challenger*. La vaste répartition de ce genre

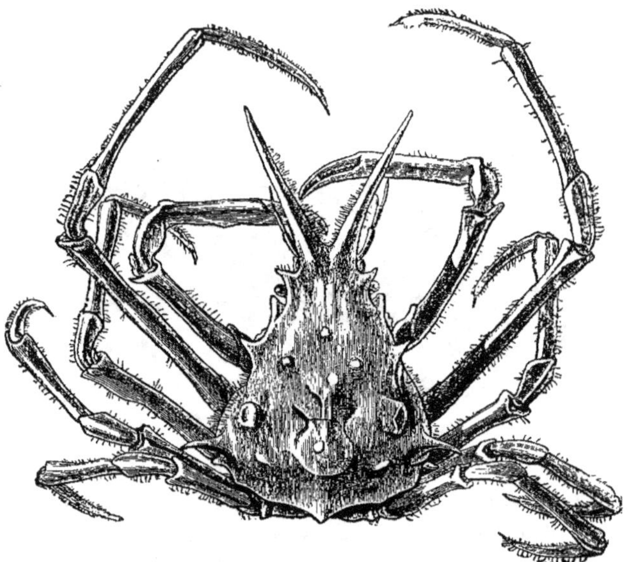

Fig. 217. — *Scyramathia Carpenteri*, Norman, grandie d'un tiers.

est moins étonnante encore que celle du délicat *Lispognathus Thomsoni* (fig. 218), aux pattes longues et grêles, aux mouvements lents et embarrassés. Dragué d'abord aux îles Féroé par 500 mètres de profondeur, ce *Lispognathus* a été recueilli par le *Travailleur* dans la Méditerranée, par le *Talisman* dans toutes les régions de l'Atlantique nord entre 600 et 1200 mètres de profondeur. Le *Challenger* l'a rencontré au cap de Bonne-Espérance par 300 mètres de profondeur, à Sydney par 900 mètres, dans le détroit de Bass, etc. C'est donc une espèce cosmopolite.

Les *Heterocrypta* (fig. 17, page 48), aux membres robustes, aux formes singulièrement anguleuses, n'ont guère une moins vaste répartition. Jusqu'en 1881 on n'en connaissait que trois espèces : deux des mers d'Amérique, la troisième de Sénégambie. Le *Travailleur* en a trouvé une quatrième, dans la Méditerranée, à 445 mètres de profondeur, au large de Toulon; M. Alph. Milne Edwards lui a donné le nom d'*Heterocrypta Marionis*. Une cinquième, l'*Heterocrypta Maltzani*, Miers, a été prise par le *Challenger* au large de Fayal (Açores), à 850 mètres.

Ce sont encore des Crustacés éminemment soucieux de leur personne que les Bernard-l'Ermite, et ils se montrent dans les récoltes

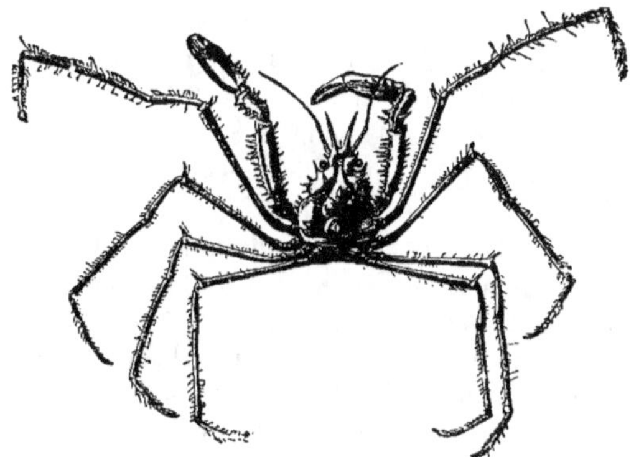

Fig. 218. — *Lispognathus Thomsoni*, A. M E. (*Dorynchus Thomsoni*, Normar) des grands fonds de l'Atlantique et de la Méditerranée.

de la drague avec une variété de forme tout à fait inconnue chez les espèces littorales. Les Pagures abritent dans des coquilles de Gastéropodes leur abdomen mou et déformé; entre eux et les Thalassiniens, tels que les Callianasses, Crustacés de forme normale, il n'existait jusqu'ici aucune forme de passage, bien que ces animaux eussent en commun certains traits d'organisation. Contre toute attente, c'est la faune profonde qui a fourni ces formes intermédiaires, et la plus importante série, soigneusement signalée par M. Alph. Milne Edwards, se trouve dans les collections que les dragues de M. Alexandre Agassiz ont extraites de la mer des Antilles; quelques autres ont été recueillis par le *Challenger* ou le *Talisman*. Voici d'abord les *Pomatocheles*, Miers, et les *Pylocheles*,

A. M. Edwards, dont la carapace, quoique entièrement coriace, a bien les caractères d'une carapace de Pagure, mais dont l'abdomen, droit comme celui des Écrevisses, est formé comme lui d'articles solides mobiles les uns sur les autres. Les spécimens trouvés par le *Challenger* étaient libres, celui recueilli par le *Blake* habitait une cavité creusée dans une masse de sable agglutiné et fermait avec l'une de ses pinces la porte de sa maison. Les *Xylopagurus*, A. M. E., de la mer des Antilles, ont les côtés de la carapace mous; leur abdomen est droit. Ils habitent dans des morceaux de jonc ou de roseau naturellement perforés ou dans des fragments de bois où ils creusent eux-mêmes une cavité cylindrique. Leur corps dépasse la cavité aux deux bouts. Ils la ferment en avant à l'aide de leurs pinces, en arrière au moyen de l'avant-dernier article de leur abdomen dilaté en une sorte de disque oblique. Les *Mixtopagurus* se rapprochent plus des Pagures, dont ils ont, avec la carapace molle dans la région branchiale, l'abdomen courbé vers la gauche; mais cet abdomen a des téguments solides et se divise en sept articles, mobiles les uns sur les autres. Les mœurs de ces animaux montrent que chez les Pagures l'instinct dominant est une simple modification de l'instinct des Thalassiniens fouisseurs, qui les porte à abriter leur abdomen dans une cavité protectrice. L'abri est un simple trou pratiqué dans le sol pour les Thalassiniens et peut-être les *Pylocheles*; mais les autres Pagures choisissent un trou pratiqué dans un objet transportable; ils y trouvent le double avantage d'être en sûreté, tout en conservant leur liberté de mouvements. Les coquilles vides des Mollusques réalisent au mieux cette double condition; les Pagures ont des occasions d'autant plus fréquentes de se procurer cette maison mobile, qu'ils sont très friands de la chair de leur propriétaire naturel. L'habitude de se loger dans des coquilles de Mollusques est devenue presque générale chez eux, et le fait que leur abdomen demeure droit et symétrique quand ils habitent des trous ou des morceaux de bois, se courbe vers la gauche, devient mou et peut même manquer des pattes abdominales gauches quand l'animal est toujours pourvu de coquilles à sa taille, tend à prouver que la déformation de son corps est une conséquence du genre de vie qu'il a adopté.

Dans les grands fonds, les coquilles de Mollusques sont loin d'être aussi développées que sur les rivages : de là semble résulter chez nos Pagures une nouvelle série de modifications. L'abdomen, dont la masse serait par trop difficile à abriter, se réduit. Chez les *Catapagurus* il demeure encore contourné et s'abrite dans des coquilles dont la taille minuscule contraste avec les dimensions du céphalothorax et des pattes demeurées libres. Les *Ostraconotus* de la mer des Antilles (profondeur 200 à 300 mètres) et les *Tylaspis* du Pacifique austral (4546 mètres) cessent d'abriter leur abdomen, qui dès lors demeure symétrique ainsi que les pattes; mais cet abdomen est mou, très court, tout à fait rudimentaire, ne présente plus que des traces d'annulations, et se replie sous le céphalothorax, dont la carapace est entièrement solidifiée.

Les Pagures ont d'ailleurs trouvé un autre moyen de suppléer à l'insuffisance des coquilles. Beaucoup de ceux qui habitent sur les rivages ont la singulière habitude de porter sur leur coquille soit des colonies de Polypes hydraires, tels que des Hydractinies ou des Syncorynes, soit de grandes Anémones de mer, des *Adamsia* notamment, soit même des colonies de Madrépores sans polypier, de Zoanthes. Tous ces Polypes sont pourvus d'organes urticants, à l'aide desquels ils peuvent tuer de petits animaux, dont le Pagure sait faire son profit, ou causer aux gros animaux qui pourraient être importuns des douleurs assez vives pour les tenir en respect. Les *Pagurus pilimanus*, que le *Challenger* et le *Talisman* ont rencontrés assez fréquemment dans l'Atlantique, ont cette habitude, qui contribue à assurer tout à la fois leur alimentation et leur sécurité, mais ils en tirent le plus habile parti. Jeunes, ils se logent comme d'habitude dans une coquille, sur laquelle ne tarde pas à venir se fixer un élégant Polype d'un beau violet, l'*Epizoanthus parasiticus*, apte à produire une colonie. Bientôt le Pagure est trop grand pour pouvoir contenir dans sa coquille, et les coquilles sont trop rares pour qu'il en puisse changer, comme font ses congénères des côtes. Mais le changement de domicile ne lui est déjà plus nécessaire. En effet, le Polype a grandi et a produit par bourgeonnement un certain nombre de Polypes semblables à lui. La petite colonie a dépassé la coquille; elle est assez grande pour former au Pagure un habit vivant, qui grandit avec lui et demeure toujours à sa taille, Comme la coquille, qui ne peut grandir, pourrait devenir gênante, le Polype la dissout peu à peu, et le Pagure adulte est logé finalement dans une colonie conique d'Épizoanthes (fig. 219), dont la base porte sur son pourtour une couronne de cinq ou six Polypes, tandis que son centre est occupé par le Polype primitif.

Les Pycnogonides. — Si intéressante que soit la série des formes de Crustacés que nous venons de retracer, elle a été à certains égards un désappointement; elle s'est montrée tout autre qu'on ne se l'était d'avance imaginée. On espérait retrouver dans les abîmes de l'Atlantique ou du Pacifique quelques représentants de ces étonnants Crustacés primitifs qui abondaient dans les mers cambrienne, silurienne, dévonienne et même permo-carbonifère. Il semble décidément que les Trilobites, les *Eurypterus*, les *Pterigotus* n'aient

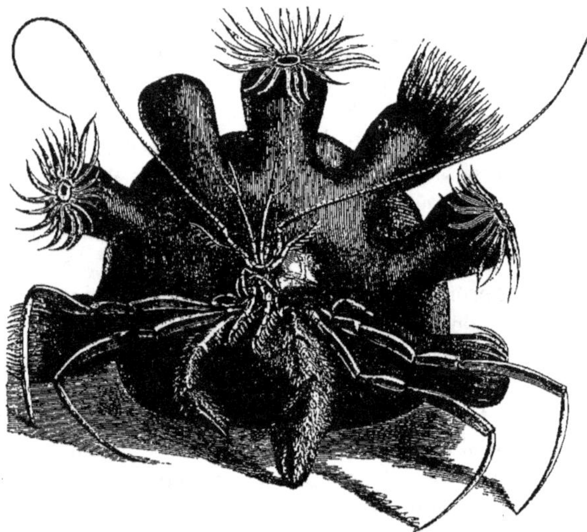

Fig. 219. — *Pagurus pilimanus*, logé dans une colonie d'*Epizoanthus parasiticus*
Grandeur naturelle.

plus d'autres descendants actuels que les Limules. Cependant un autre groupe, intermédiaire, lui aussi, à certains égards, entre les Crustacés et les Arachnides, a pris tout à coup une importance qu'on ne lui soupçonnait pas : c'est celui des Pycnogonides.

Le contraste le plus grand existe entre les espèces littorales qui étaient connues jusqu'ici et les espèces profondes. Les premières ont à peine un centimètre de long et rampent avec une extrême lenteur entre les rameaux des Algues. Les secondes atteignent quelquefois, les pattes étendues, jusqu'à quatre décimètres de diamètre : tel est le *Colossendeis Titan* (fig. 241, n° 7), dont le corps présente la teinte et la transparence de l'ambre. On dirait un immense *Faucheux* porté sur des pattes plus robustes, mais aussi longues que de coutume. La tête dans ce genre se prolonge en une immense trompe légèrement recourbée en dessous. Le *Nymphon robustum* (fig. 5, page 17) est plus petit, mais aussi plus hideux que les *Colossendeis*. Ces animaux, communs dans l'Atlantique, se trouvent encore à plus de 5000 mètres de profondeur.

CHAPITRE V

LES VERS, LES MOLLUSQUES ET LES TUNICIERS.

Turbellariés. — Les Vers et les Mollusques sont sans aucun doute les deux embranchements du Règne animal qui fournissent à la faune littorale le contingent le plus considérable et le plus varié. Il ne paraît pas en être ainsi dans les grands fonds. Les Planaires manquent aux récoltes de toutes les expéditions; les Némertes demeurent dans le voisinage des côtes; un *Balanaglossus* a été pris à 5505 mètres, un autre à 4575 mètres; l'ancien groupe des Turbellariés est donc aussi faiblement représenté que possible.

Bryozoaires. — On ne peut rien dire des Rotifères. Quant aux Bryozoaires qui vivent dans les grandes profondeurs, ils appartiennent aux mêmes familles que ceux du littoral. Cependant, sur plus de 500 espèces recueillies par le *Challenger*, 50 seulement, dont 18 sont aussi littorales, proviennent de profondeurs supérieures à 1800 mètres; 13 ont été trouvées au voisinage de 2000 mètres; 28 au voisinage de 5500 mètres; 13 vers 4500 mètres, et 4 seulement à 5758 mètres. C'est donc dans la zone de 2500 mètres que les récoltes ont été le plus abondantes, mais c'est aussi celle où il a été le plus souvent dragué. Le plus grand nombre des Bryozoaires des mers profondes appartiennent à des familles à polypier flexible; ils se fixent dans la vase au moyen de racines touffues dont les plus grêles vont s'attacher à tous les menus corps solides qu'elle contient et même à des Globigérines. L'un des plus étonnants Bryozoaires recueillis habite un polypier épineux qui ressemble exacte-ment à une branche de Fucus. Chaque animal est libre dans sa loge, et, au lieu de bras rangés en cercle autour de la bouche, porte un splendide panache de plumes microscopiques qui lui a valu le nom de *Céphalodisque à douze plumes*. Il a été trouvé à 1000 mètres de profondeur dans le détroit de Magellan. Les *Céphalodisques* se rapprochent des *Rhabdopleura* de Sars; malheureusement ces formes, si intéressantes qu'elles soient, paraissent des formes aberrantes, incapables de nous montrer un lien quelconque entre les Bryozoaires et les autres classes qui gravitent autour d'eux sans arriver à y toucher.

De ce nombre sont les Brachiopodes.

BRACHIOPODES. — Sur 250 coups de drague, le *Challenger* n'a ramené qu'une quarantaine de fois des Brachiopodes; encore ont-ils été presque tous recueillis à des profondeurs inférieures à 600 brasses. On en connaît actuellement environ 120 espèces, 34 ont été retrouvées durant l'expédition; 7 de ces espèces seulement se trouvaient entre 1055 et 2900 brasses; toutes sont de petite taille et ont une coquille extrêmement délicate, transparente et comme vitreuse[1]. Parmi les espèces recueillies par le *Challenger*, aucune de celles qui habitent les grands fonds n'est connue à l'état fossile; quelques-unes de celles qui vivent à de faibles profondeurs comp-tent parmi les espèces déjà connues à l'état vivant et à l'état fossile dans les terrains tertiaires supérieurs[2]. La rareté des Brachio-podes dans les régions vaseuses des grands fonds coïncide avec la rareté des polypiers, dont les bancs sont, sur les rivages, la sta-tion habituelle des *Brachiopodes*.

ANNÉLIDES. — Les Vers annelés ne paraissent pas plus prospérer que les autres dans les abîmes, surtout si l'on se reporte au nombre immense des Annélides qui vivent sur certaines plages; l'impression qui résulte des dragages du *Travailleur* et du *Talisman* est que ces animaux sont, en somme, peu abondants dans les grands fonds. Les *Hyalinœcia* (fig. 241, n° 8) étaient ceux qui se mon-traient le plus fréquemment. Ces Vers n'ont dans leur forme rien de bien particulier, mais ils ont la singulière propriété de se fabri-

---

1 *Terebratula Wyvillii*, *T. Dalli*, *Waldheimia Wyvillii*, *Terebratella Frielli*, *Atretia gnomon*, *Discina atlantica*.

2. *Terebratulina caput-serpentis*, *Terebratula vitrea*, *Terebratula dorsata*, *Mereglia truncata*, *Platydia anomioides*, *Argiope decollata*.

quer un tube corné, transparent, ayant l'aspect et la consistance
de la partie creuse d'une grosse plume d'oie; ils transportent
partout avec eux cette maison hyaline qui leur a valu leur nom.
Malgré leur existence tubicole, ils appartiennent à la grande
division des *Annélides errantes*.

Le *Challenger* paraît avoir été plus heureux que le *Talisman*;
mais le plus grand nombre des formes signalées par Mac Intosh
comme abyssales appartiennent à la division des *Annélides sédentaires*. Ce sont de grandes et belles Chlorèmes au sang vert, aux
soies céphaliques disposées en panache, comme la *Trophonia
Wyvillia*, prise à 3568 mètres, et la *Flabelligera abyssorum*,
qui vit à la fois dans les grands fonds du Pacifique et ceux de
l'Atlantique; des *Térébellidées*, Annélides pourvues de longs tentacules préhensiles et de branchies thoraciques et habitant toujours
les tubes qu'elles savent construire habilement à l'aide des matériaux qui les entourent; des *Serpulidées*, à la tête empanachée de
plumes respiratoires, au corps enfermé dans des tubes calcaires. Ces
deux familles ont des représentants jusqu'à 6000 mètres de profondeur et sont associées à des *Ammocharidées* et à des *Maldani-
dées*, dépourvues de tentacules et de branchies, mais vivant comme
les Térébelles dans des tubes construits de matériaux étrangers.
Ce sont surtout des grains de sable que les animaux correspondants
du rivage recherchent pour construire leur maison; dans les
grands fonds où le sable manque, il faut se contenter d'autres
matériaux. Chez la *Pista mirabilis* le tube est réduit à la substance
chitineuse produite par l'animal, mais il se couvre de longues
épines; la plupart des autres espèces revêtent de vase cette couche
chitineuse. La plus intéressante découverte du *Challenger* n'est
pas dans ces formes abyssales, c'est dans une étonnante espèce
de *Syllis*, parasite des Éponges vitreuses, la *Syllis ramosa*, Mac
Intosh. Le corps de ce bizarre animal se ramifie en tous sens,
comme pourrait le faire celui d'un polype. Les belles études de
M. de Quatrefages, celles de M. H. Milne Edwards ont depuis
longtemps montré que la formation des segments du corps d'un
Crustacé ou d'une Annélide et la formation de nouveaux individus
sont deux phénomènes de même nature. Il était difficile, d'autre
part, de ne pas considérer ces deux phénomènes comme deux
phénomènes identiques au phénomène du bourgeonnement chez
les animaux à corps ramifié; dès lors le phénomène du bourgeon-

nement devenait l'un des facteurs les plus importants de la complication des organismes. Le sens latéral du bourgeonnement chez les animaux à corps ramifié, comme chez les Éponges, les Polypes et les Échinodermes, le sens exclusivement longitudinal du bourgeonnement chez les animaux à corps segmenté, tels que les Arthropodes, les Vers et les Vertébrés, semblaient être la conséquence de quelque condition particulière d'existence et devoir se rattacher à la fixation si fréquente au sol des animaux ramifiés, semblables en cela aux Végétaux, à l'aptitude à la locomotion si développée chez les animaux dont le corps est segmenté. Nous avons insisté sur ces différents points dans un autre ouvrage, et montré en outre que le bourgeonnement latéral peut apparaître chez des animaux à corps ordinairement segmenté lorsque les circonstances s'y prêtent. L'existence d'une *Syllis* ramifiée, *parasite des Éponges*, vient donner à ces vues une remarquable confirmation.

Les Mollusques. — Pas plus que les Annélides, les Mollusques ne paraissent tenir une grande place dans les eaux profondes, et les espèces qu'en a ramenées la drague, alors même qu'elles sont nouvelles, diffèrent trop peu des espèces connues pour modifier les idées acquises relativement à ce type organique, comme ont été modifiées par la faune des grandes profondeurs les idées que l'on pouvait avoir sur les Échinodermes et, à beaucoup d'égards, sur les Crustacés et les Poissons. Sauf la perte assez fréquente des yeux, ils ne présentent dans leur organisation rien qui leur soit spécial, et ce n'est pas seulement à ce point de vue que les récoltes malacologiques n'ont pas répondu à l'attente des zoologistes. Parmi les Lamellibranches aveugles recueillis par le *Talisman* on peut citer le *Pecten fragilis*, qui vit à 5000 mètres de profondeur.

On avait espéré retrouver dans les régions profondes une foule d'espèces de Mollusques bivalves connues seulement jusqu'ici à l'état fossile. Cet espoir a été presque complètement déçu. Signalons cependant la *Pholadomya arata*, voisine de celle des terrains secondaires (fig. 220), et la remarquable *Verticordia insculpta*. Le *Talisman* a également trouvé des *Pecten* à 3400 mètres, des *Limopsis* à 3975 mètres et même la *Neæra lucifuga*, P. Fischer, à 5005 mètres ; le *Challenger* a recueilli, de son côté, deux Arches à 3750 mètres, une *Lima* à 4125 mètres, une *Malletia* à 4666 mètres, enfin la *Callocardia pacifica* à 5307 mètres. Mais ce sont là comparativement de pauvres récoltes : les espèces abyssales ainsi découvertes n'ont rien qui les distingue des formes littorales de même genre. Un seul genre nouveau a pu être fondé, le genre *Silenia*, pour une coquille provenant de 4854 mètres.

Bien plus, comme nous le verrons aussi pour les Gastéropodes, nombre d'espèces trouvées dans des régions moyennement profondes sont presque littorales dans les régions arctiques ou même moins haut. L'*Ervilia castanea*, les *Cryptodon flexuosus* et *croulinensis* pêchés aux Açores par 1830 mètres, vivent à 90 mètres sur les côtes d'Angleterre; la *Malletia obtusa* prise sur les côtes du Sénégal à 3200 mètres se trouve sur les côtes de Norvège à moins de 400 mètres; l'énorme *Lima excavata* des mêmes parages vit, en compagnie de la *Lima Marioni*, P. Fischer. par 1200 mètres au sud du cap Bojador et redevient littorale au cap Horn. On peut ajouter à cette liste : la *Limopsis minuta*, la *Syndesmya longicallus*, les *Neæra arctica* et *cuspidata*, les *Pecten vitreus* et *septemradiatus*, qui se rencontrent du Finmark au Sénégal en s'enfonçant graduellement de 400 à 2500 mètres.

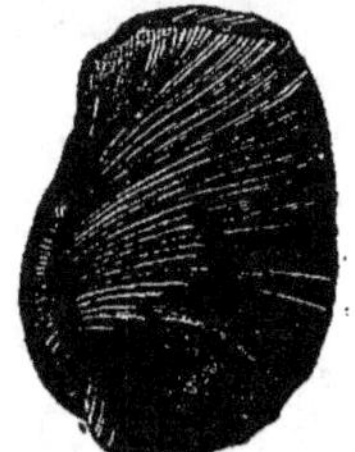

Fig. 220. — *Pholadomya aculicostata* du terrain jurassique.

Presque tous les genres trouvés dans les grands fonds comptent d'ailleurs parmi ceux qui présentent au plus faible degré les mœurs typiques des Lamellibranches. Les rochers faisant défaut, on n'y trouve pas de formes fixées, comme les Huîtres, les Anomies ou les Tridacnes, et, malgré l'abondance de la vase où elles pourraient s'enfoncer, les espèces pourvues de siphons, qui vivent sédentaires dans des trous, comme les Vénus, les Mactres, les Tellines, les Psammobies; les Solens et autres formes si abondantes sur les côtes, sont extrêmement rares. Ce qui domine, ce sont les espèces aptes à se mouvoir avec une agilité relative, comme les Peignes (fig. 221 et 222), les Limes, les *Leda*, les *Malletia*, les Arches, etc., qui se rattachent, du reste, aux formes anciennes des Lamellibranches.

Les Gastéropodes, si communs sur les côtes, n'ont pas fourni une moisson notablement plus abondante que les Lamellibranches. La plupart des Gastéropodes qui habitent les grandes profondeurs sont petits; le *Talisman* en a trouvé jusqu'à 5005 mètres : leurs coquilles sont minces, fragiles, translucides, d'un blanc opalescent. Au-dessous de 500 mètres c'est à peine si l'on a recueilli en moyenne sept espèces pour chacune des stations explorées par le *Challenger*, qui donnait souvent plusieurs coups de drague à une même station. Le nombre des espèces, comme celui des individus, diminue presque constamment à mesure que la profondeur devient plus grande. La Méditerranée, le fond de la mer des Sargasses sont particulièrement pauvres; au contraire le golfe du Mexique, les fonds correspondants au parcours du grand courant d'eau chaude connu sous le nom de Gulf-Stream, les côtes occidentales d'Afrique, se sont montrés assez riches. Mais, au milieu de ces régions relativement bien peuplées, il y a, en quelque sorte, des trous dont le vide n'a pas encore été expliqué jusqu'ici.

Fig. 221. — *Pecten Hoskynsi*, Forbes. — Grossi deux fois.

Il est incontestable que les Gastéropodes habitant les régions profondes de la portion de l'Atlantique comprise dans notre hémisphère ressemblent surtout à ceux qui habitent le littoral des mers arctiques. Gwyn Jeffreys cite déjà : le *Buccinopsis striata*, Jeffreys (fig. 223), qui représente le *B. Dalei* des Shetland; le *Latirus albus* (fig. 224) du canal des Féroé, qui vit aussi sur les côtes de Norvège. A ces espèces M. le docteur Fischer a pu ajouter, après la campagne du *Talisman*, le *Scaphander puncto-striatus*, le *Fusus berniciensis* et le *F. islandicus*. Mais ce savant conchyliologiste fait remarquer que ce ne sont pas là les seules affinités de la faune profonde des Gastéropodes. Un petit groupe

Fig. 222. — *Pleuronectia lucida*, Jeffreys, Mollusque voisin des Peignes. — Grossi deux fois.

d'espèces se retrouve dans toute l'étendue des parties froides d'un pôle à l'autre. M. le docteur Paul Fischer constate la ressemblance d'un autre groupe d'espèces avec celles qui vivaient à la fin de la dernière période géologique sur les côtes d'Italie, et parmi lesquelles il en est qui vivent encore dans les mers arctiques.

Fig. 223. — *Buccinopsis striata*, Jeffreys. Canal des Féroé.

Fig. 224. — *Latirus albus*, Jeffreys. Parages des Féroé. — Grossi deux fois.

Le *Chenopus pes-pelecani* (fig. 228) a persisté depuis cette époque; le *Chrysodomus contrarius* reproduit le *Fusus contrarius* (fig. 227) des géologues; le *Buccinum amictum* est proche parent du *B. Humphreysianum*, et il ne serait pas difficile de trouver des correspondants à des coquilles telles que le *Murex alveolatus* (fig. 226) du pliocène ou le *Murex turonensis* (fig. 225) du miocène. De même un Dentale, le *Dentalium ergasticum*, rappelle le *D. Delesserti*. Enfin beaucoup de Pleurotomes, de Fuseaux, de Marginelles, de Mitres, de Natices, de Troques, de Ballidés n'ont été jusqu'ici découverts que dans les grands fonds. La présence des Natices, des Troques, des Patelles et des

Fig. 225. — *Murex turonensis.* — Tiers de grandeur naturelle.

Fig. 226. — *Murex alveolatus.* —Grandeur naturelle.

Scissurelles est particulièrement intéressante. Ces Mollusques sont herbivores sur les côtes. M. Fischer a recherché ce que devenait leur régime dans la région où manquent les Algues : il a trouvé leur tube digestif bourré d'une vase très riche en Coccolithes.

Ces Coccolithes viennent vraisemblablement de la surface, où on les trouve en grande abondance dans les régions tropicales et surtout non loin des côtes; elles sont groupées en amas sphéroïdes qu'on nomme des *Coccosphères* (fig. 229), et l'on considère comme probable que ce sont des Algues. Les Coccolithes contribuent aussi pour une grande part à l'alimentation des Radiolaires, des Salpes et autres animaux de surface.

On doit encore remarquer l'existence dans les grands fonds

de Nudibranches que leur alimentation composée d'Algues et surtout de Polypes hydraires semblerait devoir maintenir dans la zone littorale. Cependant une très grande espèce semi-globuleuse, présentant quatre panaches branchiaux, a été draguée par le *Challenger*, dans le Pacifique, à 5000 mètres. Bien qu'elle ait reçu le nom de *Bathydoris abyssorum*, elle paraît plus voisine des *Tritonia*, qui portent sur le dos plusieurs paires de panaches branchiaux, que des *Doris*, dont les branchies sont diposées en cercle autour de l'orifice postérieur du tube digestif. Un autre Nudibranche a été dragué par le *Triton* à 1200 mètres de profondeur dans le canal des Féroé. Ni le *Travailleur*, ni le *Talisman* n'ont rencontré ces animaux dans des profondeurs supérieures à 1000 mètres.

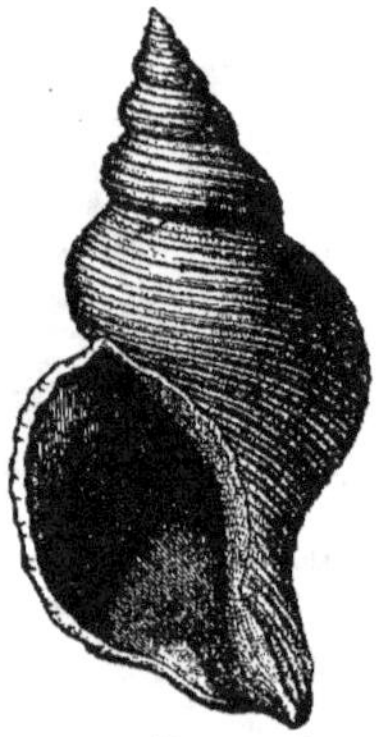

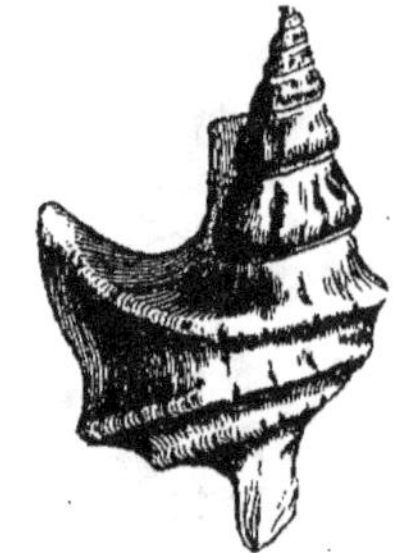

Fig. 228. — *Chenopus pespelecani.* — Grandeur naturelle.

Fig. 229. — Coccosphères formées par une agglomération de Coccolithes.

Fig. 227. — *Fusus contrarius.* — Demi-grandeur.

Si les Gastéropodes et les Lamellibranches, qui sont des animaux rampants ou fouisseurs, se sont montrés peu disposés à habiter les abîmes, on comprend qu'il en soit de même *a fortiori* des Ptéropodes et surtout des Céphalopodes, dont tant d'espèces sont pélagiques. Les Ptéropodes ne sont en effet représentés dans les produits de dragage que par leurs coquilles, si abondantes aux profondeurs inférieures à 1500 mètres, qu'elles forment parfois à elles seules les dépôts sous-marins. Les deux grandes familles de Céphalopodes dibranchiaux ont été rencontrées, au contraire, à plus de 1000 mètres.

Les plus remarquables parmi les Poulpes pourvus de huit bras sont un *Cirroteuthis magna*, long de 2 à 5 pieds, recueilli à 2516 mètres, et plusieurs *Eledon* pêchés près du cercle polaire antarctique. Parmi les Calmars à dix bras, le *Bathyteuthis abyssicola* s'affirme comme espèce de fond par le peu de développement de ses nageoires, qui ne lui permet pas une locomotion rapide, par la brièveté de ses huit bras, la forme grêle de ses tentacules, dépourvus de dilatation à leur extrémité, la petitesse de ses ventouses, qui doivent lui rendre la chasse difficile, tandis que le grand développement de sa membrane buccale lui rend facile la déglutition d'une grande quantité de vase chargée de matières sarcodiques. Le *Talisman* a également recueilli sur les côtes du Maroc un *Cirroteuthis* à 1139 mètres de profondeur.

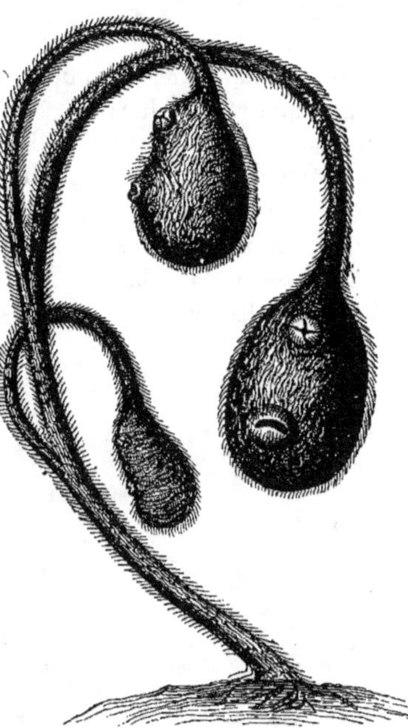

Fig. 250. — Bollénie pédonculée (*Bollenia pedunculata*, Savigny).

Restent enfin les Tuniciers, dont les uns sont libres et flottants : ce sont les Salpes, les *Doliolum*, les *Pyrosoma*: tandis que les autres vivent fixés aux rochers sous-marins ou enfoncés dans le sable : ce sont les *Ascidies*. On ne pouvait guère s'attendre à trouver des Tuniciers nageurs dans les grands fonds : le *Challenger* y a cependant recueilli une sorte de Salpe, assez profondément modifiée d'ailleurs, nommée par Moseley *Octacnemus bythius*. Les Ascidies composées sont fort rares et ne présentent aucune particularité bien importante; quelques-unes vivent cependant à près de 6000 mètres. Au contraire les Ascidies simples sont assez nombreuses, et remarquables par l'abondance relative de formes pédonculées[1], rappelant les Bolténies des mers arctiques et antarctiques (fig. 230). Leur appareil respiratoire ou branchie est souvent beaucoup plus simple que celui des Ascidies ordinaires, ce qui s'explique peut-être par la plus grande tension des gaz dissous dans l'eau à haute pression.

Relativement peu nombreuses dans l'hémisphère nord et les régions tropicales, les Ascidies simples paraissent atteindre leur maximum de variété dans les régions tempérées des mers australes. On peut en recueillir depuis le littoral jusqu'à près de 6900 mètres de profondeur; mais, sur 82 espèces rapportées par le *Challenger*, 47 provenaient de profondeurs inférieures à 150 mètres et 7 seulement avaient été trouvées à des profondeurs plus grandes que 3500 mètres. On peut donc les considérer, elles aussi, comme habitant le voisinage des côtes[2].

CHAPITRE VI

LES POISSONS.

Abondance inattendue des Poissons dans les grands fonds. — Constitution spéciale de la bouche et de l'estomac de certains Poissons des grands fonds. — Absence des formes les plus inférieures. — Rareté des Physostomes et des Poissons à nageoire dorsale épineuse. — Abondance des Ophidiidés, des Gadidés, des Scopélidés, des Macruridés. — Absence de types nouveaux de structure.

Agiles et méfiants, les Poissons ne se laissent pas facilement prendre dans les dragues dont l'ouverture est de petites dimensions; la capture d'un de ces animaux était un événement avant l'emploi des grands chaluts dont le *Challenger*, le *Blake* et le *Talisman* ont

---

1. Genres *Culeolus*, *Fungulus*, *Corynascidia*.
2. Les genres abyssaux les plus remarquables sont les genres *Styela*, *Ascopera*, *Abyssascidia*, *Hypobythius*, *Ecteinascidia* et ceux déjà cités. Les *Ecteinascidia* sont intermédiaires entre les Clavelines et les Ascidies, entre les Ascidies sociales et les Ascidies simples.

fait usage. L'opinion régnante, que les Poissons étaient rares dans les grands fonds, tombe devant ce fait constaté par M. Léon Vaillant, que, durant sa campagne, le *Talisman* n'a pas pris moins de 4000 Poissons, appartenant à environ 140 espèces, et distribués entre 200 et 5000 mètres de profondeur. Comme les *Pentacrinus Wyville Thomsoni* et les *Antedon phalangium* parmi les Crinoïdes, les *Asthenosoma* et les *Phormosoma* parmi les Oursins, les *Lælmogone*, les *Peniagone* parmi les Holothuries, les Caprelles et les Pandales parmi les Crustacés, certains Poissons des abîmes vivent en bandes nombreuses. Le 13 juillet, au large des côtes du Maroc, par une profondeur de 1015 mètres, le chalut du *Talisman* revint

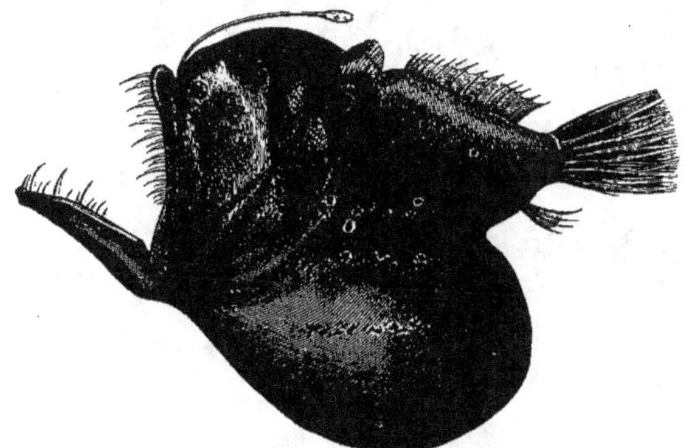

Fig. 231. — *Melanocetus Johnsoni*, Günther. — Demi-grandeur.

chargé de 154 Poissons, dont 46 *Bathygadus* et 49 *Macrurus*, appartenant à deux espèces; cette pêche, qui parut à ce moment étonnante, n'était rien auprès de celle du 29 juillet, qui mit entre les mains de M. Léon Vaillant près d'un millier de Malacocéphales. Le *Talisman* était au voisinage des îles du Cap-Vert, et le fond n'était, il est vrai, qu'à 450 mètres.

Comme on pouvait s'y attendre, tous ces Poissons sont éminemment carnassiers; leur bouche extraordinairement fendue, leurs dents longues et aiguës suffisent à accuser chez eux ce régime déjà si répandu chez les Vertébrés aquatiques. La forme des dents, qui ne peuvent guère fonctionner que comme des crochets, la grandeur de la bouche, l'énorme développement de l'estomac, témoignent que ces Poissons avalent leur proie d'un seul trait dès qu'ils l'ont saisie.

Ces caractères se montrent sous deux aspects différents, mais remarquablement frappants, chez le *Melanocetus Johnsoni*, Günther (fig 231), Poisson voisin des Baudroies de nos côtes (fig. 232) et chez l'*Eurypharynx pelecanoïdes*, L. Vaillant (fig. 19, page 55), type d'une famille nouvelle apparentée aux Macrures.

Le *Melanocetus Johnsoni* n'était connu avant l'expédition du *Talisman* que par un seul exemplaire échoué sur les côtes de Madère; il a été pris dans les parages du Maroc, à 2516 mètres et à plus

Fig. 252. — Baudroie commune (*Lophius piscatorius*, Linné). — Réduite au 1/10 environ.

de 4000 mètres de profondeur. Son corps est ramassé, presque sphérique; sa tête est surmontée d'un filament pêcheur analogue à celui des Baudroies; sa bouche et ses dents sont énormes et l'on aperçoit à la face inférieure de son corps une sorte de vaste jabot où sont engloutis les animaux qu'attire peut-être l'appât naturel qu'il porte sur la tête.

L'*Eurypharynx pelecanoïdes*, découvert en 1882, durant la campagne du *Travailleur*, retrouvé en 1883 par le *Talisman* dans les fonds de 1400 à 2060 mètres, a une tout autre structure. Son corps allongé, et atténué en arrière comme celui d'un serpent, se renfle en avant en une énorme tête, dont le développement est principalement dû à la longueur exceptionnelle du suspenseur de la mâchoire inférieure. Entre les deux branches de cette mâchoire pend un sac membraneux exactement disposé comme celui du Pélican. Il est possible, suivant M. Léon Vaillant, que la digestion commence dans cette vaste excavation du plancher buccal.

Ces Poissons ainsi que beaucoup d'autres des mêmes régions se font remarquer par la teinte d'un noir profond et comme veloutée de leur peau, de même que par la finesse de leur écaillure. Tels sont, par exemple, l'*Halosaurus macrochir* (fig. 242, n° 2), le *Malacosteus niger*, Ayres (fig. 241, n° 2), le *Neostoma bathyphilum*, L. Vaillant (fig. 233), la *Nemichthys scolapacea*, qui appartiennent cependant à des types très différents. Malgré leurs habitudes de chasse, la musculature et le squelette des Poissons des grands fonds sont faibles relativement à ceux des Poissons de même

Fig. 233. — *Neostoma bathyphilum*, Léon Vaillant. — Tiers de grandeur naturelle.

famille qui vivent sur les côtes; leurs os, d'après Günther, sont fibreux, caverneux, légers, très peu riches en matières calcaires, assez lâchement unis entre eux. Cela peut expliquer la rareté relative dans les régions profondes des Poissons à nageoires épineuses, si nombreux dans les régions littorales.

Il n'y a du reste qu'un petit nombre de familles de Poissons côtiers ou pélagiques qui descendent dans les abimes océaniques. On n'y a trouvé jusqu'ici aucun Poisson analogue à l'*Amphioxus*, qui vit sur nos côtes enterré dans le sable jusqu'à une centaine de mètres de profondeur, et que tous les naturalistes considèrent avec raison comme le plus inférieur des Vertébrés connus. Les Lamproies manquent tout à fait; leurs proches parentes, les Myxines, n'ont pas été trouvées au-dessous de 600 mètres. Les Poissons plagiostomes, tels que les Requins et les Raies, sont d'une extrême rareté. Parmi les premiers on peut citer le *Centrophorus calceus*,

Linné, petit Squale remarquable par ses grands yeux d'un vert clair, brillants comme ceux des Chats, même pendant le jour. Ces Poissons sont depuis longtemps pêchés à Sétubal, sur la côte portugaise, bien qu'ils vivent à 1500 mètres de profondeur. Par une bizarrerie inexpliquée, les Raies, qui sont sur le littoral des Poissons essentiellement de fond, manquent jusqu'ici totalement. Une jeune Chimère a été pêchée, mais venait-elle réellement du fond? Il n'y a pas lieu de s'étonner de l'absence des Ganoïdes et des Dipnés, qui vivent, au moins une partie de l'année, dans l'eau douce; et parmi les Poissons osseux la même raison explique l'absence des Ésocidés, des Cyprinidés, des Siluridés et la rareté des Salmonidés; ces familles, dont les représentants les plus connus sont respectivement le Brochet, la Carpe et le Saumon, contiennent surtout des Poissons d'eau douce. Mais d'autres familles bien nettement marines sont tout aussi rares. On ne trouve dans les grands fonds rien qui rappelle les Hippocampes, les Coffres, les Diodons, les Poissons plats, qui sont cependant des Poissons de fond, les Maquereaux, les Blennies. Le plus grand nombre des Poissons de faune profonde appartiennent aux familles des *Clupéidés*, des *Scopélidés*, des *Stomiadés*, des *Gadidés*, des *Ophidiidés* et des *Macruridés*.

La famille des Clupéidés a pour type le Hareng; elle appartient à la grande division des Poissons à vessie natatoire ouverte ou Physostomes. Il faut y rapporter les *Halosaurus* (fig. 242, n° 2), Poissons allongés, à bouche relativement petite, à museau tronqué, qui ont été rencontrés fréquemment par le *Talisman* entre 1000 et 3000 mètres de profondeur. Les Scopélidés sont des Poissons ordinairement sans vessie natatoire, dont l'aspect rappelle souvent celui des Truites et des Saumons. A ce groupe se rattachent les *Saurus*, qui vivent aussi à de faibles profondeurs dans la Méditerranée; les *Bathypteroïs* (fig. 240), fréquemment rencontrées entre 1000 et 1500 mètres de profondeur, rarement au-dessus et au-dessous, et reconnaissables au long filament qui précède leurs nageoires pectorales; les *Scopelus*, les *Malacocephalus*, les *Alepocephalus*, qu'on peut rencontrer entre 500 et 2500 mètres de profondeur, et dont plusieurs espèces portent de chaque côté du corps de singuliers organes disposés en rangées régulières et que l'on a longtemps considérés comme des yeux. Ces organes, dont le cristallin est rouge et le globe argenté, répandent souvent dans l'obscurité une vive lumière; il est probable que ce sont des organes d'éclairage.

On en rencontre de tout semblables chez les Poissons de deux autres familles, celles des *Stomiadés* et des *Sternoptichidés*. Les Stomiadés ont de nombreux représentants, connus depuis longtemps, dans la faune de surface de la Méditerranée. Ils ont une physionomie toute spéciale. Leur corps, allongé comme celui d'un serpent, se termine par une petite nageoire caudale, à bord postérieur convexe, au-devant de laquelle se trouvent deux petites nageoires impaires, l'une dorsale, l'autre ventrale; leur bouche est grande, armée de longues dents pointues, et leur mâchoire inférieure porte d'ordinaire une sorte de barbillon. Le singulier *Malacosteus niger* (fig. 241, n° 2), qui vit entre 1500 et 2500 mètres, les *Astronesthes*, dont une espèce, l'*A. Martensii*, est méditerranéenne;

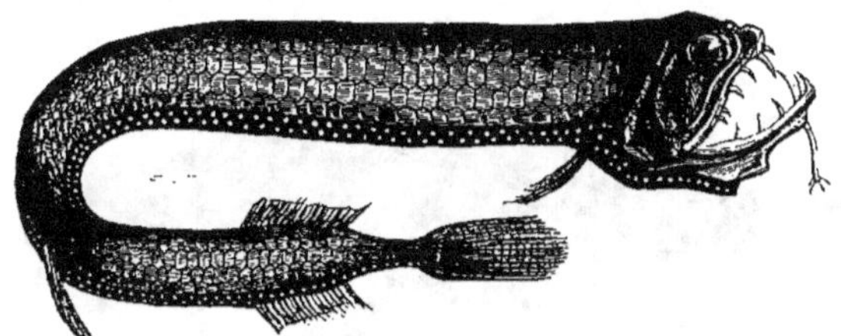

Fig. 234. — *Stomias boa*, Risso, Poisson présentant deux doubles rangées latérales d'organes lumineux.

le *Stomias boa* (fig. 234), également de la Méditerranée et de l'Atlantique, où il descend jusqu'à 1000 mètres; l'*Eustomias obscurus*, L. V. (fig. 239), dont le barbillon a une longueur exceptionnelle, appartiennent à cette famille. Le *Chauliodus Sloani* et les *Argyropelecus*, que l'on a crus longtemps propres à la Méditerranée, sont les principaux représentants de la famille des *Sternoptychidés*. Cuvier et Risso connaissaient déjà les taches pigmentaires, semblables à celles des Scopélidés, que ces animaux présentent sur les flancs; mais c'est à Leuckart qu'on doit d'avoir vivement attiré sur elles l'attention en les signalant comme des yeux supplémentaires. Ces taches ont été depuis étudiées avec soin par le docteur Ussow, qui a montré qu'elles présentaient deux modes d'organisation exclusifs l'un de l'autre. Ce sont, suivant lui, des organes tout à fait analogues à des yeux, d'organisation assez complexe chez les *Astronesthes*, *Stomias* et *Chauliodus*, de simples glandes chez les *Scopelus*, *Maurolicus*, *Gonostoma* et *Argyropelecus* qu'il a étudiés. Nous verrons bientôt qu'il est fort possible que ces organes aient effectivement la double fonction d'organes visuels et d'organes producteurs de lumière.

Après ces familles de Poissons à nageoires abdominales éloignées des pectorales qui, dans l'ordre des Physostomes auquel on les rattache, font exception parce qu'ils manquent souvent de vessie natatoire, il n'y a presque plus à signaler, dans les grands fonds, que des Poissons à nageoires pectorales et abdominales rapprochées, appartenant aux familles des Ophidiidés, des Gadidés et des Macruridés, où la nageoire dorsale n'a pas de rayons épineux. Les premiers de ces Poissons ont pour représentants sur nos côtes les Brotules et les Ammodytes, Poissons au corps allongé comme celui

Fig. 235. — *Macrurus australis*, de 4500 mètres.

des Anguilles, vivant près du fond ou enterré dans le sable. Les Ammodytes sont recherchées comme appât sur les côtes de Bretagne, où elles portent le nom de *Lançons*. C'est dans ce groupe que vient se ranger le *Bathynectes crassus*. La *Mora Mediterranæa*, les *Bathygadus*, les *Coryphænoïdes*, qui vivent de 1000 à 1500 mètres, sont voisins des Morues, types de la famille des Gadidés, dont les *Macrures* eux-mêmes ne s'éloignent pas beaucoup, malgré leur apparence toute spéciale. Ce sont des Poissons à gros yeux et à grosse tête, dont la queue, comprimée et très allongée, se termine en pointe, au lieu de s'épanouir en éventail comme dans les Poissons ordinaires (fig. 235 et 236). Il existe dans les grands fonds de nombreuses espèces de Macrures. La plus grande espèce que le *Talisman* ait rencontrée est le *Macrurus gigas*, Léon Vaillant, qui a été pêché à 4255 mètres de profondeur.

Sans doute nous sommes encore bien loin de connaître tous les
Poissons qui vivent dans la région profonde de la mer; mais il n'en
est pas moins digne de remarque que la drague n'a ramené des
grands fonds que des Poissons appartenant à un aussi petit nombre
de types distincts; ces types eux-mêmes ne sont pas des types nouveaux. Il a fallu créer des espèces et des genres pour les Poissons
abyssaux, mais, sauf de très rares exceptions, dont il ne faut pas
d'ailleurs s'exagérer l'importance, ces genres viennent naturellement se placer à côté des anciens genres ; les Poissons des grands
fonds complètent en un mot les séries déjà connues, ils ne con-

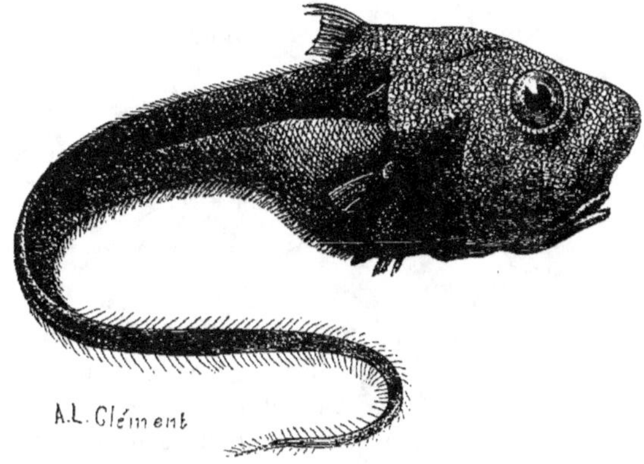

Fig. 256. — *Macrurus globiceps*, Léon Vaillant, Poisson vivant de 1400 à 5000 mètres de profondeur. — Tiers de grandeur naturelle.

stituent pas de séries nouvelles. De plus les formes retrouvées
dans ces grands fonds sont manifestement des formes relativement récentes, des formes remontant tout au plus à la période
secondaire.

Ceci ne s'applique pas seulement aux Poissons; on peut le dire
avec autant et plus de vérité des Mollusques, des Vers, des Polypes, et même, à certains égards, des groupes qui se sont montrés
les plus riches en formes nouvelles, comme les Crustacés, les Échinodermes et les Éponges siliceuses. Sauf pour les Holothuries, où
la forme du corps a été plus profondément modifiée que partout
ailleurs, où elle a passé de la symétrie rayonnée à la symétrie bilatérale, c'est par des modifications de détail dans leur structure que

les animaux des grands fonds se caractérisent. Ces modifications n'en sont pas moins inattendues et singulièrement intéressantes. C'est d'elles que nous allons nous occuper maintenant.

CHAPITRE VII

LES MODIFICATIONS DE STRUCTURE SPÉCIALES AUX ANIMAUX DES GRANDES PROFONDEURS.

Conditions de la vie dans les grands fonds. — Fréquence des animaux incubateurs. — Nombreuses formes pédonculées d'Éponges, d'Alcyonnaires, d'Échinodermes, de Tuniciers. — Crustacés à membres allongés. — Holothuries à sole ventrale, Étoiles de mer à longs bras. — Coloration variée des animaux abyssaux. — Fréquence de la cécité. — Développement simultané des organes tactiles et des yeux chez les animaux nageurs. — Crustacés et Poissons pourvus d'organes lumineux. — Généralité de la phosphorescence chez les animaux marins. — Mode probable d'éclairage des abîmes océaniques.

Point de lumière solaire, une température voisine de 1°, point de courants ou de mouvements tumultueux dans les eaux, point de végétaux verts, point de rochers anfractueux, une vase homogène pour sol, une pression énorme : telles sont les conditions au milieu desquelles les animaux des grands fonds doivent passer leur existence, les conditions auxquelles leur organisme doit s'accommoder. Ces conditions n'imposent pas à tous des mœurs également différentes de celles des animaux littoraux correspondants. Les Phytozoaires qui vivent fixés au sol, ceux dont la lente progression n'a besoin pour s'éclairer que d'organes de toucher délicats, les Éponges, les Polypes, les Échinodermes, ne sont pas évidemment placés par l'absence de lumière dans des conditions qui leur soient spéciales. L'abaissement de la température, l'accroissement de la pression n'exigent pas, pour être supportés, de modifications apparentes chez les animaux. Les seules conditions qui pourraient imposer aux Phytozoaires des changements de structure sont l'absence de mouvement dans un milieu qui contribue d'ordinaire pour une part importante à la dissémination des œufs et des larves et qui apporte de lui-même l'oxygène et les aliments ; l'absence de végétaux verts qui impose un régime animal; l'absence de corps solides, qui rend difficile la fixation au sol; l'absence d'anfractuosités, qui entraîne la suppression des retraites où tant d'animaux aiment à s'abriter. A la première de ces causes on peut rattacher la fréquence chez les animaux des grands fonds de dispositions permettant aux jeunes de se développer en demeurant attachés à leur mère. Tous les *Pterasteridæ*, parmi les Étoiles de mer; le *Cidaris nutrix*, l'*Hemiaster cavernosus*, Phil., parmi les Oursins; la *Cladodactyla crocea*, parmi les Holothuries, conservent leurs petits soit dans des poches spéciales, soit parmi leurs piquants; cette habitude, déjà très répandue chez les Crustacés des rivages, se présente chez ceux qui habitent les grands fonds avec quelques particularités intéressantes : les jeunes de l'*Arcturus Baffini*, par exemple, se fixent à ses antennes. Cette même absence des courants confine davantage les animaux nageurs dont les Phytozoaires fixés se nourrissent; dès lors ces derniers ont tout avantage à ne pas former de masses ramifiées, mais à se fragmenter et à se disséminer le plus possible, de manière à pouvoir chasser sur un plus vaste espace. On s'explique ainsi la rareté des Polypiers branchus, tels que les *Lophohelia* ou les *Dendrophyllia*, et l'abondance des Polypiers solitaires, tels que les *Caryophyllia*, les *Stephanotrochus*, les *Flabellum*, qui n'ont même pas besoin de se fixer et reposent le plus souvent librement sur le sol. En l'absence de corps solides fixes, les animaux sédentaires sont dans l'obligation de prendre pour ainsi dire racine dans la vase, et de vivre au sommet de pédoncules plus ou moins longs, s'ils ne peuvent s'enfouir dans le sol pâteux qui les entoure. C'est ce qu'on observe chez un grand nombre d'Éponges, qu'elles soient monactinillidées, comme les *Stylocordyla*, les *Amphilectus* et les *Chondrocladia*, ou hexactinillidées, comme les *Pheronema*, les *Rossella*, les *Euplectella* et surtout les *Hyalonema*; c'est ce que l'on voit encore chez le *Monocaulon* et nombre d'autres Polypes hydraires, chez les *Virgularia* et les *Umbellularia*, parmi les Alcyonnaires, qui ne sont en somme que des Vérétilles à pédoncules énormes; c'est ce qui explique que les Crinoïdes pédonculés, tels que les Pentacrines, et surtout ceux qui sont pourvus de racines, comme les *Rhizocrinus*, *Bathycrinus* et *Hyocrinus*, aient persisté uniquement dans les grands fonds; c'est encore ce qui explique pourquoi, dans ces grands fonds, les Ascidies pédonculées, à la façon des

Bolténies, telles que les *Ascopera*, les *Corynascidia*, etc., sont plus fréquentes que partout ailleurs. Une même disposition que l'on rencontre chez des animaux aussi différents vivant dans les mêmes conditions éveille évidemment l'idée que cette disposition est la conséquence plus ou moins directe des conditions d'existence auxquelles sont soumis les animaux qui la présentent.

Nous avons précédemment rattaché à l'obligation de ramper à la surface de la vase la substitution de la symétrie bilatérale à la symétrie rayonnée chez un grand nombre d'Holothuries abyssales. Cette substitution est si générale que les Holothuries rayonnées, les Holothuries normales, deviennent l'exception dans les régions profondes. On peut également considérer comme avantageuses dans ces conditions la mollesse du corps des Oursins de la famille des Échinothuridés et des Étoiles de mer de la famille des Ptérastéridées, mollesse qui leur permet de s'aplatir facilement et d'augmenter ainsi leur surface d'adhérence; la grande longueur des bras chez un grand nombre d'Étoiles de mer des genres *Zoroaster*, *Dorigona*, *Archaster*; leur longueur et leur multiplicité chez les Brisingidées; le développement exceptionnel des pattes chez les Pycnogonidés et les Crustacés des genres *Ptychogaster*, *Lithodes*, *Lispognathus*, *Cirtomaia*, *Platymaia*, et à un degré moindre *Scyramathia*, *Geryon*, *Gonoplax*. Mais ici apparaît une distinction délicate. Les pattes des Artiozoaires ne sont pas seulement des organes de locomotion, ce sont aussi des organes de tact, dont la fonction exploratrice peut se combiner à tous les degrés avec la fonction exploratrice des organes de vision. Nous arrivons ainsi à un ordre nouveau de modifications, celles qui sont en rapport avec l'absence de la lumière solaire à partir de quelques centaines de mètres de profondeur.

Les conséquences du séjour habituel dans l'obscurité ont été établies d'une manière frappante par l'étude des animaux nocturnes et par celle des animaux habitant des cavernes plus ou moins profondes ou vivant dans des eaux souterraines. Elles consistent dans la disparition de certaines substances colorantes, de certains *pigments* qui se développent dans la peau des animaux vivant à la lumière; dans l'agrandissement démesuré des yeux des animaux qui ne vivent que dans une obscurité incomplète; dans l'amoindrissement et l'avortement de ces organes chez ceux qui demeurent dans de véritables ténèbres;

dans le développement remarquable des organes de toucher.

Les Protées des lacs souterrains de la Carniole sont blancs; il en est de même des Callianasses qui vivent enterrées, et nous avons vu que la face habituellement soustraite à la lumière du corps d'une foule d'animaux est moins colorée que la face opposée[1]. On a inconsidérément conclu de ces faits que la lumière était nécessaire à la production des couleurs chez les animaux, comme si l'aptitude qu'ont le plus grand nombre des corps à absorber certains rayons lumineux et à en réfléchir d'autres n'était pas indépendante de la présence actuelle de la lumière elle-même. On a ainsi confondu la question de la production de certains pigments colorés sous l'action de la lumière avec la question infiniment plus générale et infiniment plus complexe de la coloration du corps des animaux. On ne sera donc pas étonné qu'il existe dans les régions obscures, à côté de quelques animaux incolores, comme les *Porcellanastéridées*, parmi les Étoiles de mer, les *Polychélidés*, les *Elasmonotus*, parmi les Crustacés, la plupart des Mollusques, etc., des animaux dont la richesse de coloration ne le cède en rien à celle des animaux littoraux : la plupart des Polypiers sont nuancés de violet, de jaune et de vert; les Ombellulaires sont d'un violet éclatant; les Pentacrines, d'un beau vert; les Comatules, jaune-soufre ou rouges; les *Brisinga*, jaune orangé ou écarlates; les *Archaster*, les *Pentagonaster*, rouge-brique; les *Hymenaster* (fig. 242, n° 10), admirablement teintés de rose et de violet; les Oursins mous, pourpres; les *Pourtalesia*, d'un violet magnifique. Parmi les Holothuries, les *Oneirophanta* sont blanches, mais les *Peniagone* sont roses, les *Lætmogone*, les *Psychropotes* violettes; enfin les Crustacés d'un rouge carmin dominent de beaucoup; tels sont les *Gnathophausia*, certains Pénées, les Pandales, les Aristés, les *Nematocarcinus*, les *Hapalopoda*, etc.

En général[2], chez les animaux simplement nocturnes ou crépusculaires, tantôt les yeux s'agrandissent beaucoup (Chats, Hiboux), tantôt ils s'amoindrissent et les organes de tact prennent un développement exceptionnel (Chauves-Souris), tantôt les yeux et les organes de tact se développent simultanément (Rongeurs). Chez les animaux qui vivent dans une obscurité complète et perpétuelle,

<hr>

1. Voir page 66.
2. Voir page 2.

les yeux semblent, au contraire, s'amoindrir ou disparaître d'une manière constante. Ils manquent déjà chez le *Niphargus stygius* des profondeurs du lac Léman.

Il semblerait donc que les yeux dussent complètement disparaître chez les animaux qui vivent dans les ténèbres des abîmes océaniques, et cela arrive en effet dans un grand nombre de cas. L'avortement des yeux présente d'ailleurs des degrés très divers. Très souvent, chez les Crustacés par exemple, l'œil est conformé d'une façon à peu près normale, mais manque de pigment : ailleurs ses facettes ne se développent pas ; dans d'autres cas une épine prend sa place ; enfin son pédoncule lui-même peut avorter. Mais cette disparition des yeux est loin d'être générale chez tous les animaux des grands fonds, et nous avons à rechercher les causes de cette anomalie.

L'œil manque chez un grand nombre de Mollusques des grands fonds. Dans la campagne du *Talisman*, M. le docteur P. Fischer a constaté leur absence chez des Lamellibranches appartenant à des genres qui en sont habituellement pourvus, tels que le *Pecten fragilis*, qui vit à 3000 mètres de profondeur, et chez divers Gastéropodes : l'*Eulima stenostoma*, le *Pleurotoma nivalis*, l'*Oocorys sulcata*, P. Fischer, provenant de 3200 mètres, le *Fusus abyssorum*, P. Fischer, pêché à 4735 mètres. Parmi les Crustacés isopodes, l'œil est dépourvu de pigment chez les *Nœsa* de la famille des Sphéromidés ; il manque chez divers Arcturidés, chez les *Tanaïs*, les *Neasellus*, tous les Munnopsidés des grands fonds.

Les yeux sont aussi rudimentaires chez les *Nebaliopsis* pêchés à 5000 mètres dans le Pacifique ; et de même chez les *Polycheles*, les *Willemœsia* et les *Pentacheles*. Ils manquent totalement chez les *Nephropsis*, tout semblables à des Écrevisses rouges, et chez la *Thaumastocheles zaleuca*, qui porte encore cependant des rudiments de pédoncules oculaires. Chez la *Galathodes Antonii*, A. Milne Edwards (fig. 237), le pédoncule qui devrait les porter se termine en pointe, et sur sa face externe on aperçoit une saillie arrondie qui représente un œil dont les cornéules auraient disparu. Les yeux ont subi une modification analogue chez les *Galacantha* et chez l'*Elasmonotus Parfaiti*, qui appartiennent à la même famille. On peut suivre toutes les phases de leur disparition chez les individus pêchés à diverses profondeurs, d'un Crustacé du sous-ordre des Notopodes : le *Cymonomus (Ethusa) granulatus*, Norman. Suivant

le Rév. Norman, qui a fait une étude attentive des Crabes recueillis
par le *Porcupine*, les individus provenant des stations où les
Cymonomus vivent à de faibles profondeurs ont des yeux normaux
portés par des pédoncules mobiles, entre lesquels la carapace se
prolonge en un rostre pointu et allongé. Au sud de Valentia
(Irlande), les *Cymonomus* vivent de 200 à 400 mètres de profondeur : les pédoncules oculaires se terminent encore par une surface
arrondie, mais c'est tout ce qui reste de l'œil qu'ils devraient
porter ; ces *Cymonomus* sont aveugles. Dans le Nord ces mêmes
Cymonomus se retrouvent à 1000 ou 1500 mètres : non seulement
ils sont aveugles, mais leurs pédoncules oculaires ne sont plus

Fig. 237. — *Galathodes Antonii*, A. Milne Edwards. — Crustacé aveugle pêché à 4100 mètres de
profondeur. — Grandeur naturelle.

mobiles ; ils s'allongent en pointe et dès lors rendent inutile le
rostre de la carapace qu'ils comprenaient entre eux et qui avorte.
Les pédoncules oculaires, ne servant plus à la vision, se modifient
pour servir à la défense, et prennent la place de l'organe de défense
qui existait quand ils étaient terminés par des yeux.

Le *Bathyplax typhlus*, A. M. E., paraît présenter des faits analogues. Dépourvu de facettes oculaires, et par conséquent aveugle
dans les parties profondes de la mer des Antilles où le *Blake* l'a
découvert, il possède des yeux à peu près normaux dans les
régions moins profondes, où il a été pêché par le *Challenger*.

On remarquera maintenant que tous les Crustacés aveugles que
nous venons d'énumérer sont des animaux peu agiles, qui marchent
à la façon des Écrevisses ou des Crabes à la surface de la vase, ou

se tiennent à l'affût, cachés dans le limon, se bornant à saisir les proies qui passent à portée de leurs longues pinces. Chez les Crustacés analogues aux Crevettes, dont les pattes abdominales sont très développées et qui sont, sans aucun doute, de puissants nageurs, comme les *Aristés*, les *Nematocarcinus*, les *Benthesicymus*, les *Hapalopoda*, les *Glyphocrangon*, etc., les yeux se conservent, parfois même démesurément agrandis, et les appendices tactiles prennent un développement extraordinaire. Les Aristés ont des antennes grêles et mobiles deux fois longues comme leur corps. Les deux fouets des antennes internes et le fouet intérieur des antennes externes sont encore plus allongés chez les *Nematocarcinus* (fig. 213), mais là aussi toutes les pattes sont grêles et allongées à la façon des pattes de ces Araignées des bois bien connues de tout le monde sous le nom de *Faucheurs*. Les trois dernières paires prennent en particulier une longueur considérable. Le cas des Faucheurs, de certains Myriapodes, tels que les Scutigères, celui des Cousins, des Tipules et des Insectes diptères analogues, prouvent que de telles pattes peuvent encore être utilisées pour la locomotion, mais nous savons aussi qu'elles fonctionnent comme des sentinelles avancées, postées tout autour de l'animal, et qui lui permettent de fuir à la moindre alerte, avant que le danger devienne sérieux; en outre les *Nematocarcinus* ont des yeux relativement énormes.

La dernière paire de pattes thoraciques chez les *Benthesicymus*, les deux dernières chez les *Hapalopoda* (fig. 238), cessent de servir à la marche. Elles sont simplement pointues dans le premier de ces genres, d'après Willemoes Suhm et Spence Bate; elles s'allongent chacune en un filament multiarticulé, tout à fait semblable à une antenne dans le second. Elles deviennent donc bien uniquement des organes de tact; mais la transformation qu'elles ont subie est intéressante à un autre point de vue. Déjà au commencement de ce siècle une étude attentive des membres des Animaux articulés avait conduit les naturalistes les plus éminents et, à leur tête, Latreille, à affirmer que les antennes des Insectes, des Myriapodes et des Crustacés, les crochets vénimeux des Araignées, les mandibules, les mâchoires et les autres pièces buccales des Animaux articulés n'étaient autre chose que des pattes modifiées. L'étude de l'embryogénie des Crustacés inférieurs nous a fait assister depuis à la transformation réelle des trois paires de pattes nata-

toires de leur larve commune, le nauplius, en antennes et en
mandibules, tandis que se forment des pattes nouvelles qui deviennent à leur tour des mâchoires et des pattes-mâchoires. C'était
une éclatante confirmation de la théorie. Les *Benthesicymus* et les
Hapalopoda montrent que la transformation des pattes en antennes
ne se produit pas seulement dans la région de la tête : elle peut
s'emparer même des pattes thoraciques, qui sont cependant les
pattes marcheuses par excellence. Cette transformation se retrouve
déjà chez certaines Arachnides intermédiaires entre les Scorpions

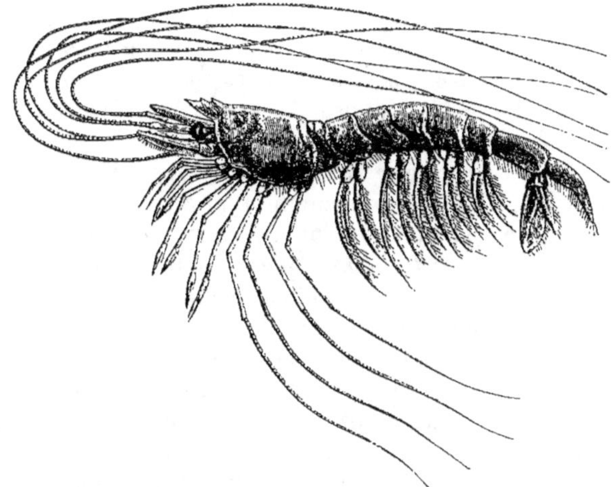

Fig. 258. — *Hapalopoda investigator*, A. Milne Edwards, Crustacé voisin des Pénées, vivant à
1900 mètres de profondeur et ayant ses deux dernières paires de pattes transformées en organes de tact. — Grandeur naturelle.

et les Araignées, telles que les Télyphones, les Phrynes et les
Galéodes; elle a valu à ces animaux le nom de *Pédipalpes* ou
Araignée à pieds tactiles; mais ici c'est la première paire de
pattes thoraciques qui se transforme et non les dernières.

Il y a donc dans les grandes profondeurs, au point de vue du
développement des organes des sens, une singulière opposition
entre les Crustacés qui nagent agilement et ceux qui s'envasent,
pour ainsi dire, ou n'avancent que par ce mode lent et prudent
de locomotion que nous appelons la marche. Chez ces derniers les
pattes thoraciques, les pattes marcheuses demeurent robustes, et

l'on ne voit souvent s'allonger que les pattes préhensiles qui permettent à l'animal de saisir sa proie à distance; chez ces Crustacés sédentaires l'œil s'atrophie souvent et peut disparaître tout à fait; ce sont les Crustacés du type des Écrevisses, des Éryons, des Galathées et des Crabes. Au contraire les vigoureux nageurs du type des Crevettes, non seulement conservent des yeux, parfois démesurément agrandis, mais sont entourés d'un véritable luxe d'appareils tactiles.

Ces modifications sont justement de même nature que celles que présentent les Poissons, qui, eux aussi, sont surtout des animaux nageurs. Il est extrêmement rare que les Poissons soient aveugles dans les eaux profondes et ils sont pourvus d'appareils tactiles remarquables. Nous avons déjà signalé ces appareils chez la plupart des Stomiadés, où ils coexistent avec des yeux bien développés, comme on peut le voir chez l'*Eustomias obscurus*, Léon Vaillant (fig. 239). Au contraire les yeux sont très petits chez les *Bathypteroïs* (fig. 240); ces animaux ne sont cependant pas beaucoup mieux pourvus au point de vue des organes de tact que certains Stomiadés, l'*Echiostoma micripnus*, Günther, par exemple, qui possède tout à la fois le barbillon commun à ses congénères et un rayon de nageoire tactile comme les *Bathypteroïs*. Pas plus chez les Poissons que chez les Crustacés on ne peut, en conséquence, considérer le développement des organes de tact comme destiné à suppléer au défaut d'organe de vision. Les uns et les autres se développent simultanément chez les animaux des grands fonds qui exécutent des mouvements rapides de natation.

Mais tout ce que nous avons dit précédemment de l'avortement des yeux chez les animaux qui vivent dans l'obscurité s'oppose à ce que l'on puisse admettre que les Crustacés et les Poissons qui nagent dans les eaux profondes conserveraient des yeux s'ils n'avaient pas à s'en servir. Le fond de la mer, s'il est dépourvu de lumière solaire, n'en doit pas moins être éclairé. D'où viennent donc les lueurs que perçoivent les yeux de ses habitants?

Il n'est pas nécessaire d'avoir séjourné longtemps au voisinage de l'Océan pour y avoir appris avec quelle facilité les animaux marins produisent de la lumière. Une jatte d'eau de mer récemment recueillie laisse apparaître mille étincelles pour peu qu'on l'agite dans l'obscurité. La nuit on peut tirer un brillant feu d'artifice en projetant en l'air des paquets d'Algues fraîches, qui se cou-

vrent aussitôt d'étoiles. Une foule de petites plantes ou de petits
animaux microscopiques deviennent lumineux au moindre attouchement : les *Peridinium*, les Noctiluques rendent la mer phosphorescente sur de vastes étendues; les Méduses, les Salpes, les Pyrosomes produisent fréquemment une vive lumière; coupez un bras à

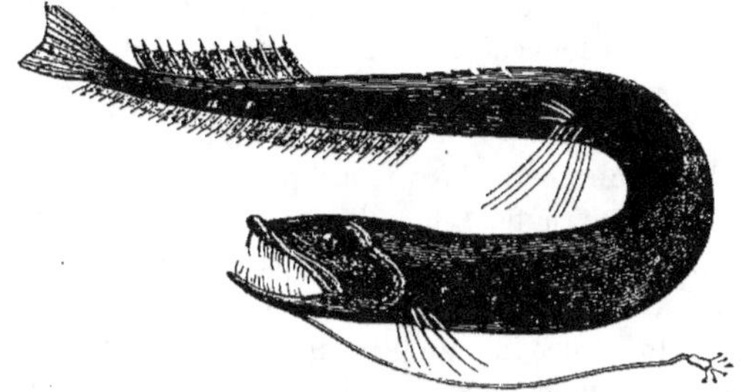

Fig. 239. — *Eustomias obscurus*, Léon Vaillant, vivant à 2700 mètres. — Demi-grandeur.

une Étoile de mer : les deux surfaces de la blessure deviendront aussitôt lumineuses; nous avons vu des Annélides blessées, notamment
les *Phyllodoce*, nager en laissant derrière elles une sorte de voie
lactée produite par la phosphorescence du liquide qui s'échappe
de leur blessure. La faculté de produire de la lumière est donc très

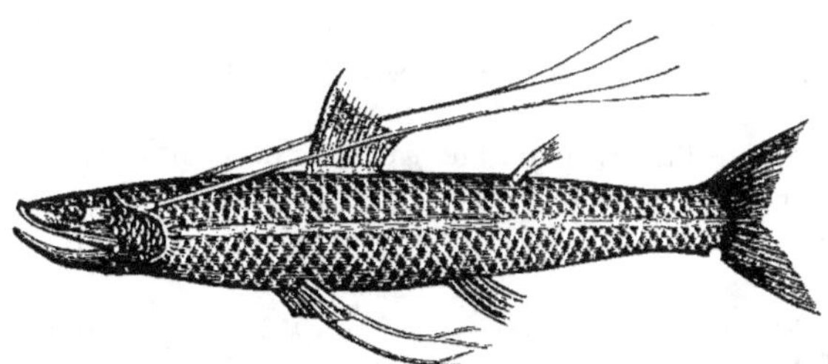

Fig. 240. — *Bathypteroïs longipes*, Günther, vivant à 1900 mètres. — Tiers de grandeur
naturelle.

fréquente chez les animaux marins. Elle paraît s'exalter chez un
assez grand nombre d'animaux des grands fonds comme elle s'exalte
chez les animaux pélagiques de surface.

Les rameaux de Polypiers, les Étoiles de mer, les Annélides illu-
minent souvent le chalut des plus vives lueurs lorsqu'il remonte

des grands fonds. Les rameaux de Mopsées produisent une lueur
assez brillante pour qu'on puisse lire auprès d'eux. Ce sont autant de
candélabres animés répandus au fond de la mer. Mais la vase
elle-même est toute pétrie, pour ainsi dire, de Protozoaires vivants.
Est-il impossible que le protoplasme de ces êtres rudimentaires soit
dépourvu de cette propriété de produire de la lumière qui est si
générale parmi leurs congénères pélagiques? Si cela est, le sol
sous-marin doit pouvoir s'éclairer sur de vastes étendues comme
s'éclaire souvent la surface de la mer. A la vérité l'apparition de
la lumière est ordinairement provoquée par l'agitation de l'eau;
ce sont les crêtes des vagues, le sillage des navires qui s'illu-
minent; mais le mouvement ne manque pas dans les abîmes où
s'agitent tant d'êtres animés, et tout être qui nage ou qui marche
doit produire autour de lui une traînée de lumière. On s'explique ainsi la persistance générale des yeux chez les animaux
nageurs des eaux profondes, persistance qui s'accorde mal avec l'hypothèse que l'éclairement des grands fonds serait tout à fait local.

Les Poissons et les Crustacés portent d'ailleurs fréquemment
avec eux de véritables appareils d'éclairage. A partir de 500 mètres
de profondeur on recueille assez souvent l'*Acanthephyra pellucida*,
A. Edwards, charmant Crustacé rose, très voisin de l'*Acanthephyra
purpurea*, A. M. E. (fig. 242, n° 1) : ses deux premières paires de pattes
locomotrices, terminées par une pince, indiquent qu'elle appartient
au groupe des Palémons. Sa carapace se termine en avant par un long
rostre denticulé. Ses 3ᵉ, 4ᵉ et 5ᵉ anneaux abdominaux se prolongent en arrière en une pointe plus longue sur le 5ᵉ; son dernier
anneau a la forme d'un triangle allongé. Ses yeux sont énormes;
et l'animal peut projeter tout autour de lui une vive lumière à
l'aide de tout l'arsenal d'appareils d'éclairage dont il est pourvu[1].

1. L'énumération de ces appareils n'est pas sans intérêt. Ce sont: 1° le bord antérieur d'une écaille, qui protège extérieurement les yeux; 2° une ligne le long du
bord externe du tarse de la 5ᵉ paire de pattes; une tache ovale à la base interne de
ce tarse; une autre à la base de l'article qui le précède; 3° une tache semblable à la
base du 2ᵉ article de la 3ᵉ et de la 4ᵉ paire de pattes, et une à la base du tarse de ces
pattes; 4° une tache longue à la base du dernier article de la dernière paire de pattes-
mâchoires; 5° une bande transversale sur la hanche des dernières pattes thoraciques;
6° une double ligne de points correspondant à chacun des articles du fouet externe
des pattes thoraciques et de la lame externe des pattes abdominales; 7° une ligne le
long du fouet extérieur des petites antennes; une ligne continue en arrière, pointillée
en avant, parallèle au bord inférieur de la carapace et un peu au-dessus de ce bord.
Avec un semblable luxe d'organes phosphorescents, la silhouette lumineuse de l'*Acanthephyra pellucida* doit être dessinée d'une manière complète dans l'obscurité.

Des appareils phosphorescents tout à fait semblables existent, mais moins complets, chez un grand nombre de Schizopodes. La tête de ces animaux porte deux gros yeux placés chacun à l'extrémité d'une tige mobile, comme chez les Crevettes. En outre, on observe chez les *Euphausia* d'autres organes placés sur diverses parties du corps et dont l'organisation est celle qu'on a longtemps considérée comme absolument propre aux organes de la vision ; ce sont, en effet, des corps très mobiles, formés d'un pigment rouge enveloppant une lentille transparente, identique à un cristallin et recevant chacun un nerf important. La *Thysanopoda norvegica*, Sars, en possède huit, dont quatre situés sur la hanche de la deuxième et de la septième paire de pattes, et quatre placés sur la ligne médiane de la face ventrale du corps, entre les pattes natatoires. L'*Euphausia pellucida* en a dix : deux immédiatement derrière les yeux, quatre sur le céphalothorax, disposés par paires, quatre sur la ligne médiane des quatre premiers anneaux de l'abdomen. M. Ossian Sars et les naturalistes du *Challenger* ont vu fréquemment ces organes briller d'une vive lumière chez les espèces qu'ils ont observées. Ils en ont conclu que ce ne sont pas des yeux, mais des organes d'éclairage. La lentille qu'ils possèdent serait chargée de concentrer, à la façon d'une lentille de lanterne magique, les rayons de lumière produits dans la couche de pigment et de les diriger vers un point déterminé. La fonction visuelle et la fonction de produire de la lumière ne semblent cependant pas s'exclure. De véritables organes visuels peuvent être phosphorescents. On a avancé que les yeux d'un certain nombre de Poissons des abîmes répandaient la nuit une vive lumière. Ce fait demanderait une étude plus attentive. Si de la lumière se dégage, en effet, de l'intérieur de l'œil de ces animaux, s'il s'en dégage surtout suffisamment pour éclairer les objets qui les environnent, comment les faibles rayons reflétés par ces objets pourront-ils impressionner, de manière à produire une vision distincte, une rétine déjà vivement illuminée ? La production de la lumière par les yeux reste donc douteuse pour les Poissons, et il est possible que, là où l'on a cru constater ce phénomène, on ait eu simplement affaire à une réflexion avec concentration de la lumière extérieure, comme on l'observe chez les Chats.

Il n'en est pas de même pour les Crustacés. M. Alph. Milne Edwards a vu briller d'une vive lumière les yeux d'un Crabe vivant à un millier de mètres de profondeur, le *Geryon tridens* : le fait est bien connu pour les Crustacés pélagiques nocturnes. La mer étant un soir toute parsemée de points lumineux semblables à des étoiles, de l'eau fut recueillie à bord du *Talisman* et nous reconnûmes bientôt que les étoiles qui l'illuminaient n'étaient autre chose que les yeux d'innombrables petits Crustacés, probablement de jeunes *Mysis*. Ces animaux examinés le soir, au microscope, en l'absence de lumière, éclairaient le champ de l'instrument. Mais ce qui frappait aussitôt, — et ce que nous avons pu constater grâce à notre jeune collaborateur M. Georges Poirault — c'est que l'œil lui-même demeurait obscur ; il était simplement enchâssé dans une calotte lumineuse et dès lors pouvait répandre de la lumière autour de lui sans recevoir d'autre lumière que la lumière réfléchie. Un œil peut donc cumuler les fonctions d'organe de vision et d'appareil d'éclairage. Le fait qu'il émet de la lumière n'entraîne pas, comme semble le penser Ossian Sars, qu'il cesse d'être impressionné par la lumière extérieure ; il n'est donc pas démontré que les globes lumineux des *Euphausia* et des *Gnathophausia* ne servent pas à voir ; mais, eussent-ils perdu cette faculté en acquérant la faculté exactement contraire d'éclairer, fussent-ils devenus en quelque sorte des yeux au rebours, ils n'en demeureraient pas moins des organes équivalents à des yeux.

C'est probablement ainsi qu'il faut interpréter les organes oculiformes que nous avons mentionnés page 316, et qui sont disposés par rangées de chaque côté du corps chez tant de Poissons pélagiques ou abyssaux appartenant aux familles des Scopélidés, des Sternoptychidés et des Stomiadés. Ces organes paraissent en effet composés d'un œil et d'une glande qui peuvent coexister ou s'exclure. Mais les Poissons possèdent d'autres appareils d'éclairage tout à fait indépendants des yeux. On a vu la mucosité qui recouvre toute la surface du corps de certains Requins nocturnes projeter autour de l'animal une vive lumière. La tête des Poissons vivant à des profondeurs supérieures à 1800 mètres présente, suivant Günther, des canaux très développés sécrétant une mucosité lumineuse. Ces vagues organes d'éclairage se perfectionnent d'une manière remarquable chez le *Malacosteus niger*, Ayres, où il en existe deux paires, situées sur les joues, de chaque côté de la tête et dont l'une paraît d'un beau vert clair, l'autre tirant un peu sur le jaune (fig. 241, n° 2). Ces plaques sont munies d'une

lentille, et reposent sur une sorte de choroïde pigmentée, de sorte
qu'elles présentent avec les yeux une certaine analogie de structure.
C'est l'existence de semblables analogies qui a rendu un moment
douteuse la signification de singuliers organes qui recouvrent presque toute la tête de l'*Ipnops Murrayi*, Günther, Poisson pêché par le
Challenger à environ 3500 mètres de profondeur et appartenant.
comme les *Bathypteroïs*, à la famille des Scopélidés. La surface libre
de ces yeux est formée par une vaste cornée aplatie, sous laquelle se
trouve immédiatement la cavité de l'œil remplie d'un liquide transparent et limitée en dessous par une rétine aussi étendue que la
cornée, mais d'une structure très simple. La rétine est doublée
comme d'habitude d'une choroïde. Il est difficile de comprendre
comment, en l'absence de tout appareil de convergence, une image
peut se former sur la rétine d'yeux ainsi construits. Tout au plus
ces organes, si ce sont bien des organes de vision, sont-ils aptes à
permettre à l'animal de reconnaître le passage d'une proie au-
dessus de sa tête.

En résumé, les conditions spéciales dans lesquelles vivent les
animaux des régions abyssales de la mer sont très nettement
empreintes sur leur organisme. La plupart de ces animaux ont une
physionomie caractéristique, qui ne permet pas de se méprendre
sur leur provenance. Mais, comparée à celle des animaux appartenant aux mêmes groupes qui habitent le littoral, leur physionomie paraît modifiée de façons très diverses. C'est tantôt la forme
générale du corps qui est affectée, comme chez les Polypiers, les
Oursins et les Holothuries, tantôt les organes de la locomotion ou
les organes des sens, comme chez les Crustacés et les Poissons.
Quelquefois, comme chez les Mollusques, les modifications se
bornent à une réduction de la taille, à une diminution dans
l'épaisseur de la coquille; au contraire un certain nombre d'Échinodermes et de Crustacés des grands fonds dépassent de beaucoup la taille ordinaire des animaux analogues qui vivent sur les
rivages.

Si variées qu'elles soient, ces modifications n'affectent pas
assez profondément l'organisme pour l'éloigner beaucoup des
types que l'on rencontre habituellement à de faibles profondeurs.
Pour les animaux des grands fonds il n'a fallu créer ni un
embranchement, ni une classe, ni peut-être un ordre nouveau.
La plupart des familles déjà établies pour les espèces littorales

ont même pu suffire. C'est donc surtout par des caractères de *genres* que les hôtes des abîmes diffèrent de ceux des rivages. Ces genres forment souvent des séries particulières plus ou moins étendues, qui semblent des rameaux détachés des séries littorales, comme on le voit pour les Bernards-l'Ermite ou les Holothuries à sole ventrale; d'autres fois ils viennent s'intercaler dans les séries littorales de manière à renouer les différents tronçons d'une chaîne rompue par places; c'est ce qu'on observe notamment pour nombre de Crustacés et d'Étoiles de mer. Dans tous les cas, considérés isolément, ils demeurent séparés les uns des autres par d'immenses lacunes. Si la faune littorale venait à être brusquement anéantie, il serait tout aussi impossible de reconstituer à l'aide de la seule faune abyssale les liens qui unissent entre eux les divers ordres du Règne animal, que cela serait impossible si l'on ne connaissait que la faune pélagique, la faune des eaux douces ou la faune terrestre. Si au contraire la faune abyssale, la faune pélagique, la faune des eaux douces, la faune terrestre disparaissaient du monde, sans doute beaucoup de séries seraient découronnées, mais l'unité du Règne animal serait à peine rompue, et les amorces même des séries disparues subsisteraient encore.

Il y a à cet égard un frappant contraste entre la faune littorale et les faunes des quatre grands domaines que nous venons d'indiquer. On sera étonné de la faible variété et de la discontinuité de la faune profonde, si l'on résume en quelques lignes les lacunes que nous avons déjà signalées. Les Rhizopodes y sont rares et peu nombreux; les Éponges calcaires, cornées et charnues manquent presque entièrement, et, parmi les Éponges siliceuses, les Éponges vitreuses présentent seules un certain luxe de formes. Les Polypes hydraires et les Méduses sont d'une extrême rareté; les Madréporaires solitaires sont seuls abondants, et les Alcyonnaires n'offrent guère que quelques formes spéciales. Les Étoiles de mer sont nombreuses et variées; mais des familles entières font presque entièrement défaut, telles sont celles des *Echinasteridæ*, des *Linckiadæ*, des *Asterinidæ*; la longue série des Oursins réguliers n'est représentée que par quelques Cidariens et les *Echinothuridæ*; les Holothuries normales manquent et sont remplacées par les Holothuries à sole ventrale et les Holothuries apodes. Parmi les Crustacés, c'est à peine si l'on peut signaler

de rares Entomostracés ; les Mérostomés font complètement défaut.
Les Crustacés à vingt segments du corps qui constituent la sous-
classe des Malacostracés n'ont de brillamment représentée que la
grande division des Podophthalmes ou Crustacés pourvus d'yeux pédonculés et d'une carapace thoracique. Les Planaires, les Némertes,
les Annélides même sont fort peu nombreuses et n'appartiennent
qu'à un petit nombre de types. Les Bryozoaires, les Brachiopodes
sont mal représentés. Durant la campagne du *Talisman*, suivant les
calculs de M. Fischer, près de 500 espèces de Mollusques ont été
recueillies ; mais combien, même dans cette longue série, la liste
générale des Mollusques est écourtée. Les Céphalopodes sont rares,
les Ptéropodes totalement absents ; parmi les Gastéropodes prosobranches, font défaut presque tous ceux dont l'ouverture de la
coquille est entière et ne présente ni échancrure ni canal ; les
Gastéropodes opisthobranches sont encore moins largement représentés, et les Lamellibranches à siphons n'ont été qu'exceptionnellement rencontrés. Pour les Poissons c'est bien autre chose
encore : le *Talisman* en a recueilli près de 140 espèces, représentées par plus de 4000 individus. Mais ce sont presque tous
des Poissons osseux, appartenant à un petit nombre de familles
du seul ordre des Malacoptérygiens de Cuvier.

Le bilan de la faune des grands fonds peut donc se résumer
en ces mots : une assez grande richesse relative d'individus et
d'espèces, mais un nombre restreint de familles différentes sans
aucun lien entre elles. D'autre part, si l'on examine la liste que
nous venons de dresser, on remarquera que les formes absentes
dans les grands fonds sont surtout les formes inférieures de
chacune de ces grandes séries zoologiques qu'on nomme les Embranchements.

Dès le début des explorations sous-marines on s'est demandé
quelle était l'origine de la faune qu'elles ont mise au jour, quelles
indications la composition de cette faune pouvait nous fournir
relativement à l'histoire du développement de la vie sur la Terre,
relativement à l'histoire de la Terre elle-même? Nous devons
rechercher maintenant dans quelle mesure les faits que nous
venons d'énumérer confirment les réponses qu'on a cherché à
faire à ces questions, dans quelle mesure ils conduisent à les
modifier.

CHAPITRE VIII

L'ORIGINE DE LA FAUNE DES GRANDES PROFONDEURS.
CONCLUSIONS.

La population de la mer s'appauvrit à mesure que la profondeur augmente. — Distinction entre la zone paléozoïque et la zone abyssale. — Hypothèse de Louis Agassiz. — Prétendue origine polaire de la faune des grands fonds. — Théorie de Fuchs : la faune de la lumière et la faune de l'obscurité. — Arguments en faveur de l'origine littorale de la faune profonde. — Tous les rivages ont pris part à sa formation. — Conclusions.

La première impression qu'ont éprouvée les naturalistes après avoir découvert l'existence d'une population animale dans les grands fonds de l'Océan a été que cette population était d'une variété et d'une richesse incomparables. Ils n'auraient certainement pas été étonnés d'apprendre que le fond de la mer était comme un vaste laboratoire d'où s'échappaient par essaims les animaux destinés à peupler les rivages. C'est bien à cette idée préconçue qu'il faut attribuer l'enthousiasme avec lequel fut momentanément accueillie la prétendue découverte du *Bathybius*, qui semblait être le résidu de la substance vivante originelle. Un examen rigoureux des faits vient sensiblement modifier ces idées.

Il est d'abord facile de déterminer quelle est la richesse réelle de la faune marine soit en individus, soit en espèces. Après l'étude définitive de chaque groupe, en divisant par le nombre de coups de drague donnés à une certaine profondeur le nombre des espèces et des échantillons recueillis à cette profondeur, on obtient des quotients qui indiquent la richesse relative des différentes zones, considérées tant au point de vue du chiffre brut que de la variété de la population. Il ne sera possible de faire ce travail dans son ensemble que lorsque tous les résultats de dragages seront connus; mais nous l'avons fait pour les Étoiles de mer du golfe du Mexique, et il en ressort avec la plus grande netteté que le nombre des espèces diminue à mesure que la profondeur augmente, et que le nombre des individus diminue plus rapide-

Fig. 241. — Animaux vivant dans l'Atlantique vers 2500 mètres de profondeur

1, *Drymonema Victoria*, Hæckel. — 2, *Malacosteus niger*, Ayres. — 3, *Aphrocallistes Bocagei*, Wright. — 4, *Euplectella suberea*, W. Thomson. — 5, *Pentacheles spinosus*, A. Milne Edwards. — 6, *Dicranodromia Mahyeuxi*, A. Milne Edwards. — 7, *Colossandeis Titan.* — 8, *Hyalinœcia Mahyeuxi*, Marion. — 9, *Euphronides Talismani*, E. Perrier. — 10, *Lœtmogone Brongniarti*, E. Perrier. — 11, *Pectanthis astroïdes*, Hæckel.

ment encore que le nombre des espèces. Eilhard Schultze et Gwyn Jeffreys sont arrivés au même résultat pour les Éponges vitreuses et les Mollusques, et, quoique leurs évaluations aient été faites à des points de vue et par des procédés très différents, les divers naturalistes chargés d'étudier les autres parties des collections du *Challenger* semblent bien avoir été conduits à des conclusions analogues. Il suit de là que *plus la profondeur augmente, plus les conditions deviennent défavorables à la vie.*

L'examen des carnets de dragage du *Talisman*, carnets dont les indications ne peuvent être à la vérité considérées que comme provisoires, conduit à constater un autre fait. C'est que dans la partie explorée de l'Atlantique la population sous-marine change deux fois et assez brusquement de nature. On trouve une première population nettement littorale jusqu'aux environs de 400 mètres : elle comprend des Éponges calcaires, des Gorgones. des Pennatules, des Vérétilles, des Comatules, des Cidaris, des Diadèmes, des Holothuries ordinaires, des Bryozoaires, des Huîtres, des Cythérées, etc.

De 400 à 1500 mètres se développent en abondance une foule d'animaux qui manquaient dans la zone précédente : c'est la région des *Pheronema*, des Euplectelles, des *Aphrocallistes*, parmi les Éponges vitreuses ; celle des *Brisinga*, des *Pentagonaster*, parmi les Étoiles de mer ; des Oursins mous, des premières Holothuries symétriques, parmi les autres Echinodernes ; des *Gnathophausia*, des Aristées, des Pandales, des Polychélidés, parmi les Crustacés ; des *Bathypteroïs*, des Macrures et des *Eurypharynx*, parmi les Poissons. Toutes ces formes semblent prospérer particulièrement de 1000 à 1500 mètres. De 400 à 1000 mètres elles sont moins nombreuses et mélangées à des formes apparentées aux formes littorales, mais spéciales, comme les Hydrocoralliaires, les Gorgones à axe doré, les *Isis*, les *Lophohelia*, les Caprelles, qui disparaissent au-dessous de 1000 mètres.

Au-dessous de 1500 mètres une population nouvelle bien différente apparaît ; mais son apparition est assez graduelle ; elle n'est vraiment bien caractérisée qu'à partir de 3000 mètres et se laisse par conséquent distribuer en un certain nombre de zones distinctes[1].

---

1. De 1000 à 1500 mètres, le *Talisman* a fait 34 dragages ; dans ces dragages les *Pheronema* ont été notées 6 fois, les *Brisinga* 5 fois, les Échinothuridés 6 fois, les *Bathypteroïs* 9 fois. Dans la zone de 500 à 1000 mètres, il a été fait 34 dragages,

La faune assez pauvre observée entre 1500 et 2000 mètres est surtout caractérisée par les Polypiers solitaires, les Pentacrines, les Étoiles de mer à pédoncule dorsal, les *Scalpellum* et, parmi les Poissons, le *Malacosteus niger*. De 2000 à 3000 mètres, les Éponges vitreuses, encore représentées à la partie supérieure de cette zone par les Euplectelles, disparaissent ; les *Rhizocrinus, Bathycrinus* et *Ilycrinus* font leur apparition, escortés des *Hymenaster* (fig. 241) et des *Pourtalesia*. Parmi les Poissons, les *Bathypteroïs* manquent, mais les Gadidés, les Scopélidés et les Macruridés continuent à être nombreux.

A partir de 2500 mètres les Polypiers solitaires disparaissent, et la faune, sans changer, semble s'amoindrir. Mais elle reprend une nouvelle vigueur de 3000 à 5000 mètres, où prospèrent les Holothuries à sole ventrale, notamment celles des genres *Psychropotes, Peniagone* et *Oneirophanta*, les grands Pycnogonides et les Crustacés décapodes (fig. 242). Les Poissons sont en revanche devenus très rares.

Il y a donc bien certainement, dans la région de l'Atlantique explorée par le *Talisman*, des zones différentes de distribution des animaux, et nous devons considérer au-dessous de la zone où croissent encore les végétaux au moins deux zones principales : l'une s'étendant de 400 à 2000 mètres environ, qu'on peut appeler, en raison de la ressemblance de sa faune avec celle de la période secondaire, la *zone paléozoïque*; l'autre qui embrasse toutes les régions plus profondes que 2000 mètres et qui est la vraie *zone abyssale*[1].

La distribution par zones de la population des mers profondes est tellement nette qu'elle a été constatée dès 1869 par Louis Agassiz, à la suite des dragages exécutés à bord du *Bibb* par le comte de Pourtalès. Le grand naturaliste de Cambridge pensait, on s'en souvient, que les nombreux remaniements dans le littoral

les *Pheronema* ont été notées 2 fois, les *Brisinga* 2 fois, les Échinothuridés 2 fois, les *Bathypteroïs* pas du tout. De 1500 à 3000 mètres, dans 37 dragages, les *Pheronema* ont été notées 1 fois dans la zone supérieure ; les *Brisinga* 1 fois (c'étaient des *Freyella*), les Échinothuridés 2 fois, les *Bathypteroïs* une fois au-dessus de 2000 mètres. Ces chiffres montrent éloquemment que le chef-lieu de la première zone est entre 1000 et 1500 mètres.

1. En se fondant uniquement sur l'étude des Mollusques, M. le docteur Paul Fischer en 1874, et M. Gwyn Jeffreys en 1877, avaient déjà constaté l'existence de ces deux zones, auxquelles ils attribuèrent les mêmes limites que nous. M. Fischer appelle la première zone (400 à 2500 mètres) *zone des Verticordia*; M. Gwyn Jeffreys l'appelle *zone abyssale* et lui donne 1000 brasses comme limite inférieure; la seconde zone est pour M. Fischer la *zone des abysses*; pour M. Gwyn Jeffreys la *zone benthale*.

Fig. 242. — Animaux vivant dans l'Atlantique vers 5000 mètres de profondeur.

1, *Acanthephyra purpurea*, A. Milne Edwards. — 2, *Halosaurus macrochir*, Günther. — 3, *Actinotheca pellucida*, Marion. — 4, *Ilycrinus recuperatus*, E. Perrier. — 5, *Bathycrinus gracilis*, W. Thomson. — 6, *Styracaster Edwardsi*, E. Perrier. — 7, *Brisinga sexradiata*, E. Perrier. — 8, *Galacantha Talismani*, A. Milne Edwards. — 9, *Elasmonotus lividus*, A. Milne Edwards. — 10, *Hymenaster rex*, E. Perrier. — 11, *Peniagone rosea*, E. Perrier.

des mers et le relief des continents que l'on constate au cours
des diverses périodes géologiques, avaient eu pour but de réaliser
les conditions variées d'existence, nécessaires à l'épanouissement
de la luxuriante population animale de la période actuelle. Suivant lui, les parties les plus profondes des mers n'avaient jamais
été remaniées et devaient, en conséquence, continuer à être habi-
tées par des représentants de la population primitive du Globe;
cette population caractérisait, d'après lui, la *zone océanique* ou
abyssale. La zone abyssale était reliée à la *zone littorale* par une
zone intermédiaire qui n'avait suivi que de loin les remaniements
des côtes, mais n'était pas demeurée immobile comme la zone
abyssale : c'était la *zone continentale*. Louis Agassiz plaçait à environ
500 mètres la limite entre la zone littorale et la zone continentale;
au voisinage de 1000 mètres, la limite entre la zone continentale
et la zone abyssale. On ne connaissait guère alors les animaux
qui vivent au-dessous de 2000 mètres, et il était naturel de considérer comme représentant essentiellement la faune abyssale cette
partie inférieure de la zone profonde où se développent si remarquablement les Éponges vitreuses, les *Brisinga*, les Oursins mous
et les *Bathypteroïs*. Malgré cette lacune, l'existence de zones successives était nettement affirmée.

Nous venons de voir Louis Agassiz essayer de donner une
explication géologique des modifications graduelles incontestables
que subit la population marine à mesure que la profondeur augmente. D'autres ont préféré en chercher la raison dans le changement des conditions physiques actuelles aux divers niveaux :
Gwyn Jeffreys et Wyville Thomson ont considéré la température
comme le principal facteur de la distribution des animaux;
Th. Fuchs fait, au contraire, jouer ce rôle à la lumière. Cher-
chons à déterminer la valeur de ces explications.

Est-il possible d'abord de rattacher le contraste entre la faune
abyssale, la faune continentale et la faune littorale d'Agassiz à la
tranquillité absolue dans laquelle auraient dormi les régions les
plus profondes de la mer depuis les périodes les plus reculées,
tandis que les littoraux étaient incessamment remaniés? S'il en
était ainsi, dans les régions profondes devraient s'épanouir les
descendants immédiats des êtres dont les débris se retrouvent
dans les couches des terrains primaires ou tout au moins secondaires : c'était bien l'opinion de Louis Agassiz lui-même; il espé-

rait qu'on y découvrirait jusqu'à des Crustacés apparentés aux Trilobites. Que voyons-nous, au contraire? Les animaux les plus caractéristiques de la période primaire manquent totalement dans la zone abyssale; leurs plus proches parents, les Lingules, les Brachiopodes, les Avicules, les Arches, les Nautiles, etc., sont tous des animaux qui ne dépassent guère la première moitié de la région profonde, et ce que nous trouvons dans l'Atlantique, aux profondeurs de 3000 à 5000 mètres, ce sont des Étoiles de mer très éloignées des formes primitives, comme les *Porcellanaster* et les *Hymenaster*; des Oursins spatangoïdes; des Holothuries plus profondément modifiées par la symétrie bilatérale que toutes les autres, telles que les *Psychropotes* (fig. 200), les *Peniagone* (fig. 242, n° 11) ou les *Oneirophanta* (fig. 201); des Crustacés élevés, remontant au plus à la période secondaire et apparentés aux Crangons, aux *Polycheles*, aux Galathées, aux Pagures, aux Éthuses, etc. La population de la zone abyssale présente

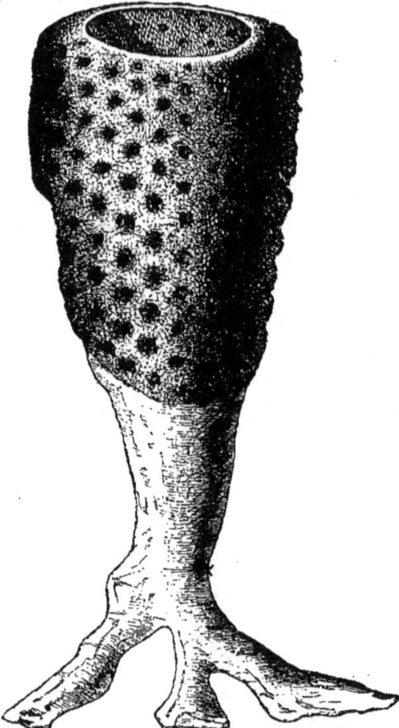

Fig. 243. — *Ventriculites simplex*, Toulmin Smith.
Éponge vitreuse de la craie. — Demi-grandeur.

certainement un type moins ancien que la population de la zone paléozoïque avec ses Éponges vitreuses qui rappellent les *Ventriculites* de la craie (fig. 243), ses Pentacrines, qui se rattachent à une classe dont la décadence ne s'est produite qu'à la fin de la période secondaire, ses Oursins mous, ses *Salenia*, ses Étoiles de mer si fortement charpentées, ses *Pourtalesia*, ses Ananchytidés, dont les analogues ont tous été découverts à l'état fossile dans les couches crétacées, bien avant qu'on soupçonnât leur existence dans le monde actuel ; ses *Villemœsia*, ses *Polycheles* (fig. 212), ses *Pentacheles* (fig. 241, n° 5) dont les formes rappellent de si près celles des Éryons des mers jurassiques (fig. 211).

Cette ressemblance est si frappante que des naturalistes aussi éminents que Huxley, Prestwich, Wyville Thomson considèrent comme démontré que la région centrale de l'Atlantique est demeurée submergée depuis le début de la période secondaire ; que les dépôts qui s'y accumulent incessamment, en continuité directe avec les dépôts des mers crétacées, ne sont autre chose que de la craie en voie de formation, et que la population animale qui s'y développe représente simplement la population des mers secondaires légèrement altérée, tandis que se modifiait entièrement autour d'elle la population des rivages. C'est, en somme, la théorie de Louis Agassiz restreinte à la période secondaire. Elle contient, sans aucun doute, une part de vérité. Il est bien probable en effet que le fond de l'Atlantique et aussi celui du Pacifique ont été couverts par les eaux pendant toute la période secondaire. S'il est vrai, comme l'indique une théorie fort accréditée, que la surface solide du Globe terrestre ait dû prendre, par suite de sa contraction graduelle sur un noyau liquide, la forme d'une pyramide à quatre faces dont les trois grandes masses continentales actuelles représentent les arêtes et les terres australes le sommet, on doit même admettre qu'à moins de changements improbables dans la position de l'axe terrestre, les régions centrales des quatre faces de la pyramide ont dû être de tout temps recouvertes par les eaux, comme le pense Louis Agassiz. Mais alors, pourquoi la faune primitive ne succède-t-elle pas à la faune secondaire dans les régions les plus profondes, et, si l'on s'arrête à l'immersion tardive qu'admettent les naturalistes anglais, pourquoi la population animale fossilisée dans la craie s'arrête-t-elle actuellement vers 2000 mètres ? Du reste, il faut bien le remarquer, la population des eaux profondes n'est qu'analogue à celle de la craie, elle ne lui est pas identique, tant s'en faut, et elle est fortement mélangée d'éléments plus modernes, suffisants pour montrer que l'hypothèse d'une persistance pure et simple dans les grands fonds d'une population ancienne n'est pas soutenable.

Tous ces faits ont cependant une signification qui s'impose

d'elle-même. L'absence de toutes les formes primaires dans les régions profonde et abyssale de nos océans, en apparence immuables, montre qu'elles ont seulement commencé à être peuplées à partir de la période secondaire, alors que la population primitive du Globe avait déjà disparu. Elle autorise à penser que le creusement de ces régions date seulement de cette période. L'impossibilité de relier entre elles d'une manière continue les espèces abyssales, la réduction de la faune à mesure que l'on descend, laissent supposer d'autre part que les mers profondes ont été peuplées à l'aide d'espèces isolément venues des mers basses. Mais, avant d'examiner cette face de la question, voyons ce qu'il faut penser des idées de Gwyn Jeffreys et de celles de Fuchs.

Depuis Sars les naturalistes scandinaves, explorant leurs fjords et les côtes de leurs archipels, avaient enrichi les catalogues zoologiques d'un nombre assez grand d'espèces remarquables, vivant en général de 100 à 200 mètres de profondeur, parfois à des profondeurs moindres, et totalement inconnues sur les côtes de moindre latitude. Leurs découvertes conduisirent à l'idée qu'il existait une *faune arctique* toute spéciale. Aussi l'étonnement fut-il profond lorsque les expéditions anglaises dans les parages des îles Féroé, sur les côtes d'Irlande et jusqu'au large du Portugal ramenèrent des *Rhizocrinus* (fig. 11), des *Brisinga* (fig. 1), des *Eusirus* (fig. 206), des *Arcturus* (fig. 208) et surtout un assez grand nombre de Mollusques jusqu'ici considérés comme propres aux régions arctiques. Gwyn Jeffreys, qui avait particulièrement étudié ces Mollusques, émit l'idée que la population des régions profondes de la mer venait des régions polaires, et qu'elle avait été entraînée graduellement dans les grands fonds par le courant d'eau froide qui se dirige vers l'équateur. Comme les parties profondes de tous les océans ont toutes une température voisine de 1°, il était naturel de déduire de là que la population des grands fonds n'était autre chose que la population littorale des mers froides, et que cette population devait présenter dans le Globe tout entier une grande uniformité. Ce sont là des idées qui sont, en effet, demeurées très répandues parmi les naturalistes. Elles sont cependant sujettes à de nombreuses critiques et reposent, en partie, sur des prémisses qu'il aurait d'abord fallu établir. L'identité des espèces qui habitent les grandes profondeurs de l'Atlantique et des espèces arctiques qui vivent à des profondeurs modérées n'entraînerait en effet la conséquence

que les espèces profondes descendent du Nord que si l'on avait démontré au préalable, ce qu'on a omis, que ce sont les rivages de la
mer qui ont fourni à ses abîmes leur population. Cette explication
ne serait elle-même intéressante que si l'on avait en outre établi
que la faune arctique est née sur place. Or Wyville Thomson fait,
avec raison, remarquer que la faune arctique semble s'être con-
stituée par une émigration vers le Nord d'espèces comme le *Pecten
islandicus*, la *Tellina calcarea*, la *Natica clausa*, qui vivaient à l'é-
poque quaternaire sur les côtes d'Angleterre et ont été remplacées
depuis, sur ces côtes, par des espèces plus méridionales. D'ailleurs
les espèces arctiques ne sont pas les seules que l'on rencontre dans
les grands fonds : ce que dit Gwyn Jeffreys des Mollusques n'est
vrai qu'en partie pour ces animaux et ne s'applique nullement ni
aux Éponges vitreuses ni aux Échinodermes, dont il faut chercher
l'origine ailleurs que dans les mers boréales.

La question de température a-t-elle, d'autre part, l'importance
exclusive que Gwyn Jeffreys et Wyville Thomson lui-même étaient
disposés à lui attribuer? Si certains animaux ne peuvent vivre
qu'entre certaines limites de température, ils manquent souvent
dans les régions maritimes où la température moyenne qui leur
convient est réalisée; par contre, Fuchs a nettement fait ressortir
que des animaux de même famille et parfois de même espèce,
quoique n'habitant jamais qu'à une certaine profondeur, pouvaient
cependant se trouver dans les conditions de température les plus
variées. Les *Pheronema*, les *Hyalonema*, les *Archaster bifrons*, les
Brisinga, les *Lophogaster*, les *Galathodes*, les *Munida*, les *Ethusa*,
les *Geryon*, les *Dorynchus*, etc, vivent aussi bien à 13° de température dans les grands fonds de la Méditerranée qu'à 1° dans ceux
de l'Atlantique. Et c'est pour cela que Fuchs a pensé, à son tour,
qu'il n'y avait plus qu'un seul agent capable d'expliquer le mode
de distribution des animaux des mers profondes : la lumière. « La
faune littorale, c'est, dit-il, la faune de la lumière; la faune des
profondeurs est celle de l'obscurité », et, comme les rapports entre
la lumière et l'eau de mer sont restés essentiellement les mêmes
dans le cours de toutes les périodes géologiques, il pense que les
traits fondamentaux de la distribution verticale des animaux marins sont toujours demeurés les mêmes, qu'il y a toujours eu une
faune profonde et une faune littorale, présentant des différences
analogues à celles que nous offrent actuellement ces deux faunes.

Ceci ressemble beaucoup à une pétition de principe. Que les animaux des eaux profondes constituent une faune de l'obscurité, c'est une vérité tellement évidente qu'il était peut-être superflu de l'énoncer ; que ces animaux constituent une faune distincte, c'est justement ce qu'il faut expliquer, et on ne l'explique pas en disant que les différences qui séparent la faune profonde de la faune littorale ont toujours existé parce qu'il y a toujours eu de l'obscurité et de lalumière. Fuchs, en énonçant le problème, l'a d'ailleurs singulièrement simplifié. La lumière cesse d'être sensible à 400 mètres ; à partir de là, la faune devrait être la même jusqu'aux plus profonds abîmes ; or nous savons qu'il n'en est rien. Cette faune devrait être la même dans toutes les régions du Globe ; elle n'est pas, en effet, sans une certaine homogénéité, mais cette homogénéité a été fort exagérée. La mer des Antilles, la portion de l'Atlantique située au nord de l'équateur ont été assez soigneusement explorées ; on est loin d'y avoir trouvé toutes les espèces que le *Challenger* a recueillies dans sa longue croisière. Du 40° au 13° degré de latitude, la côte occidentale et la côte orientale de l'Atlantique ont été l'objet d'explorations tout à fait comparables, et ces explorations n'ont pas donné les mêmes résultats. Pourquoi notamment les Brisingidés, les Porcellanastéridés, les Hyménastéridés sont-ils si rares dans les produits des dragages de la mer des Antilles, alors qu'ils abondent dans la région opposée, sous la même latitude ? L'explication de Fuchs est donc insuffisante, comme celles qu'elle prétend remplacer ; d'ailleurs elle ne s'applique qu'aux espèces des grands fonds qui vivent aussi ou ont vécu sur les littoraux.

Reprenons les points précédemment établis ; nous savons : 1° que dans la faune profonde, contrairement à ce qu'on observe sur les rivages, les types inférieurs, les points de départ de chacun des embranchements du Règne animal font presque entièrement défaut ; 2° que chaque embranchement du Règne animal n'y est lui-même que très incomplètement représenté ; 3° que la faune devient de plus en plus pauvre et de plus en plus incomplète à mesure qu'on descend davantage. Si l'on admet que les embranchements se décomposent en séries dans lesquelles les espèces dérivent des plus simples d'entre elles, les trois points que nous venons de rappeler conduisent déjà à présumer : 1° que la faune des profondeurs ne saurait avoir donné naissance à la faune des rivages ; 2° qu'elle n'est pas une faune primordiale, mais bien une faune d'émigration; 3° qu'elle n'est qu'une colonie de la faune des rivages. Des faits plus démonstratifs encore permettent d'asseoir ces présomptions sur une base assez solide pour qu'elles deviennent des probabilités. Tout d'abord l'existence d'yeux bien conformés chez les Poissons, chez beaucoup de Crustacés et chez divers Mollusques des grands fonds proteste contre toute distinction primitive entre une *faune de l'obscurité* et une *faune de la lumière*, et suffit à établir que, si l'une des deux a donné naissance à l'autre, c'est la seconde. Or, non seulement il existe fréquemment des yeux chez les animaux des abîmes, mais, quand ces animaux sont aveugles, ils portent en eux-mêmes la preuve que leur cécité est une cécité acquise. Nous avons vu, en effet, le *Cymonomus granulatus* et le *Bathyplax typhlus* être clairvoyants ou aveugles suivant la profondeur à laquelle ils vivent; chez divers Galathéides il ne manque à l'œil que le pigment; chez d'autres les facettes manquent aussi, mais tous les accessoires de l'œil existent avec leur forme normale, notamment leur pédoncule mobile. L'existence de ces accessoires de l'œil, inutiles en l'absence de l'œil lui-même, s'explique simplement en admettant que l'œil a existé chez les ancêtres des individus actuellement aveugles, et que l'œil a disparu par suite du passage de la vie sur le littoral illuminé à la vie dans l'obscurité des grands fonds. Or ce passage a pu être suivi, en quelque sorte pas à pas, chez les Éryonidés, par M. le docteur Paul Fischer. Les *Eryon* apparaissent dans le trias; dans le lias supérieur, à la Caine (Calvados), M. Morière en a découvert deux espèces, l'*Eryon Edwardsi* et l'*Eryon Calvadosi*; toutes deux ont été trouvées dans des dépôts de rivage et possédaient des yeux pédonculés bien développés. D'autres espèces également pourvues d'yeux se trouvent à Solenhofen dans un calcaire qui contient à la fois des Méduses et des Libellules, et qui est par conséquent essentiellement littoral; dans l'espèce néocomienne les yeux sont indistincts; enfin on trouve tous les degrés d'avortement des yeux chez les *Villemœsia*, les *Pentacheles*, les *Polycheles* et les *Eryonicœus*, qui représentent dans nos mers les anciens Éryons secondaires. Mais, et c'est là un trait bien intéressant à noter, car il démontre que l'absence des yeux chez les Polychélidés est bien le résultat d'un avortement, *les yeux sont en parfait état de développement chez les embryons et chez les jeunes de ces animaux.*

De même certains traits de mœurs des Crustacés n'ont pu être acquis que sur les rivages. Les Pagures, par exemple, n'ont pu prendre dans les grands fonds, où les coquilles sont rares, l'habitude de cacher leur abdomen dans ces coquilles, et rien ne trahit mieux leur origine que les artifices au moyen desquels ils arrivent à satisfaire un instinct demeuré impérieux dans des conditions défavorables à son exercice (voir page 299). S'il n'est pas impossible que des espèces soient remontées des grands fonds pour venir habiter certains littoraux, on peut donc néanmoins considérer comme infiniment probable l'origine littorale d'une partie importante de la population animale des abîmes de la mer. Il reste alors à déterminer quels sont les rivages qui ont eu le privilège de l'alimenter.

De tout ce que nous venons de dire, il résulte qu'en descendant dans les abîmes, les espèces littorales ont dû subir quelques modifications, et que nous ne pouvons espérer les trouver inaltérées que très rarement sur les rivages d'où elles sont parties. C'est donc seulement en recherchant les chefs-lieux littoraux des genres et des familles auxquels elles appartiennent, que nous pouvons déterminer approximativement leur origine. Si l'émigration, comme cela est certain, a commencé à une époque bien antérieure à l'époque actuelle, ces chefs-lieux peuvent eux-mêmes être maintenant émergés ou, au contraire, plongés sous les eaux; il n'est donc pas possible de reconstituer entièrement toutes les phases de cet envahissement des grands fonds de la mer par les êtres vivants. Mais nous en savons assez pour pouvoir affirmer que, s'il s'est produit, il est parti de tous les pourtours des mers profondes. Effectivement, c'est aux Philippines et au Japon, par 150 mètres de profondeur, que les Éponges vitreuses s'approchent le plus près du littoral; c'est dans la mer des Antilles, à une profondeur de 75 mètres, que les Pentacrines remontent le plus haut. Les *Brisinga* deviennent presque littorales au cap Horn, où elles sont représentées par les *Labidiaster*; sur les côtes d'Australie abondent les *Pentagonaster*, et sur celles des mers de l'Inde et de la Chine les *Dorigona*. Si l'on veut enfin chercher les plus proches parents des Poissons des abîmes, c'est parmi les Poissons pélagiques, parmi les Scopélidés des mers chaudes que Moseley les a signalés. Les littoraux arctiques ou antarctiques n'ont donc pas un privilège spécial. Les rivages des mers forment aux abîmes une vaste ceinture d'où la vie descend lentement, mais sûrement vers eux.

Cette origine multiple de la population des abîmes explique que, malgré l'uniformité des conditions d'existence dans les mers profondes, cette population ne soit pas identique dans toutes les régions du Globe; une adaptation plus étroite, plus parfaite aux conditions d'existence qu'elles trouvaient réalisées, explique que les formes littorales nouvellement apparues aient graduellement refoulé dans des régions plus profondes les espèces moins bien douées qui les avaient précédées, et qui donnent à la population de la zone paléozoïque sa ressemblance avec la population des mers des temps secondaires; la nécessité de s'adapter à des conditions dures, en somme, et de plus en plus différentes des conditions primitives, explique que les espèces refoulées ne soient pas indéfiniment descendues et n'aient envoyé dans les véritables abîmes que quelques éclaireurs graduellement acclimatés aux conditions d'existence toutes spéciales qu'ils y trouvaient; cette émigration secondaire en quelque sorte explique comment la ressemblance des animaux abyssaux avec les fossiles, après s'être accusée nettement jusqu'à 2000 mètres environ, cesse ensuite d'être aussi grande; la date à laquelle les mers profondes ont commencé à se former rend compte de l'absence des formes primaires dans les abîmes; les difficultés plus ou moins grandes que chaque espèce a trouvées à s'acclimater expliquent enfin que la population animale se modifie à mesure que la profondeur augmente. On ne peut dire qu'il y ait eu des animaux faits pour l'obscurité, d'autres pour la lumière, des animaux faits pour le froid, d'autres pour la chaleur, que ceux qui vivent au plus profond des mers y soient volontairement allés chercher des ténèbres et une température plus conforme à leurs besoins. Il semble, au contraire, que ces émigrants soient des vaincus qui ont fui dans les solitudes de l'Océan une lutte devenue trop inégale pour eux.

C'est donc en pleine lumière, dans cette région littorale où le soleil travaille de concert avec les plantes à produire des aliments sans cesse renouvelés, sur ces côtes aux mille découpures si riches en conditions d'existence variées, dans ces mers peu profondes aux eaux sans cesse pénétrées par une douce chaleur : c'est là que la vie a acquis toute sa puissance, toute sa variété; c'est là qu'elle s'est épanouie dans toute sa splendeur; c'est là que nous pouvons encore suivre pas à pas le merveilleux et graduel perfectionnement de ses œuvres. Il semble qu'elle soit partie de ces stations

favorisées pour conquérir quatre nouveaux domaines : la surface
des mers, où vivent en foule les Radiolaires, les Foraminifères et
les Ptéropodes ; les abimes océaniques, dont la faune est demeurée
si longtemps à l'abri de nos recherches ; les eaux douces, qui
seules abritent encore la majorité des vieux Poissons Ganoïdes et
tant d'autres organismes de type ancien ; la terre ferme, dont la
population, si spéciale en apparence, affirme ses affinités avec
la population aquatique, par ce double fait que les plus inférieurs
des Vertébrés terrestres, les Batraciens, comme les plus inférieurs
des Végétaux terrestres, les Mousses, les Fougères et les Prèles, ont
besoin de l'intervention de l'eau pour se reproduire.

Avoir augmenté dans des proportions inconnues jusqu'ici les
catalogues des zoologistes ; avoir retrouvé vivantes nombre de
formes que l'on croyait disparues et qui peuvent nous éclairer sur
ce qu'étaient les conditions de la vie dans les périodes qui ont
précédé la nôtre ; avoir rattaché une foule de rameaux épars du
grand arbre de la vie ; avoir démontré que des populations animales
que l'on croyait caractériser des époques géologiques différentes
peuvent vivre superposées ; avoir réuni de précieux documents
propres à éclairer le mode de transformation des reliefs du globe :
voilà sans doute de belles conquêtes, dont la science sera rede-
vable aux grandes explorations dont nous venons de raconter l'histoire. Mais de tous ces résultats le plus brillant peut-être est d'avoir
découvert un monde, en apparence inaccessible, que la vie, dans
sa puissance infinie d'expansion, est en train de conquérir et pour
lequel elle semble façonner à nouveau les œuvres dont son activité
féconde avait primitivement doté les rivages des mers.

FIN

13684. — Imp. Gén. A. Lahure, rue de Fleurus, 9, à Paris.